電子物性
―電子デバイスの基礎―

浜口智尋
森　伸也
［著］

朝倉書店

❗ 書籍の無断コピーは禁じられています

　書籍の無断コピー（複写）は著作権法上での例外を除き禁じられています。書籍のコピーやスキャン画像、撮影画像などの複製物を第三者に譲渡したり、書籍の一部をSNS等インターネットにアップロードする行為も同様に著作権法上での例外を除き禁じられています。

　著作権を侵害した場合、民事上の損害賠償責任等を負う場合があります。また、悪質な著作権侵害行為については、著作権法の規定により10年以下の拘禁刑もしくは1,000万円以下の罰金、またはその両方が科されるなど、刑事責任を問われる場合があります。

　複写が必要な場合は、奥付に記載のJCOPY（出版者著作権管理機構）の許諾取得またはSARTRAS（授業目的公衆送信補償金等管理協会）への申請を行ってください。なお、この場合も著作権者の利益を不当に害するような利用方法は許諾されません。

　とくに大学教科書や学術書の無断コピーの利用により、書籍の販売が阻害され、出版じたいが継続できなくなる事例が増えています。

　著作権法の趣旨をご理解の上、本書を適正に利用いただきますようお願いいたします。

[2025年6月現在]

まえがき

　このテキストは，もとは 1979 年 5 月に丸善より『電子物性入門』として工学部の学部学生用に出版され，多くの大学で採用されてきたものである．『電子物性入門』は出版社の事情により最近絶版となった．これまで長い期間テキストとして用いてきた著者らの経験や，他大学で多く採用されてきたことなどから，絶版にするにはもったいないと思っていた．そのような折，朝倉書店から「学生に教えやすい」，「学生が理解しやすく自習しやすい」しかも「十分に基礎を学ぶことができる」テキストを作りたいとの要望があり，丸善と相談したところ版権をすべて著者に与えることを快諾してくれたので，朝倉書店から浜口と森の共著で『電子物性―電子デバイスの基礎―』として出版することになった．新たな出版に際し，最近重要視されている半導体 MOS 電界効果トランジスタや半導体発光デバイスの基礎などを追加し，内容をより一層充実させた．

　電気・電子工学科や材料工学科など材料を対象とした学科では，取り扱う材料も多種多様で，その物理的性質を理解するには材料物性つまり電子物性の理解が必須である．材料の電気的・磁気的な性質を微視的な立場から理解することによって初めて電子デバイスの開発や応用に資することが可能となる．このような理由で各大学では「電子物性」に類する教科が取り入れられている．また，学会や企業の研究所では，新しい電子デバイスの開発が重要な課題として取り上げられている．電子デバイス開発は半導体デバイスや集積回路，誘電体や磁性体の応用など広い範囲にわたっており，それらを理解するためには量子力学に基づいた材料の電子物性を学ぶことが必須である．半導体集積回路が情報革命をもたらしたが，いまだに新しい電子デバイスが次々と発案，実用化されていることなどからも，これらの基礎をなす電子物性の理解はますます重要となってきている．

　本書は理工学系の学部学生を対象にまとめた教科書であり，物質中での電子の物理的な振る舞いをわかりやすく解説したものである．量子力学の初歩的な内容を必要とするが，大学学部の低学年の学生や高専の高学年の学生を対象にしてお

り，本書の理解に必要な内容を第1章に分かりやすく解説した．第2章は物質の誘電的性質を種々の分極に注目して論じたもので，分極と誘電率の関係を詳しく述べてある．第3章は金属の中での電子の振る舞いについて，エネルギー帯構造や有効質量の概念の理解に重点を置いて述べてある．これを用いて熱伝導や電気伝導などの基礎を理解することが，第4章における半導体物性を理解する助けともなる．第3章の後半では超伝導現象について述べたもので，これで超伝導の入門的な知識は得られるものと確信している．第4章では半導体のエネルギー帯構造の基礎を学び，pn接合（ダイオード），トランジスタ，MOS型電界効果トランジスタや発光デバイスの基礎を理解する．第5章では物質の磁気的性質を取り扱っている．電子の持つスピンが物質の磁性に大きな役割をはたす仕組みを概説した．半導体集積回路と同様，磁気記憶デバイスの重要性が増しつつあり，その上でも磁気的性質の基礎を学ぶ必要性がある．

　本書は電子物性の基礎的な内容を入門者への解説となるよう，教えやすく自習でも習得できるように配慮した．また，一層その内容の理解を助けるため各章末に多数の問題を設け，かつ全問の解答例を示したので，自習あるいは参考書としても役立つものと確信している．著者らのこれまでの経験では，このテキストの内容を理解するだけで学部学生が卒業論文で，半導体のエネルギー帯構造の計算や電子のスピンと軌道角運動量の相互作用の計算などを行うことができている．専門的な内容はしっかりした基礎の理解の上に成り立つことが分かる．そのためにもぜひ問題を解いて電子物性の理解を深めていただきたい．

　本書の内容や全体の構成などについて不備な点が多数あると思われるし，また著者らの誤解に基づく点も数々あるものと思われる．これらについてご意見，ご叱正をお受けいたしたくお願いする次第である．本書は『電子物性入門』（丸善）をもとにしており，参考文献など全部を列挙せず最後に主なものを示した．本書の出版にあたって，提案・企画・編集・校正にわたり終始ご協力を下さった朝倉書店編集部の方々に心からお礼申し上げます．

　　2014年2月

浜口智尋・森　伸也

目　　次

1. 原子および結晶 ………………………………………………… 1
　1.1　物質の波動論と量子論 ………………………………………… 1
　1.2　水素原子の電子状態 …………………………………………… 5
　1.3　原子内の電子配列 ……………………………………………… 9
　1.4　固体の結合力 …………………………………………………… 12
　　1.4.1　イオン結晶 ………………………………………………… 12
　　1.4.2　等極性結晶 ………………………………………………… 14
　　1.4.3　金　　属 …………………………………………………… 14
　　1.4.4　ファン・デル・ワールス結晶 …………………………… 15
　1.5　結 晶 構 造 ……………………………………………………… 15
　1.6　結晶の格子振動 ………………………………………………… 23
　1.7　統　　計 ………………………………………………………… 26
　　1.7.1　マクスウェル・ボルツマンの統計 ……………………… 26
　　1.7.2　ボース・アインシュタインの統計 ……………………… 27
　　1.7.3　フェルミ・ディラックの統計 …………………………… 27
　問題 …………………………………………………………………… 28

2. 物質の誘電的性質 ……………………………………………… 30
　2.1　誘　電　率 ……………………………………………………… 30
　2.2　局 所 電 界 ……………………………………………………… 33
　2.3　クラウジウス・モソッチの式 ………………………………… 36
　2.4　分極の種類と誘電分散 ………………………………………… 37
　　2.4.1　電子分極 …………………………………………………… 37
　　2.4.2　イオン分極 ………………………………………………… 41
　　2.4.3　配向分極 …………………………………………………… 45

2.5 誘電損失‥‥‥‥‥‥‥‥‥‥‥‥‥‥‥‥‥‥‥‥‥‥‥‥ 54
2.6 強誘電体‥‥‥‥‥‥‥‥‥‥‥‥‥‥‥‥‥‥‥‥‥‥‥ 56
2.7 圧電性‥‥‥‥‥‥‥‥‥‥‥‥‥‥‥‥‥‥‥‥‥‥‥‥ 65
問題‥‥‥‥‥‥‥‥‥‥‥‥‥‥‥‥‥‥‥‥‥‥‥‥‥‥ 67

3. 金属‥‥‥‥‥‥‥‥‥‥‥‥‥‥‥‥‥‥‥‥‥‥‥‥‥‥ 68
3.1 自由電子モデル‥‥‥‥‥‥‥‥‥‥‥‥‥‥‥‥‥‥‥‥ 68
3.2 ブロッホの定理‥‥‥‥‥‥‥‥‥‥‥‥‥‥‥‥‥‥‥‥ 74
3.3 エネルギー帯構造‥‥‥‥‥‥‥‥‥‥‥‥‥‥‥‥‥‥‥ 76
  3.3.1 ほとんど自由な電子による近似‥‥‥‥‥‥‥‥‥‥‥ 76
  3.3.2 ブリルアン領域とエネルギー帯構造‥‥‥‥‥‥‥‥‥ 80
  3.3.3 自由電子帯と擬ポテンシャル法‥‥‥‥‥‥‥‥‥‥‥ 82
3.4 金属，半導体，絶縁体の区別‥‥‥‥‥‥‥‥‥‥‥‥‥ 86
3.5 有効質量‥‥‥‥‥‥‥‥‥‥‥‥‥‥‥‥‥‥‥‥‥‥‥ 88
3.6 正孔の概念‥‥‥‥‥‥‥‥‥‥‥‥‥‥‥‥‥‥‥‥‥‥ 90
3.7 電気伝導‥‥‥‥‥‥‥‥‥‥‥‥‥‥‥‥‥‥‥‥‥‥‥ 92
3.8 マッティーセンの法則‥‥‥‥‥‥‥‥‥‥‥‥‥‥‥‥ 95
3.9 熱伝導‥‥‥‥‥‥‥‥‥‥‥‥‥‥‥‥‥‥‥‥‥‥‥‥ 98
3.10 超伝導‥‥‥‥‥‥‥‥‥‥‥‥‥‥‥‥‥‥‥‥‥‥‥‥ 100
  3.10.1 第一種超伝導体‥‥‥‥‥‥‥‥‥‥‥‥‥‥‥‥‥ 102
  3.10.2 第二種超伝導体‥‥‥‥‥‥‥‥‥‥‥‥‥‥‥‥‥ 103
  3.10.3 ロンドン方程式‥‥‥‥‥‥‥‥‥‥‥‥‥‥‥‥‥ 103
  3.10.4 BCS理論‥‥‥‥‥‥‥‥‥‥‥‥‥‥‥‥‥‥‥‥ 105
  3.10.5 トンネル効果‥‥‥‥‥‥‥‥‥‥‥‥‥‥‥‥‥‥ 110
  3.10.6 ジョセフソン効果‥‥‥‥‥‥‥‥‥‥‥‥‥‥‥‥ 111
問題‥‥‥‥‥‥‥‥‥‥‥‥‥‥‥‥‥‥‥‥‥‥‥‥‥‥ 112

4. 半導体‥‥‥‥‥‥‥‥‥‥‥‥‥‥‥‥‥‥‥‥‥‥‥‥ 114
4.1 真性半導体の電子統計‥‥‥‥‥‥‥‥‥‥‥‥‥‥‥‥ 114
4.2 不純物半導体‥‥‥‥‥‥‥‥‥‥‥‥‥‥‥‥‥‥‥‥‥ 117
  4.2.1 ドナーとアクセプタ‥‥‥‥‥‥‥‥‥‥‥‥‥‥‥ 117
  4.2.2 n型半導体の電子統計‥‥‥‥‥‥‥‥‥‥‥‥‥‥ 119
4.3 ホール効果‥‥‥‥‥‥‥‥‥‥‥‥‥‥‥‥‥‥‥‥‥‥ 123

- 4.4 移動度 … 125
- 4.5 拡散とアインシュタインの関係 … 128
- 4.6 キャリアの寿命と再結合 … 129
- 4.7 拡散距離 … 131
- 4.8 pn 接合 … 132
  - 4.8.1 p^+–n 接合と n^+–p 接合 … 138
  - 4.8.2 接合容量 … 139
  - 4.8.3 ショットキーダイオード … 139
  - 4.8.4 トンネルダイオード … 141
- 4.9 トランジスタ … 141
- 4.10 MOS 型電界効果トランジスタ … 146
  - 4.10.1 MOS 構造と MOSFET … 146
  - 4.10.2 MOS 構造の基礎 … 147
  - 4.10.3 表面ポテンシャルと表面電荷 … 149
  - 4.10.4 MOS 構造の静電容量 … 152
  - 4.10.5 MOSFET の電気特性 … 153
- 4.11 半導体の磁界効果 … 156
  - 4.11.1 サイクロトロン共鳴 … 156
  - 4.11.2 電流磁気効果 … 158
- 4.12 光学過程 … 159
  - 4.12.1 光吸収 … 159
  - 4.12.2 励起子 … 160
- 4.13 半導体レーザ … 161
  - 4.13.1 アインシュタインの係数 A, B … 161
  - 4.13.2 反転分布 … 163
  - 4.13.3 光共振器 … 164
  - 4.13.4 半導体レーザの発光スペクトル … 166
  - 4.13.5 半導体2重ヘテロ構造レーザ … 166
- 問題 … 167

5. 磁性 … 169

- 5.1 磁気モーメントと磁化率 … 169
- 5.2 反磁性とラーマ歳差運動 … 172

- 5.3 フントの規則 ·· 174
- 5.4 常磁性磁化率 ·· 176
  - 5.4.1 古典論とキュリーの法則 ·· 176
  - 5.4.2 量子論 ·· 177
  - 5.4.3 金属の常磁性 (パウリのスピン磁化率) ·· 179
- 5.5 強磁性 ·· 180
  - 5.5.1 キュリー・ワイスの法則 ·· 180
  - 5.5.2 キュリー温度以下での自発磁化 ··· 182
  - 5.5.3 スピン波 ··· 184
- 5.6 フェリ磁性 ·· 185
- 5.7 反強磁性 ·· 188
- 5.8 磁気共鳴 ·· 192
  - 5.8.1 電子スピン共鳴 ·· 192
  - 5.8.2 核磁気共鳴 ··· 193
- 問題 ··· 195

問題解答 ·· 197

索引 ··· 211

1

原子および結晶

1.1 物質の波動論と量子論

　結晶は原子が規則正しく配列したもの，つまり原子の集団から成っている．その原子は正に帯電した1個の原子核とそのまわりをとりまく負の電荷をもったいくつかの電子によって構成されている．この原子核は，いくつかの中性子と正に帯電した陽子より成っている．原子核の電荷は陽子の数 Z で決まり，陽子1個の電荷を $e = 1.602 \times 10^{-19}$ C とすると $+Ze$ である．中性原子では電子の数は陽子の数に等しく電子の総電荷は $-Ze$ であり，電子1個の電荷は $-e$ である．電子1個の質量は 9.109×10^{-31} kg で陽子または中性子1個の質量は，電子の約1800倍つまり 1.673×10^{-27} kg である．われわれがこれから取り扱う物質の物理的性質(導電率，誘電率や透磁率など)はこれらの原子，とくに電子のふるまいによって決定される．その電子のふるまいを論じるには古典力学では無理で量子力学の助けを必要とする．

　1900年プランク (Planck) は，温度 T の黒体で囲まれた空洞内における電磁波の輻射(黒体輻射)の周波数とエネルギーの間の関係の解析から，周波数 ν の電磁波の放出吸収はエネルギー $h\nu$ という単位の整数倍でしかやりとりできないという仮説を提唱した．ここに h はプランクの定数 (Planck's constant) とよばれ，

$$h = 6.626 \times 10^{-34} \text{ J·s} \tag{1.1}$$

である．この仮説をもとにして，1905年にアインシュタイン (Einstein) は電磁界を光子(または光量子，photon)の集団と考え，周波数 ν の光子は

$$\mathcal{E} = h\nu \tag{1.2}$$

のエネルギーをもつと考えると光電効果の実験をうまく説明できることを示した．

さらに彼は，エネルギー $h\nu$ の光子は運動量 $h\nu/c = h/\lambda$ (c は光速，λ は波長) をもつことを示し，そのことはコンプトン効果 (Compton effect) の説明により実証された．この結果は，光は，周波数 ν と波長 $\lambda = c/\nu$ の波としての性質のほかに，エネルギー $h\nu$ と運動量 $p = h/\lambda$ の粒子としての性質をかねそなえていることを意味している．これを光に関する**二重性**とよぶ．この二重性は光のみでなく，粒子と考えられていた電子に対しても存在すると考え，電子の波動性を唱えたのがドゥ・ブローイー (de Broglie) である．つまり，光や電子はエネルギー $\mathcal{E}$ と運動量 p で表される粒子としての性質と，周波数 ν と波長 λ で表される波としての性質を同時にもっているものと考えられる．これを示すと次のようになる．

	粒子性	波動性
(エネルギー)	$\mathcal{E}$	$h\nu$
(運動量)	p	h/λ

この関係を**ドゥ・ブローイーの関係**とよぶ．以下の計算に便利なように，角周波数 $\omega\,(=2\pi\nu)$ と波数ベクトル $\boldsymbol{k}$ ($k = 2\pi/\lambda$) を定義すると，ドゥ・ブローイーの関係は次のように書ける．$\hbar = h/2\pi$ として

$$\mathcal{E} = \hbar\omega \tag{1.3a}$$

$$\boldsymbol{p} = \hbar\boldsymbol{k} \tag{1.3b}$$

となる．ここに，式 (1.3b) を成分で書くと $p_x = \hbar k_x$, $p_y = \hbar k_y$, $p_z = \hbar k_z$ である．

ところで，x 方向に波数 k_x (波長 $\lambda = 2\pi/k_x$)，角周波数 ω で伝わる波 Ψ は，振幅を A として

$$\Psi = A\sin(k_x x - \omega t) \tag{1.4a}$$

または

$$\Psi = A\mathrm{e}^{\mathrm{i}(k_x x - \omega t)} \tag{1.4b}$$

で表される．もし，電子が粒子 $(\mathcal{E}, p_x)$ としての性質をもつ上に，波 (ω, k_x) としての性質をもっているならば，その波には式 (1.4a), (1.4b) のような式が対応するはずである．ここでは式 (1.4b) なる複素関数をとって考えることにする．まず，式 (1.4b) の両辺を x で微分し，式 (1.3b) と比較すると

$$\frac{\partial \Psi}{\partial x} = \mathrm{i}k_x\Psi; \quad -\mathrm{i}\hbar\frac{\partial}{\partial x}\Psi = \hbar k_x\Psi$$

$$p_x = \hbar k_x; \quad (p_x\Psi = \hbar k_x\Psi)$$

となるから，上下の式を比較すれば $p_x \to -\mathrm{i}\hbar(\partial/\partial x)$ なる関係のあることがわかる．一般に 3 次元の波 $A\exp[\mathrm{i}(\boldsymbol{k}\cdot\boldsymbol{r}-\omega t)] = A\exp[\mathrm{i}(k_x x + k_y y + k_z z - \omega t)]$ について同様のことを行えば

$$p_x = -\mathrm{i}\hbar\frac{\partial}{\partial x}, \quad p_y = -\mathrm{i}\hbar\frac{\partial}{\partial y}, \quad p_z = -\mathrm{i}\hbar\frac{\partial}{\partial z} \tag{1.5a}$$

$$\boldsymbol{p} = -\mathrm{i}\hbar\boldsymbol{\nabla} = -\mathrm{i}\hbar\,\mathrm{grad} \tag{1.5b}$$

なる関係のあることは明らかである．

そこで，われわれは上のような関係，つまり粒子としての運動量 (たとえば p_x) は波動方程式に対しては微分演算子 (たとえば $-\mathrm{i}\hbar(\partial/\partial x)$) に対応していると考えることにする．電子の全エネルギー (運動エネルギーと位置エネルギー $V(\boldsymbol{r})$ の和) を $\mathcal{E}$ とすると，古典力学ではこれをハミルトニアン $\mathcal{H}$ とよび，質量 m の電子に対しては

$$\mathcal{H} = \frac{1}{2m}(p_x^2 + p_y^2 + p_z^2) + V(\boldsymbol{r}) = \mathcal{E} \tag{1.6}$$

である．これに対して先と同じ対応を行えば波動を表すものとして

$$\mathcal{H}\Psi = \mathcal{E}\Psi \tag{1.7a}$$

あるいは

$$\left[\frac{1}{2m}(p_x^2 + p_y^2 + p_z^2) + V(\boldsymbol{r})\right]\Psi = \mathcal{E}\Psi \tag{1.7b}$$

なるものを考えることができる．この式に演算子の式 (1.5a) を用いれば

$$\left[-\frac{\hbar^2}{2m}\left(\frac{\partial^2}{\partial x^2} + \frac{\partial^2}{\partial y^2} + \frac{\partial^2}{\partial z^2}\right) + V(\boldsymbol{r})\right]\Psi = \mathcal{E}\Psi \tag{1.8}$$

が得られる．これは定常状態におけるシュレーディンガーの波動方程式とよばれる重要な式である．ここでは波動関数 Ψ についての意味は考えず後に説明することにする．一方，ドゥ・ブローイーの関係 (1.3a) を使うためには，波動関数 (1.4b) を時間 t について微分し

$$\frac{\partial}{\partial t}\Psi = -\mathrm{i}\omega\Psi, \quad \mathrm{i}\hbar\frac{\partial}{\partial t}\Psi = \hbar\omega\Psi \tag{1.9}$$

となるから，これと式 (1.3a)，式 (1.6) を比較して

$$\mathcal{H}\Psi = \mathrm{i}\hbar\frac{\partial}{\partial t}\Psi \tag{1.10}$$

なる関係式の成立することがわかる．ここでハミルトニアン $\mathcal{H}$ を波動関数 Ψ に作用させるときは，式 (1.5a) の関係を用いて

$$\mathcal{H} = -\frac{\hbar^2}{2m}\left(\frac{\partial^2}{\partial x^2} + \frac{\partial^2}{\partial y^2} + \frac{\partial^2}{\partial z^2}\right) + V(\boldsymbol{r},t) = -\frac{\hbar^2}{2m}\nabla^2 + V(\boldsymbol{r},t) \qquad (1.11)$$

なる演算子であるものと考える．式 (1.10) あるいは，これに式 (1.11) を代入した

$$\left[-\frac{\hbar^2}{2m}\nabla^2 + V(\boldsymbol{r},t)\right]\Psi = i\hbar\frac{\partial}{\partial t}\Psi \qquad (1.12)$$

を時間を含むシュレーディンガーの方程式とよぶ．

$\mathcal{H}$ が時間 t を含まない場合，定常状態におけるシュレーディンガーの方程式 (1.8) は式 (1.10) または式 (1.12) より求まる．

$$\Psi(\boldsymbol{r},t) = \phi(\boldsymbol{r})\mathrm{e}^{-i\omega t} \qquad (1.13)$$

とおくと，

$$\mathcal{H}\Psi = \mathcal{H}\phi(\boldsymbol{r})\mathrm{e}^{-i\omega t} = \mathrm{e}^{-i\omega t}\mathcal{H}\phi(\boldsymbol{r}) \qquad (1.14)$$

となり，他方

$$i\hbar\frac{\partial}{\partial t}\Psi = \hbar\omega\mathrm{e}^{-i\omega t}\phi(\boldsymbol{r}) \qquad (1.15)$$

であるから

$$\mathcal{H}\phi(\boldsymbol{r}) = \hbar\omega\phi(\boldsymbol{r}) \qquad (1.16)$$

となる．ここで $\hbar\omega = \mathcal{E}$ とおけば

$$\mathcal{H}\phi(\boldsymbol{r}) = \mathcal{E}\phi(\boldsymbol{r}) \qquad (1.17)$$

となり，式 (1.7a) とまったく同じ形の波動方程式が得られる．

物質 (粒子) が波動性を有すると考え，ドゥ・ブローイーの関係が成立するものとすれば，シュレーディンガーの方程式が導かれることは理解できた．この方程式，あるいは波動関数の意味について簡単にまとめると次のようになる．

波動関数 Ψ (または ϕ) は複素関数であるが，われわれが観測する物理量は実数である．このようなことから Ψ よりも $|\Psi|^2 = \Psi^*\Psi$ なる量がわれわれの観測する量 (粒子の密度) に対応すると考えられる．そのようなことから

1) 微小体積 $\mathrm{d}^3\boldsymbol{r} = \mathrm{d}x\mathrm{d}y\mathrm{d}z$ における粒子の存在確率は $|\Psi(\boldsymbol{r},t)|^2\mathrm{d}^3\boldsymbol{r}$ で与えられる．
2) 全空間でその粒子を見出す確率は 1 であるから

$$\int |\Psi(\boldsymbol{r},t)|^2 \mathrm{d}^3\boldsymbol{r} = 1 \qquad (1.18)$$

が成立する．これを規格化とよぶ．

3) ある物理量はその演算子を A とすると，観測値は次式で与えられる期待値 $\overline{A}$ に相当する．

$$\overline{A} = \int \Psi^*(\boldsymbol{r},t) A \Psi(\boldsymbol{r},t) \mathrm{d}^3\boldsymbol{r} \tag{1.19}$$

たとえば定常状態における電子の全エネルギー $\mathcal{H}$ の期待値は，$\mathcal{E}$ に等しくなることは式 (1.7a) より

$$\overline{\mathcal{H}} = \int \Psi^* \mathcal{H} \Psi \mathrm{d}^3\boldsymbol{r} = \int \Psi^* \mathcal{E} \Psi \mathrm{d}^3\boldsymbol{r} = \mathcal{E}$$

となることから証明される．

4) 観測する量には不確定性関係が成立する．運動量 p_x，位置 x の不確定さを，それぞれ，$\Delta p_x, \Delta x$ とすれば

$$\Delta p_x \cdot \Delta x \geq \tfrac{1}{2}\hbar \quad (\Delta p_y \cdot \Delta y \geq \tfrac{1}{2}\hbar, \quad \Delta p_z \cdot \Delta z \geq \tfrac{1}{2}\hbar)$$

これをハイゼンベルクの不確定性原理とよぶ．

5) 座標 $\boldsymbol{r}$ と運動量 $\boldsymbol{p}$ の関数で与えられる物理量を $F(\boldsymbol{p},\boldsymbol{r})$ とするとき，これに対する演算子 $F(-\mathrm{i}\hbar\boldsymbol{\nabla},\boldsymbol{r})$ に対して

$$F(-\mathrm{i}\hbar\boldsymbol{\nabla},\boldsymbol{r}) \Psi_n(\boldsymbol{r}) = \mathcal{F}_n \Psi_n(\boldsymbol{r}) \tag{1.20}$$

を満たす波動関数 $\Psi_n(\boldsymbol{r})$ と数 $\mathcal{F}_n$ が存在すれば，そのような波動をする粒子に関して，物理量 $F(\boldsymbol{p},\boldsymbol{r})$ を測定すれば確定値 $\mathcal{F}_n$ が得られる．この $\mathcal{F}_n$ を物理量 $F(\boldsymbol{p},\boldsymbol{r})$ または演算子 $F(-\mathrm{i}\hbar\boldsymbol{\nabla},\boldsymbol{r})$ の**固有値**とよび，$\Psi_n(\boldsymbol{r})$ をその状態を表す**固有関数**とよぶ．

6) 演算子 A と B について $[A,B] = AB - BA$ を**交換子**とよび，これが 0 のとき，つまり，$AB = BA$ のとき**交換可能**であるという．たとえば次の交換関係が成立する (問題 (1.1))．

$$\left.\begin{array}{l}[x,p_x] = [y,p_y] = [z,p_z] = \mathrm{i}\hbar, \quad ([r_i,p_j] = \mathrm{i}\hbar\delta_{ij}) \\ [x,p_y] = [x,p_z] = [y,p_x] = \cdots = 0\end{array}\right\} \tag{1.21}$$

1.2 水素原子の電子状態

水素原子は，図 1.1 のように $+e$ の電荷をもった陽子 1 個と電子 1 個から成る系である．電子を質量 m，電荷 $-e$ の質点と考え，陽子のまわりをクーロン引力を受けながら半径 r の円軌道をえがいて回転しているものと考える．電子に働くクーロン引力と遠心力がつり合わなければならないので次式が成立する．

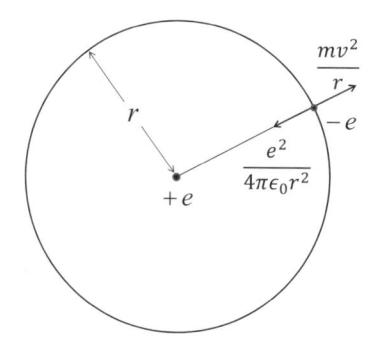

図 1.1 水素原子のモデル．$+e$ 電荷をもつ原子核のまわりを質量 m，電荷 $-e$ の電子が円軌道運動をする．

$$\frac{mv^2}{r} = \frac{e^2}{4\pi\epsilon_0 r^2} \tag{1.22}$$

ここに v は電子の速度，ϵ_0 は真空中の誘電率である．この状態における電子の全エネルギーは，運動エネルギー $mv^2/2$ と，陽子のクーロン場により生ずるポテンシャルエネルギー $-e^2/(4\pi\epsilon_0 r)$ の和である．つまり

$$\mathcal{E} = \frac{1}{2}mv^2 - \frac{e^2}{4\pi\epsilon_0 r} \tag{1.23}$$

式 (1.22) より $mv^2/2$ を求め，式 (1.23) に代入すれば

$$\mathcal{E} = -\frac{e^2}{8\pi\epsilon_0 r} \tag{1.24}$$

が得られる．

一方，この電子が波動性を有するものとすればドゥ・ブローイーの関係 $p = h/\lambda$ で与えられる波長 λ をもった波と考えることができる．この波が安定なためには，波長の整数倍が円軌道 $2\pi r$ に等しくならなければならない（$n\lambda = 2\pi r$）．これより

$$\frac{mv}{h} = \frac{n}{2\pi r}, \quad n = 1, 2, 3, \cdots \tag{1.25}$$

この式より v を求め式 (1.22) に代入すると，円軌道は不連続となり次のようになる．

$$r_n = \frac{\epsilon_0 h^2}{\pi m e^2} n^2 = a_{\mathrm{B}} n^2 = 0.529 \times 10^{-10} n^2 \quad [\mathrm{m}] \tag{1.26}$$

ここに $a_{\mathrm{B}} = \epsilon_0 h^2/(\pi m e^2) = 0.0529\,\mathrm{nm}$ のことをボーア半径とよぶ．この軌道半径を式 (1.24) に代入すると，エネルギーも飛び飛びの値となり次式で与えられる．

$$\mathcal{E}_n = -\frac{me^4}{8\epsilon_0^2 h^2} \cdot \frac{1}{n^2} = -\frac{\mathcal{E}_{\mathrm{H}}}{n^2} = -\frac{13.6}{n^2} \quad [\mathrm{eV}] \tag{1.27}$$

ここに，$-\mathcal{E}_H$ は電子のもっとも低いエネルギー状態 (基底状態) のエネルギーで，$\mathcal{E}_H$ は陽子にとらえられた基底状態の電子を自由化し，水素原子をイオン状態にするのに要するエネルギーである．$n=2,3,\cdots$ に対するエネルギー状態を励起状態とよび，$\mathcal{E}_1$ と $\mathcal{E}_2$ の間で電子の遷移が起こる場合には，次式で与えられる周波数 ν の電磁波の放射吸収が起こる．

$$h\nu = |\mathcal{E}_1 - \mathcal{E}_2| \tag{1.28}$$

水素原子の電子状態を求めるにはシュレーディンガーの方程式を解かなければならない．この場合には，電子のハミルトニアンとして運動エネルギーとクーロンポテンシャルの和の式 (1.23) より

$$\mathcal{H}\Psi = \left(-\frac{\hbar^2}{2m}\nabla^2 - \frac{e^2}{4\pi\epsilon_0 r}\right)\Psi = \mathcal{E}\Psi \tag{1.29}$$

なる方程式を解けばよい．その解法の詳細は量子力学の教科書を参考にすることとして，以下ではその要点のみを述べる．

$\Psi(\boldsymbol{r})$ において $\boldsymbol{r}$ を (r,θ,ϕ) なる極座標で表すと，$\Psi(\boldsymbol{r})=R(r)Y(\theta,\phi)$ と書くことができ

$$\Psi(\boldsymbol{r}) = R_{nl}(r)Y_l^m(\theta,\phi) \tag{1.30}$$

なる固有状態が得られる．つまり固有状態は量子数 n, l, m で決まる．$R_{nl}(r)$ は動径関数，$Y_l^m(\theta,\phi)$ は球関数 (球面調和関数) とよばれる．n は**主量子数** (principal quantum number) とよばれ，式 (1.27) に用いたものと同じでエネルギーの値を決める．そのときのエネルギー固有値は，式 (1.27) で与えられる．n は自然数である．

$$n = 1, 2, 3, \cdots \tag{1.31}$$

l は**方位量子数** (azimuthal quantum number) とよばれ，電子の角運動量 $\boldsymbol{l}=\boldsymbol{r}\times\boldsymbol{p}$ の大きさ $(\hbar\sqrt{l(l+1)})$ を決める量子数で

$$l = 0, 1, 2, \cdots, (n-1) \tag{1.32}$$

の値がとれる．m は**磁気量子数** (magnetic quantum number) とよばれ，角運動量の z 成分 $(m\hbar)$ を決めるもので，次のような値がとれる．

$$m = -l, -(l-1), -(l-2), \cdots, l-2, l-1, l \tag{1.33}$$

たとえば，$n=1$ に対する波動関数は $(l=0, m=0)$

$$\Psi(\boldsymbol{r}) = \frac{1}{\sqrt{\pi}}\left(\frac{1}{a_B}\right)^{3/2}\mathrm{e}^{-r/a_B}$$

で与えられるから，電子の電荷の分布は $\rho(r) = -e|\Psi(\boldsymbol{r})|^2$ より

$$\rho(r) = -\frac{e}{\pi a_B^2}e^{-2r/a_B} \tag{1.34}$$

となり，$d^3\boldsymbol{r} = 4\pi r^2 dr$ であることに注意すれば

$$\int_0^\infty 4\pi r^2 \rho(r) dr = -e \tag{1.35}$$

となることは容易に証明される．この被積分関数は半径 r と $r+dr$ の球で囲まれた部分の電荷の密度を表しており，これを図示すると，図1.2のようにボーア半径 $r = a_B$ のところで最大となっている．一般に，$l=0$ に対する電荷の分布は原子核の中心に対して球対称に分布しているが，$l=0$ 以外では片寄った分布をしている．このように電子は点電荷でなく原子核のまわりに分布しているということが，波動力学つまり量子力学より得られる非常に重要な結論である．

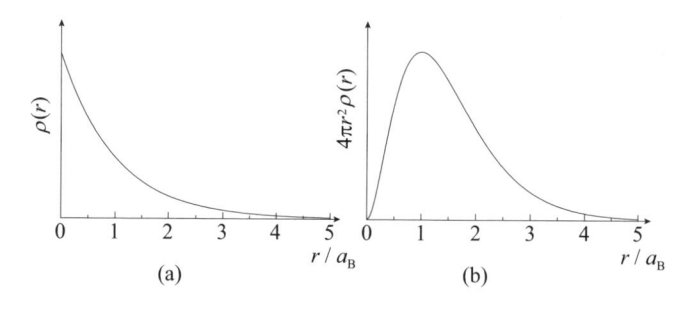

図 1.2 水素原子の基底状態 ($n=1$) における (a) 電荷分布 $\rho(r)$，(b) 式 (1.35) の被積分関数 $4\pi r^2 \rho(r)$

水素原子における電子状態は3つの量子数 n, l, m によって決まる．最低のエネルギー準位は $n=1$ の状態に対応しているが，式 (1.32) より $l=0$，式 (1.33) より $m=0$ となるから，水素原子の基底状態は $n=1, l=0, m=0$ の状態であることがわかる．これより次に高いエネルギー準位 $n=2$ に対する電子状態について考えてみよう．式 (1.32) より $l=0, l=1$ の2つの場合が考えられ，式 (1.33) より $l=0$ に対しては $m=0$，$l=1$ に対しては $m=1, 0, -1$ の3つの状態が可能である．これらをまとめると次のようになる．

$$\left.\begin{array}{ccc} n & l & m \\ 2 & 0 & 0 \\ 2 & 1 & 1 \\ 2 & 1 & 0 \\ 2 & 1 & -1 \end{array}\right\} \tag{1.36}$$

このように $n=2$ の準位は 4 つの状態がある．$n \geq 3$ もまったく同様に考えることができる．一般に，主量子数 n に対して $l=0$ から $l=n-1$ までの状態が可能である．一方 1 つの l に対して式 (1.33) より m は $-l, -(l-1), \cdots, l-1, l$ の $2l+1$ の異なった値がとれるから，結局 n に対応する状態の総数は次のようになる．

$$\sum_{l=0}^{n-1}(2l+1) = n^2 \tag{1.37}$$

エネルギー状態は n の値によって式 (1.27) のように決まるが，このときの電子状態は n^2 個の場合が考えられ，1 個の電子しか存在しなければこの n^2 個の状態のいずれか 1 つの状態に電子が存在していることになる．$n=1$ のエネルギー準位は $1^2=1$ 個，$n=2$ のエネルギー準位は $2^2=4$ 個，$n=3$ のエネルギー準位は $3^2=9$ 個の状態が可能であることになる．$n \geq 2$ の場合のように量子状態は異なるが，エネルギーが同じであるような場合を "縮退している" という．このようにエネルギー固有値が n だけで決まり，l には関係しないのはクーロン場の特殊性によるものである．一般に多数の電子を有する原子に対しては，n が同じでも l, m の値が異なればエネルギーも異なるが，そのエネルギー差は n の異なる 2 つの状態間のエネルギー差に比べ小さい．

原子物理学では特定の l に対してある決められた名称をつけている．つまり

$$\begin{array}{cccccc} l= & 0, & 1, & 2, & 3, & 4, \cdots \\ & s, & p, & d, & f, & g, \cdots \end{array}$$

のように，$l=0$ の状態 "s 状態"，$l=1$ の状態を "p 状態" などとよぶ．あるいは，そのような電子を s 電子，p 電子などとよび，$n=1, l=0$ の電子を 1s，$n=2, l=1$ の電子を 2p 状態などとよぶ．また，ある主量子数 n に対応する一群の電子状態を電子の殻 (shell) とよび，$n=1$ の状態を K 殻，$n=2$ の状態を L 殻とよび，これらのいくつかを示すと次のようになる．

$$\begin{array}{cccccc} n= & 1, & 2, & 3, & 4, & 5, \cdots \\ & K, & L, & M, & N, & O, \cdots \end{array}$$

以上の結果をまとめると表 1.1 のようになる．

1.3 原子内の電子配列

前節で，電子の状態は量子数の組 (n, l, m) によって決まることを述べたが，実

表 1.1 電子状態 (n, l, m)

殻	nl			m		
K	1s			0		
L	2s			0		
	2p		-1,	0,	1	
M	3s			0		
	3p		-1,	0,	1	
	3d	-2,	-1,	0,	1,	2

際に原子から出る発光スペクトルをくわしく観測すると，さらに分離しているものが見出され，これに相当する量子数を**スピン量子数** (spin quantum number) とよぶ．この量子数は電子の内部自由度に相当するもので，電子の自転に相当する角運動量とそれにともなう磁気モーメントをもつと考えるとうまく説明できる[*1)]．先に定義した電子の軌道角運動量 l に対して，電子のスピン角運動量を s と書くと，その z 成分は $\hbar/2$ と $-\hbar/2$ の固有値を有し，これに相当する量子状態を上向きスピンと下向きスピンとよぶ．これらの結果，電子状態を表す量子数は (n, l, m, s) の組み合わせによって決まることになる．1つの原子が多数の電子を有するような系で，その電子状態を決めるには**パウリの排他律** (Pauli exclusion principle) を用いなければならない．パウリの排他律とは，"量子数 (n, l, m, s) により決められた量子状態には1個の電子しか入りえない" というものである．

たとえば $n = 1$ のK殻では，(n, l, m, s) の組は $(1, 0, 0, 1/2)$ と $(1, 0, 0, -1/2)$ の2つの状態があり2個まで電子を収容することができる．同様にして $n = 2$ のL殻では (n, l, m) は表 1.1 に示したように4組存在し，その各々に上向きと下向きのスピンがあるから $2 \times 4 = 8$ 個の状態があり，8個まで電子を収容することができる．以下同様にして，一般に主量子数 n に対応する電子殻には $2n^2$ 個まで電子を収容することが可能である．

原子内の電子配列をパウリの排他律を基にして考えると元素の周期表をうまく説明できる．表 1.2 は，原子番号36番までの元素の電子配列を示したものである．1s軌道に1個の電子を有するものは水素 (H) で，2個含んで閉殻となったものはヘリウム (He) である．原子番号3〜10の元素では $n = 2$ の準位に電子が配列しており2s軌道は2個の電子でつまってしまうのでホウ素 (B) 以上の元素では2p軌道にも電子が配列する．このようにして18番目の元素アルゴン (Ar) までは低い準位から順次電子がつまっている．しかし19番目の元素カリウム (K)

[*1)] オランダ人のウーレンベック (G. Uhlenbeck) とハウトスミット (S. Goudsmit) の提唱した仮説であるが，電子の運動に相対論を考慮して取り扱うと自動的に導出できる

表 1.2　元素の電子配列

原子番号 Z	元素	K $n=1$	L $n=2$		M $n=3$			N $n=4$			
		$l=0$ 1s	$l=0$ 2s	$l=1$ 2p	$l=0$ 3s	$l=1$ 3p	$l=2$ 3d	$l=0$ 4s	$l=1$ 4p	$l=2$ 4d	$l=3$ 4f
1	H	1									
2	He	2									
3	Li	2	1								
4	Be	2	2								
5	B	2	2	1							
6	C	2	2	2							
7	N	2	2	3							
8	O	2	2	4							
9	F	2	2	5							
10	Ne	2	2	6							
11	Na	2	2	6	1						
12	Mg	2	2	6	2						
13	Al	2	2	6	2	1					
14	Si	2	2	6	2	2					
15	P	2	2	6	2	3					
16	S	2	2	6	2	4					
17	Cl	2	2	6	2	5					
18	Ar	2	2	6	2	6					
19	K	2	2	6	2	6		1			
20	Ca	2	2	6	2	6		2			
21	Sc	2	2	6	2	6	1	2			
22	Ti	2	2	6	2	6	2	2			
23	V	2	2	6	2	6	3	2			
24	Cr	2	2	6	2	6	5	1			
25	Mn	2	2	6	2	6	5	2			
26	Fe	2	2	6	2	6	6	2			
27	Co	2	2	6	2	6	7	2			
28	Ni	2	2	6	2	6	8	2			
29	Cu	2	2	6	2	6	10	1			
30	Zn	2	2	6	2	6	10	2			
31	Ga	2	2	6	2	6	10	2	1		
32	Ge	2	2	6	2	6	10	2	2		
33	As	2	2	6	2	6	10	2	3		
34	Se	2	2	6	2	6	10	2	4		
35	Br	2	2	6	2	6	10	2	5		
36	Kr	2	2	6	2	6	10	2	6		

では，3d 軌道がまだ完全に占有されていないのに，4s 軌道に 1 個の電子を含み，この 3d 軌道が不完全の状態は 28 番目のニッケル (Ni) まで続く．(3d 軌道は電子を最高 10 個まで含むことができる)．このように内側の殻が不完全な状態の元素を**遷移元素** (transition element) とよび，特に 3d 軌道が不完全なものを鉄族とよぶ．後に磁性の章 (第 5 章) で述べるように物質の磁気的性質はこの内部軌道の不完全さと深い関係がある．

電子の占有状態を示すのに $1s^1$(H)，$1s^2$(He) のような記号を用いることがある．各軌道の上に付けた数字はその軌道に含まれる電子の数を示している．たとえば Na は $1s^2\ 2s^2\ 2p^6\ 3s^1$ で K は $1s^2\ 2s^2\ 2p^6\ 3s^2\ 3p^6\ 4s^1$ と表されることは明らかであろう．

原子の化学的性質は，周期表と密接な関係にあることはよく知られている．その理由は化学結合に最外殻の電子が大きな働きをしていることに起因している．2 つの原子が接近したとき，内殻の電子はその原子核による強いクーロン場の影響のため外から近づいた原子の影響を受けにくいが，最外殻の電子は近づいた原子の影響を受けその電子分布が変形し化学結合を生じるからである．

1.4　固体の結合力

固体は原子の集団であるが，その形態を保つためには構成原子の間に種々の力が働き，平衡状態が実現しているはずである．固体はその構成原子の結合状態，あるいは構成原子間に働く力によって，イオン結晶，等極性結晶，金属，ファン・デル・ワールス結晶などに分類される．

1.4.1　イ オ ン 結 晶

イオン結晶の代表は I 価のアルカリ金属 (Li, Na, K, Rb, Cs) と VII 価のハロゲン (F, Cl, Br, I) の化合物である．中でも NaCl はもっともよく知られたイオン結晶である．中性原子のときの電子配置は Na : $1s^2\ 2s^2\ 2p^6\ 3s^1$，Cl : $1s^2\ 2s^2\ 2p^6\ 3s^2\ 3p^5$ であり，Na は 3s の電子を 1 個放出し，Cl は 1 個受けとって次のような安定な閉殻構造をつくろうとする傾向が強い．

$$Na^+ : 1s^2 2s^2 2p^6$$
$$Cl^- : 1s^2 2s^2 2p^6 3s^2 3p^6$$

この状態で 2 つの原子が近づけばイオン間にクーロン引力が働き，イオン結合を

生じる.正負イオンが球対称の電荷分布をしていると仮定すると,その間のポテンシャルエネルギーは,それぞれの電荷を e_i, e_j としてイオン間の距離を r_{ij} とすると $e_i e_j/(4\pi\epsilon_0 r_{ij})$ で与えられる.これを結晶全体の i, j の組について和をとると ($e_i = -e_j = e$ として)

$$U_1 = \frac{e^2}{4\pi\epsilon_0} \sum_{ij} \left(\pm\frac{1}{r_{ij}}\right)$$

となる.正または負のイオンの数を N とすると,上式は次のように書ける.

$$U_1 = \frac{Ne^2}{4\pi\epsilon_0} \sum_i \left(\pm\frac{1}{r_{ij}}\right) \tag{1.38}$$

結晶構造がわかれば上式の和の計算は級数として表すことができ,r を最近接正負イオン間の距離とすると

$$\sum_i \left(\pm\frac{1}{r_{ij}}\right) = -\frac{\alpha}{r} \tag{1.39}$$

となる.この定数 α をマーデルング定数 (Madelung constant) とよび,NaCl 型では $\alpha = 1.747558$,CsCl 型で 1.762670,せん亜鉛鉱型で 1.6381,ウルツ鉱型で 1.641 である[*2].

一方,イオンが接近すると反発力が作用し,その反発力はイオン間の距離の減少とともに急激に増大するので β/r_{ij}^n の形で書くことができるであろう ($n > 1$).つまり反発のエネルギーは,結晶全体を考慮すると,クーロンポテンシャルと同様の形で表すことにより

$$U_2 = \frac{N}{4\pi\epsilon_0} \frac{\beta}{r^n} \tag{1.40}$$

となる[*3].以上の結果,全体として

$$U = -\frac{N}{4\pi\epsilon_0} \left(\frac{\alpha e^2}{r} - \frac{\beta}{r^n}\right) \tag{1.41}$$

となる.U を r の関数として描くと図1.3のようになる.U が極小のときこの結晶は平衡状態になっており,そのときの r がイオン間距離 r_0 となるはずである.

$$\left(\frac{\partial U}{\partial r}\right)_{r=r_0} = 0$$

より,

$$\frac{\alpha e^2}{r_0^2} - \frac{n\beta}{r_0^{n+1}} = 0, \quad \beta = \frac{1}{n}\alpha e^2 r_0^{n-1} \tag{1.42}$$

[*2] これらの結晶構造については 1.5 節を参照.
[*3] $U_2 = c\exp(-r_{ij}/\rho)$ と表すこともある.

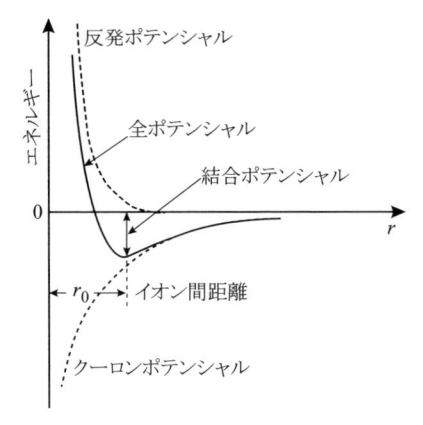

図1.3 イオン結晶の結合エネルギーと各種ポテンシャル

となるから，この β を式 (1.41) に代入すると

$$U = -\frac{N\alpha e^2}{4\pi\epsilon_0 r_0}\left(1 - \frac{1}{n}\right) \tag{1.43}$$

が得られる．n の値は多くのアルカリハライドでは約 10 である．

1.4.2 等極性結晶

NaCl のような I–VII 族化合物に対して，CdS や ZnTe などのような II–VI 族化合物，InSb や GaAs などのような III–V 族化合物も，いく分イオン性をもっているが次第に弱くなり，ダイヤモンド (C)，Si, Ge などの IV 族結晶では原子は中性のままでイオン性はまったくもたない．この IV 族結晶では，隣接する原子の価電子がスピンを反対にして対をつくって結合している，いわゆる共有結合をしているもので，イオン結合に対比して**等極性結合** (homopolar bond) あるいは**原子価結合** (valence bond) とよばれるものである．原理的には水素分子の結合様式と似ている．この結合型は場合によっては，ダイヤモンドや炭化ケイ素 (SiC) のように非常に強いものもある．また，III–V 族化合物，II–VI 族化合物となるにつれ結合は等極性からイオン性へと進む．

1.4.3 金属

金属では多数の伝導電子が存在し，それらは各構成原子の価電子から来たものであるが，特別の原子と結合せず，すべての原子に所属している．したがって金属では負電荷の価電子の集団の中に埋まった正イオン (金属イオン) の集合から成っており，結合力は主として正イオンと負の電荷分布 (価電子) の間に働くクー

ロン引力である．等極性結合の価電子は隣接した原子間のみで共有されるが，金属ではすべての原子により共有される点が異なる．

1.4.4　ファン・デル・ワールス結晶

He, Ne, Ar などの希ガスは化学的に安定で不活性ガスとよばれているが，この性質は閉殻構造をもった外側の電子がきわめて安定であることに起因する．この希ガスの中で Ar などは極低温で固体となる．この固体アルゴンの結合エネルギーはこれまでに述べたものとまったく異質のもので，原子核のまわりを回転する電子のつくる双極子 (dipole) によるものである．誘電体の章 (第 2 章) で述べるように，この双極子は隣接の原子に双極子を誘起し，双極子と双極子の相互作用が原子間に引力を発生させている．実際には，この双極子－双極子相互作用の他に，双極子－四重極子，四重極子－四重極子相互作用などが存在し，これらの力を総合してファン・デル・ワールス (van der Waals) 力とよぶ[*4]．ファン・デル・ワールス力は多くの有機分子にも存在するので，このような結合力による結晶を分子性結晶とよぶことがある．GaSe, GaS, InSe などの結晶は層状をなしており，層内では共有結合が支配的で，層間はファン・デル・ワールス力によって結合したものである．

1.5　結晶構造

固体を構成しているのは原子であるが，その原子配列の周期性によって，(i) 単結晶 (single crystal), (ii) 多結晶 (polycrystal) と (iii) 非晶質 (glass, amorphous) に分類される．単結晶は原子がその固体全体にわたって規則正しく 3 次元的に積み重ねられている．多結晶は多数の結晶粒から成り，その結晶粒内では原子が規則的に配列しているが，結晶粒と結晶粒の境界，つまり結晶粒界で周期性が乱れているものをいい，結晶粒の大きさは色々である．非晶質は遠距離 (long range) の周期性がなく結晶粒の大きさが原子間隔程度のものをいう．通常の単結晶でも常にある種の不規則性や欠陥を有する．完全な結晶では当然あるべき場所に原子が欠けているものを**空格子点** (vacancy) とよび，完全な結晶ではあるべきでないところ (正常な原子と原子の間) に原子が存在するものを**格子間原子** (interstitial atom) とよぶ．これらはいずれも**点欠陥** (point defect) とよばれるものであるが，

[*4]　ファン・デル・ワールスの引力を a/r^6 で表すことがある．

結晶に外力を加えると変形(塑性変形)し,線状にすべりが生じて元にもどらないものがある.このような欠陥を転位(dislocation)とよび,刃状転位やせん転位などがある.これらの欠陥はいずれも結晶生成の段階ですでに発生しているものと考えてよい.

結晶はその構造がある単位格子の3次元的くり返しという周期性をもっているので,その単位格子を知っておく必要がある.3次元的な単位格子(空間格子)は3つの基本ベクトル a, b, c によってつくられる.つまり a, b, c の方向に a, b, c の間隔で周期的に原子を配列させれば結晶を構成することができる.空間格子は図1.4に示す大きさ a, b, c とそれぞれの軸の間の角 α, β, γ によって分類され,

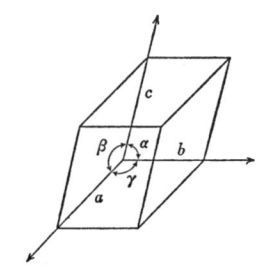

図 1.4 空間格子の分類に用いられるベクトル a, b, c とその軸の間の角 α, β, γ

表 1.3 14個のブラベー格子とその単位格子の構造

結晶系	格子の種類の数	格子の種類	単位格子の軸と角		指定軸と指定角
			軸	角	
三斜晶系 (triclinic)	1	単純格子 (P)	$a \neq b \neq c$	$\alpha \neq \beta \neq \gamma$	a, b, c α, β, γ
単斜晶系 (monoclinic)	2	単純格子 (P) 底心格子 (C)	$a \neq b \neq c$	$\beta = \gamma = 90° \neq \alpha$	a, b, c α
斜方晶系 (orthohombic)	4	単純格子 (P) 底心格子 (C) 体心格子 (I) 面心格子 (F)	$a \neq b \neq c$	$\alpha = \beta = \gamma = 90°$	a, b, c
正方晶系 (tetragonal)	2	単純格子 (P) 体心格子 (I)	$a = b \neq c$	$\alpha = \beta = \gamma = 90°$	a, c
六方晶系 (hexagonal)	1	単純格子 (P)	$a = b \neq c$	$\alpha = \beta = 90°$ $\gamma = 120°$	a, c
菱面体晶系 (trigonal, rhombohedral)	1	単純格子 (R)	$a = b = c$	$\alpha = \beta = \gamma < 120°$ $\neq 90°$	a, a
立方晶系 (cubic)	3	単純格子 (P) 体心格子 (I) 面心格子 (F)	$a = b = c$	$\alpha = \beta = \gamma = 90°$	a

1.5 結晶構造

$\alpha, \beta, \gamma \neq 90°$	$\alpha \neq 90°$ $\beta, \gamma = 90°$	$\alpha \neq 90°$ $\beta, \gamma = 90°$
三斜晶P (単純格子)	単斜晶P (単純格子)	単斜晶C (底心格子)

$a \neq b \neq c$	$a \neq b \neq c$	$a \neq b \neq c$	$a \neq b \neq c$
斜方晶P (単純格子)	斜方晶C (底心格子)	斜方晶I (体心格子)	斜方晶F (面心格子)

$a \neq c$	$a \neq c$		$\alpha = \beta = \gamma \neq 90°$
正方晶P (単純格子)	正方晶I (体心格子)	六方晶P (単純格子)	菱面体晶R (trigonal, rhombohedral)

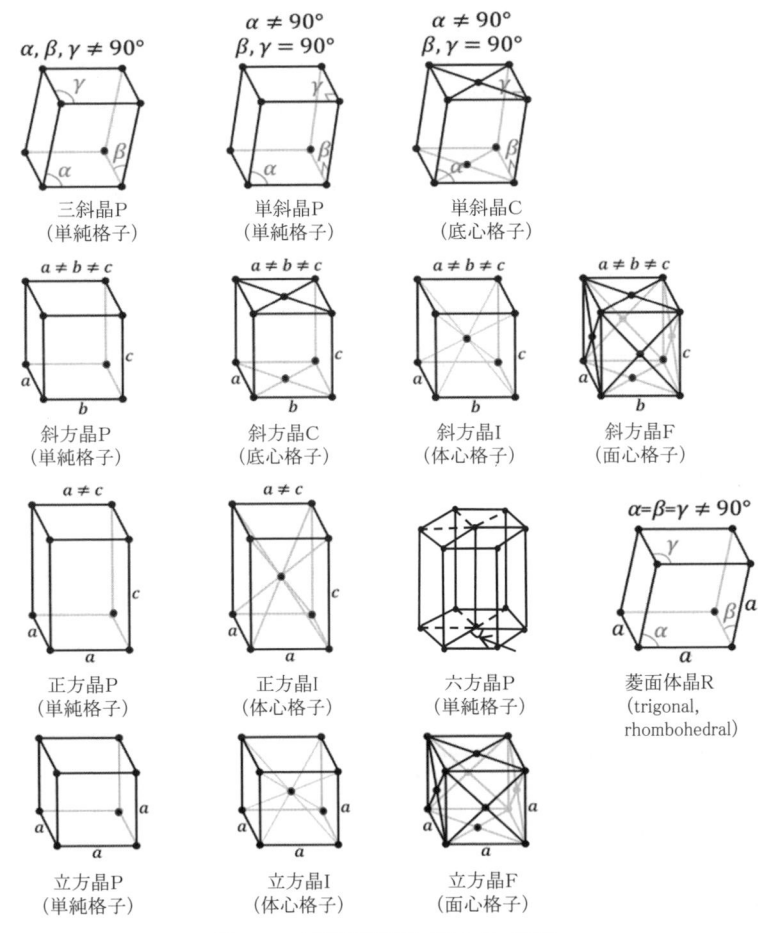

立方晶P (単純格子)	立方晶I (体心格子)	立方晶F (面心格子)

図 1.5 14 個の空間格子 (ブラベー格子)

三斜晶系，単斜晶系，斜方晶系，正方晶系，六方晶系，菱面体晶系と立方晶系の7つの晶系になる．これらに底心 (base center)，面心 (face center) と体心 (body center) に格子点を配置すると全体として図 1.5 に示すような 14 種類のブラベー格子 (Bravais lattice) が得られる．表 1.3 はこれらをまとめたものである．

後に述べる半導体で代表的なものは Si, Ge や Sn など IV 族元素に属するが，これらはダイヤモンド型構造をしており，面心立方格子から成っている．その他の半導体もこれに類似した結晶構造をしたものが多いので，この構造について考えてみる．図 1.5 に示したように，単純立方格子 (a, b, c は互いに直交し，$a = b = c$) の体心に，まわりと同一の原子を配置すると体心立方格子となる．この体心の基

本ベクトルは $d = (1/2)(a + b + c)$ でその長さは $d = \sqrt{3}a/2$ である．体心立方格子は2つの全く同一の単純立方格子を組み合わせて作ることができ，1つの単純立方格子を d だけ変位させればよいことは明らかであろう．したがって，体心立方格子の単位胞 (unit cell) には2個の原子が含まれ，それぞれは8個の等価な最近接原子をもっている．図1.6のように，体心がまわりの8個の原子と異なる原子から成っている場合の単純立方格子を CsCl 型構造とよぶ．面心立方格子は図1.5にも示してあるが，図1.7(a)のような形をしている．そこでこの図の破線に沿って8個に分解しその前面の4個を描くと図1.7(b)のようになる．この分解法は後に述べるダイヤモンド構造を理解するのに都合がよい．原子の種類の異なる2つの面心立方格子を図1.8のように配置したものは NaCl 型構造とよばれる．NaCl 型構造は2つの面心立方格子の一方を一辺に沿って1/2だけ変位させるか，あるいは対角線上に沿ってその長さの1/2だけ変位させた形となっている．もし2つの原子が同一のものであれば図1.8は単純立方格子となり，その単位胞の一辺の長さはもとの面心立方格子の一辺の長さの1/2となることがわかる．

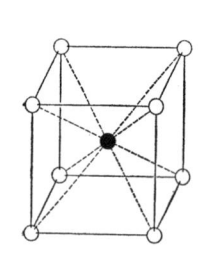

図1.6 CsCl 型構造図

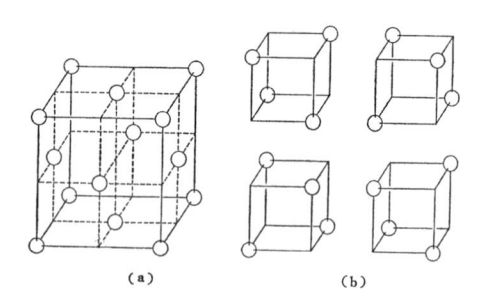

図1.7 (a) 面心立方格子，(b) 面心立方格子を分解したもの

ところで2つの面心立方格子の一方を対角線に沿って1/4だけ変位させた場合を考えると，図1.9の破線のような位置に格子点が現れる (図1.7(b) 参照)．もし破線の原子がもとの原子と同種のものであれば**ダイヤモンド型構造** (diamond structure) とよばれ，異種のものであれば**せん亜鉛鉱型構造** (zincblende structure) とよばれる．そのダイヤモンド型構造を図1.10(a) に示した．図1.10(b) は各原子を1つの面に投影したもので面から原子までの距離を数字で示してある．ダイヤモンド型構造は非常に重要なもので，ダイヤモンドの他に Si, Ge や Sn (灰色スズ，gray tin) などはこの構造を有するが，各原子は図1.10(a) に示したように4個の最近接原子と共有結合をしていて，その原子間距離は $\sqrt{3}a/4$ である．こ

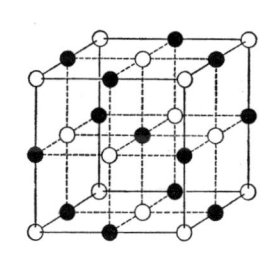

図 1.8 異なる 2 種の原子よりなる面心立方格子 (NaCl 型)

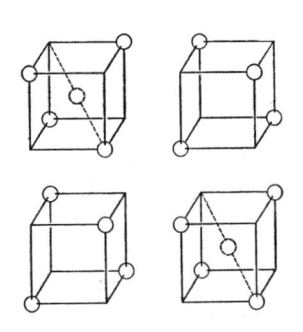

図 1.9 面心立方格子に破線の原子を加えるとダイヤモンド型 (同一原子の場合) またはせん亜鉛鉱型構造 (異種原子の場合) となる.

の構造と類似したもので異種の原子から成るものは，図 1.11 に示すせん亜鉛鉱型構造とよばれ，III 族と V 族元素の化合物である GaAs，InSb，GaP などがこれに属する．この場合もやはり単位胞に 2 個の原子があり，平均として 8 個の価電子があるから IV 族半導体に近い性質をもっていることがわかる．同様にして，CdS や ZnO など II–VI 族化合物もやはり半導体となるが，これらは次に述べる**ウルツ鉱型構造** (wurtzite structure) をしており，面心立方ではなく六方晶に属している．この構造では，各々の原子 (たとえば Cd) はそれと異種の原子 (たとえば S) 4 個を最近接原子として有している．II–VI 族化合物の中にはウルツ鉱型構造でなく，ZnTe や ZnSe のようにせん亜鉛鉱型構造となるものもあれば，両方の構造で存在しうるものもある．

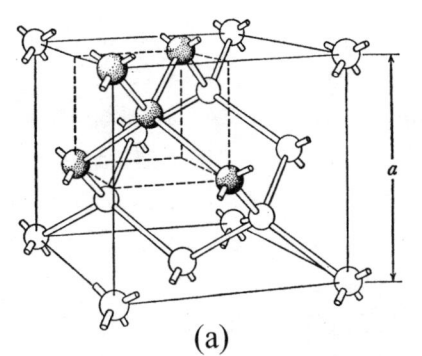

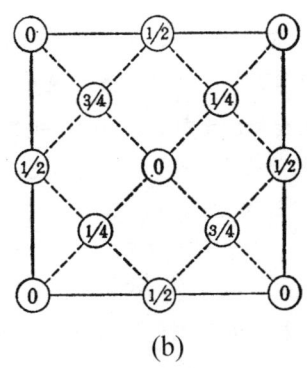

図 1.10 (a) ダイヤモンド型構造の結合状態と，(b) 図 (a) を 1 つの面に投影したもので，数字はその面から各原子までの距離

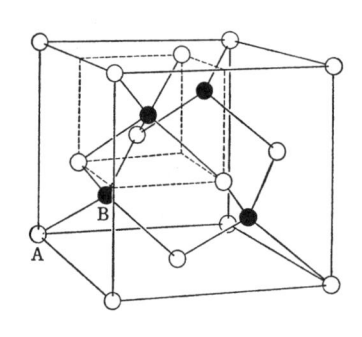

図 1.11 せん亜鉛鉱型構造

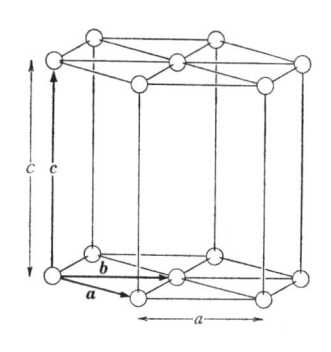

図 1.12 単純六方晶格子

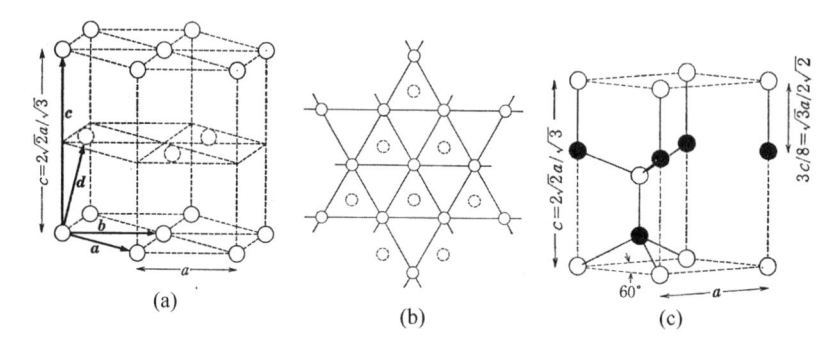

図 1.13 (a) 最密六方格子, (b) 最密六方格子を c 軸方向に投影したもの, (c) A 原子と B 原子を c 軸方向に $3c/8$ ずらして配置したウルツ鉱型結晶構造

単純六方晶格子を図 1.12 に示した. **最密六方格子** (closed pack hexagonal lattice) は図 1.13(a) のようにベクトル $\boldsymbol{d} = (a/2, a/2\sqrt{3}, c/2)$ の位置にさらに余分の原子を配置したもので c 軸方向に投影すると図 1.13(b) のようになっている. この余分に加えた原子もやはり単純六方格子を形成しているが, 同種類の原子である場合には, 同一半径の球でこの空間を占めるように (最密の意味はここからきている) 配置するので $c = 2\sqrt{2}a/\sqrt{3}$ の関係が成立する. 同じ c 軸の長さを有する 2 つの最密六方格子 (一方は A 原子, 他方は B 原子とする) を図 1.13(c) のように積み重ねたものが先に述べたウルツ鉱型構造である. A 原子と B 原子の変位は c 軸に沿って $3c/8$ である. また, 図に見られるように一方の原子 A は他方の原子 B 4 個と結合しており, ダイヤモンド型構造やせん亜鉛鉱型構造と類似していることも理解できる.

結晶は $\boldsymbol{a}, \boldsymbol{b}, \boldsymbol{c}$ 軸方向に周期的に配列している. $\boldsymbol{a}, \boldsymbol{b}, \boldsymbol{c}$ 軸方向をそれぞれ [100],

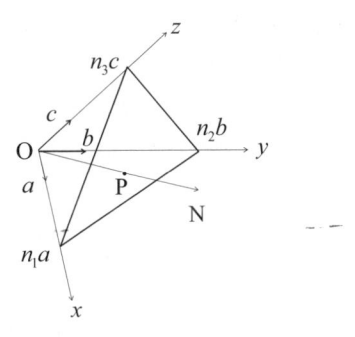

図 1.14 ミラー指数 (hkl); $h:k:l = 1/n_1 : 1/n_2 : 1/n_3$

[010], [001] と表し，それぞれの負の方向を [$\bar{1}$00], [0$\bar{1}$0], [00$\bar{1}$] と表す．立方晶ではこれら6つの方向はまったく等価であるから，これらをまとめて $\langle 100 \rangle$ と記述する．立方晶の対角線は $\langle 111 \rangle$ で，この中には [111], [$\bar{1}$11], [1$\bar{1}$1], $\cdots$ など8本の軸が存在する．図 1.14 に示したように $\boldsymbol{a}, \boldsymbol{b}, \boldsymbol{c}$ 軸をそれぞれ n_1a, n_2b, n_3c で切る面を考えると，この面内の原子の分布とまったく同じになるような平行な面が無数に存在する．これらの等価な面はすべてその法線方向が等しい．図 1.14 のように各軸を切る点 n_1a, n_2b, n_3c からなる面に対する法線 ON の各軸への方向余弦をそれぞれ $\cos\alpha', \cos\beta', \cos\gamma'$ とすれば，

$$\cos\alpha' = \frac{\mathrm{OP}}{n_1 a}, \quad \cos\beta' = \frac{\mathrm{OP}}{n_2 b}, \quad \cos\gamma' = \frac{\mathrm{OP}}{n_3 c} \tag{1.44}$$

であるから

$$\frac{1}{n_1} : \frac{1}{n_2} : \frac{1}{n_3} = h : k : l \tag{1.45}$$

となるような整数の組 h, k, l に対して法線方向は等しく，その面はすべて等価となる．そこで整数の組 (hkl) の中で公約数をもたない最小の整数の組でこの等価な面を表すことにし，この整数の組 (hkl) のことをミラー指数 (Mirror index) とよぶ．式 (1.45) を

$$\frac{1}{n_1} : \frac{1}{n_2} : \frac{1}{n_3} = \frac{1}{(1/h)} : \frac{1}{(1/k)} : \frac{1}{(1/l)} \tag{1.46}$$

と変形すればわかるように，ミラー指数 (hkl) の面は $\boldsymbol{a}, \boldsymbol{b}, \boldsymbol{c}$ 軸を $a/h, b/k, c/l$ で切る面と等価になる．たとえばミラー指数 (231) の面は $a/2, b/3, c/1$ つまり $3a, 2b, 6c$ で各軸を切る面と等価である．また面が結晶軸を負の値で切る場合には $(\bar{h}kl)$ のように表し，立方晶の (100), (010), (001), ($\bar{1}$00), (0$\bar{1}$0), (00$\bar{1}$) の面はすべて等価なので，$\{100\}$ のように記す．図 1.15 は立方格子のいくつかのミラー

指数の面を示したものである．図 1.16 のようにミラー指数 (hkl) をもつ 2 つの隣接する間隔 d の面 EF と E′F′ を考え，波数ベクトル $\bm{k}_\mathrm{i}$ の X 線が面と角 θ をなして入射し，格子点 A と B で反射されたあと波数ベクトル $\bm{k}_\mathrm{d}$ で出てくるものとする．X 線の波長 λ は反射の前後で変わらず $|\bm{k}_\mathrm{i}| = |\bm{k}_\mathrm{d}| = 2\pi/\lambda$ であるから，行路差は

$$\mathrm{BC} + \mathrm{BD} = 2d\sin\theta \tag{1.47}$$

となる．反射光が強め合う条件は EF 面からの反射 X 線と E′F′ 面からの反射 X 線の位相が合っていることである．いいかえれば上の行路差が X 線の波長の整数倍，つまり

$$2d\sin\theta = n\lambda, \quad n = 1, 2, 3, \cdots \tag{1.48}$$

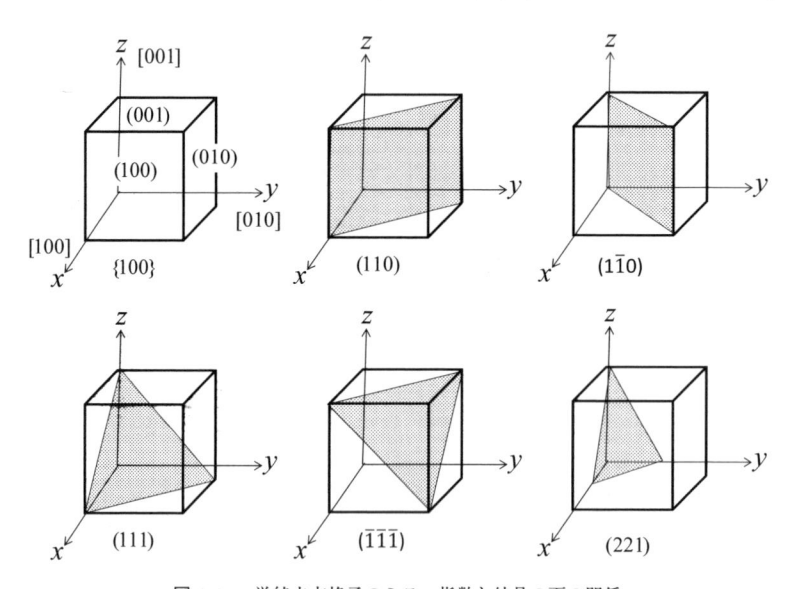

図 1.15　単純立方格子のミラー指数と結晶の面の関係

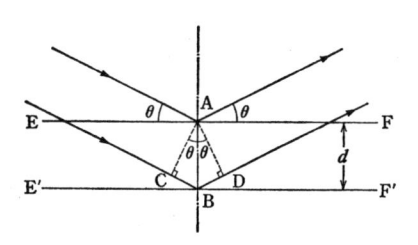

図 1.16　X 線回折

のとき反射 X 線は強め合う．この現象を X 線回折といい，上式を回折に関するブラッグの条件とよぶ．X 線回折や電子線回折の実験によって面間隔 d を求め，結晶軸 a, b, c に関する情報を得ることができる．このようにして結晶構造を解析することができる．

1.6 結晶の格子振動

　結晶中の原子は 1.4 節で述べたような結合力で結ばれている．平衡状態の位置からずれると，その変位に応じて復元力が作用する．この場合に働く力はフックの法則に従い変位に比例するものと考えることができる．そこで，図 1.17 に示すように質量 M の同種原子が連なった系を考え，平衡状態では等間隔 a で並んでいるものとする．これらの原子は最近接原子間のみに相互作用があるものとして，各原子がばね定数 k_0 で互いに連結されているものとする．原子の平衡位置からのずれを，$u_0, u_1, u_2, \cdots, u_n, u_{n+1}, \cdots$ とすると n 番目の原子の運動方程式は

$$M\ddot{u}_n = -k_0(u_n - u_{n-1}) - k_0(u_n - u_{n+1}) = k_0(u_{n-1} + u_{n+1} - 2u_n) \tag{1.49}$$

と書ける．これらの原子の振動の解として次のような進行波を考える．

$$u_n = A\exp[i(qna - \omega t)] \tag{1.50}$$

ここに，$q = \omega/V_s = 2\pi/\lambda$ は波数ベクトル（ω：角周波数，V_s：音速，λ：波長）で，na は原点から n 番目の原子の平衡位置までの距離である．式 (1.50) を式 (1.49) に代入すると

$$M\omega^2 = -k_0(e^{iqa} + e^{-iqa} - 2) = 4k_0\sin^2\left(\frac{qa}{2}\right) \tag{1.51}$$

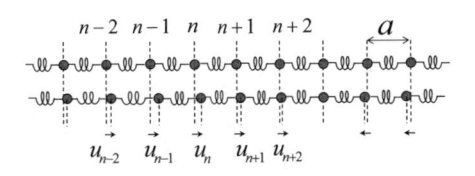

図 1.17　結晶を構成する格子原子の平衡位置からのずれ

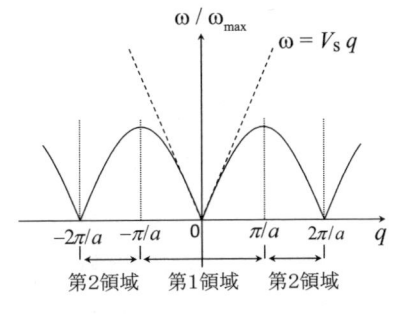

図 1.18　結晶格子の振動様式を角周波数 ω と波数ベクトル q に対してプロットしたもの

を得る．これより次の関係が得られる．

$$\omega = 2\sqrt{\frac{k_0}{M}}\left|\sin\left(\frac{qa}{2}\right)\right| \tag{1.52}$$

いま，波長が原子間隔に比べて十分大きければ ($qa \ll 1$)，位相速度 V_s は

$$V_s = \frac{\omega}{q} = \sqrt{\frac{k_0}{M}}a\frac{\sin(qa/2)}{(qa/2)} \approx \sqrt{\frac{k_0}{M}}a \quad (qa \ll 1) \tag{1.53}$$

となる．つまり，波長が十分長い波に対しては一定の位相速度 $V_s = \sqrt{k_0/M}a$ が得られる．式 (1.52) をグラフに示すと図 1.18 のようになる．図より，$\omega\text{-}q$ 曲線は周期関数となり，波数ベクトル q を $-\pi/a < q \leq \pi/a$ の間に限って考えることができる．この領域を第 1 ブリルアン領域 (first Brillouin zone) とよび，第 2 ブリルアン領域は図に示した領域をさす．

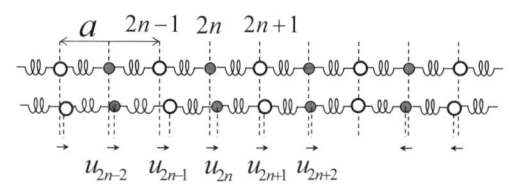

図 1.19　2 種類の原子からなる 1 次元格子の振動

次に，図 1.19 のように異なる原子が交互に間隔 $a/2$ で 1 次元的に並んだ系を考える．奇数番目の原子の質量を M_1，偶数番目の原子の質量を M_2 とし，最近接原子間にのみ相互作用があるものとすれば，先の場合と同様にして

$$\left.\begin{aligned}M_1\ddot{u}_{2n+1} &= k_0(u_{2n} - u_{2n+2} - 2u_{2n+1}) \\ M_2\ddot{u}_{2n} &= k_0(u_{2n-1} - u_{2n+1} - 2u_{2n})\end{aligned}\right\} \tag{1.54}$$

なる連立方程式が得られる．この方程式の解として

$$u_{2n+1} = A_1 e^{i[(2n+1)(qa/2)-\omega t]}, \quad u_{2n} = A_2 e^{i[2n(qa/2)-\omega t]} \tag{1.55}$$

とおき，これらを式 (1.54) に代入すれば次の関係式を得る．

$$\left.\begin{aligned}(M_1\omega^2 - 2k_0)A_1 + [2k_0\cos(qa/2)]A_2 &= 0 \\ (M_2\omega^2 - 2k_0)A_2 + [2k_0\cos(qa/2)]A_1 &= 0\end{aligned}\right\} \tag{1.56}$$

上式において $A_1 = A_2 = 0$ とするとすべての原子は静止した状態になるので，A_1 と A_2 が同時に 0 とならない解を求めなければならない．それは上式で A_1 と A_2 の係数のつくる行列式が 0 となればよい．つまり，次式がえられる．

$$\begin{vmatrix} (M_1\omega^2 - 2k_0) & 2k_0\cos(qa/2) \\ 2k_0\cos(qa/2) & (M_2\omega^2 - 2k_0) \end{vmatrix} = 0 \qquad (1.57)$$

この式は ω^2 について 2 次方程式となり，その根 ω_-^2 と ω_+^2 は次のようになる．

$$\left.\begin{aligned} \omega_-^2 &= \frac{k_0}{M_1 M_2}\left[(M_1+M_2) - \sqrt{(M_1+M_2)^2 - 4M_1 M_2 \sin^2(qa/2)}\right] \\ \omega_+^2 &= \frac{k_0}{M_1 M_2}\left[(M_1+M_2) + \sqrt{(M_1+M_2)^2 - 4M_1 M_2 \sin^2(qa/2)}\right] \end{aligned}\right\} \quad (1.58)$$

これより ω_-, ω_+（$\omega \geq 0$ であるから，ともに正のもの）を求め，$\alpha = M_1/M_2$ をパラメータとしてプロットすると図 1.20 のようになる．図で $1/M_\mathrm{r} = 1/M_1 + 1/M_2$ である．ω_+ と ω_- の分枝について考えてみる．$q=0$ とすると，式 (1.56) と式 (1.58) より

$$\left.\begin{aligned} \omega_- &= 0 \\ \frac{A_1}{A_2} &= 1 \end{aligned}\right\}, \quad \left.\begin{aligned} \omega_+ &= \sqrt{2k_0\left(\frac{1}{M_1}+\frac{1}{M_2}\right)} \equiv \sqrt{\frac{2k_0}{M_\mathrm{r}}} \\ \frac{A_1}{A_2} &= -\frac{M_2}{M_1} \end{aligned}\right\} \quad (1.59)$$

となる．したがって ω_- 分枝では $A_1 = A_2$ となり，隣接した原子は同一方向に変位している．この ω_- 分枝を**音響分枝** (acoustical branch) とよぶ．この分枝は $M_1 = M_2$ とすれば先の同一原子の場合の結果と一致することからも理解される．

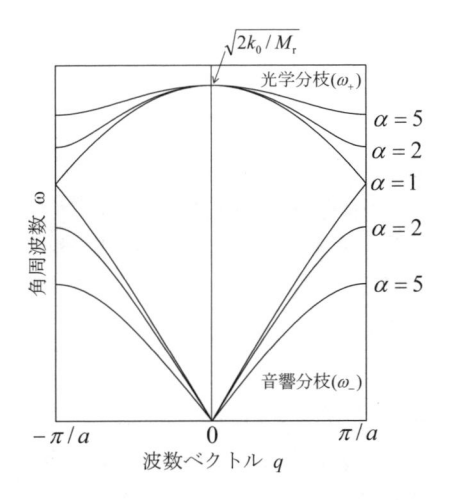

図 1.20 単位胞に 2 個の原子を含む格子の振動様式

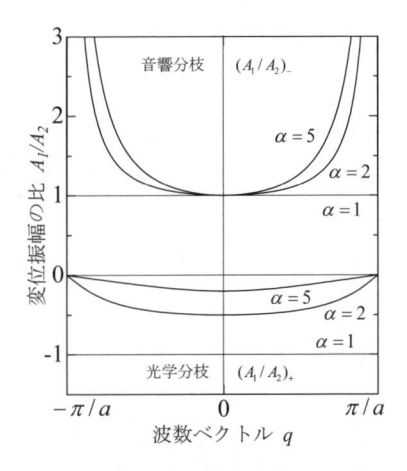

図 1.21 2 種類の原子の振動振幅比 A_1/A_2 を波数ベクトル q に対してプロットしたもの

次に，ω_+ 分枝では $A_1 M_1 + A_2 M_2 = 0$ となり 2 種の隣接した原子は互いに反対方向に振動している．2 種の原子が正と負のイオンからできておれば変位の方向が逆であるから後に述べるように分極 (イオン分極) を誘起し，電磁波と相互作用をし，その振動数に等しい電磁波 (通常，赤外領域) をあてると吸収や反射に極値が見出される．このようなことから ω_+ 分枝のことを光学分枝 (optical branch) とよぶ．これら 2 つの分枝の振動の振幅の比 A_1/A_2 と原子変位の様子を図示すると図 1.21 と図 1.22 のようになる．

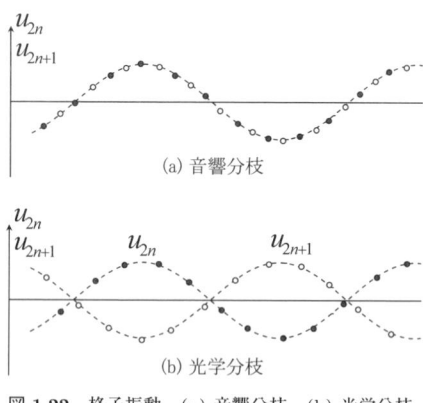

図 1.22 格子振動．(a) 音響分枝，(b) 光学分枝

1.7 統　　　計

固体中の原子や電子あるいは気体分子を扱う場合には，多数の粒子系から成っているので，全体としての平均エネルギーや平均速度 (熱速度) を用いてその系の状態を表すと都合がよい．また，これらの平均値をもとにして，種々の物理量の測定値と比較する必要がある．ここでいう粒子とは，電子や分子のみでなく，光子や音子 (phonon) なども含んでおり，粒子によって異なった統計に従う．

1.7.1 マクスウェル・ボルツマンの統計

エネルギー $\mathcal{E}$ の状態を粒子が占める確率は，マクスウェル・ボルツマンの統計によれば，ボルツマン因子 $\exp(-\mathcal{E}/k_\mathrm{B}T)$ に比例し

$$n = A \exp\left(-\frac{\mathcal{E}}{k_\mathrm{B}T}\right) \tag{1.60}$$

で与えられる．ここに $k_B = 1.381 \times 10^{-23}$ J/K はボルツマン定数で，T は系の絶対温度である．質量 m，速度 v の粒子のエネルギー $\mathcal{E}$ は

$$\mathcal{E} = \frac{1}{2}mv^2 = \frac{1}{2}m(v_x^2 + v_y^2 + v_z^2) \tag{1.61}$$

で与えられる．速度 v と $v + \mathrm{d}v$ の間の体積は $4\pi v^2 \mathrm{d}v$ であるから v と $v + \mathrm{d}v$ の間にある粒子の密度を $n(v)\mathrm{d}v$ とすると

$$n(v)\mathrm{d}v = 4\pi v^2 \mathrm{d}v \cdot A \exp\left(-\frac{mv^2}{2k_B T}\right) \tag{1.62}$$

となる．粒子の全密度を N とすると $N = \int n(v)\mathrm{d}v = A(2\pi k_B T/m)^{3/2}$ であるから

$$n(v) = 4\pi N \left(\frac{m}{2\pi k_B T}\right)^{3/2} v^2 \exp\left(-\frac{mv^2}{2k_B T}\right) \tag{1.63}$$

となる．これをマクスウェルの速度分布関数とよぶ．

1.7.2 ボース・アインシュタインの統計

1つのエネルギー状態に重複して多数の粒子を収容しうる場合がある．このような粒子をボース粒子 (boson) とよび，エネルギー $\mathcal{E}$ の状態を占有する確率 $f_{BE}(\mathcal{E})$ は

$$f_{BE}(\mathcal{E}) = \frac{1}{\mathrm{e}^{\mathcal{E}/k_B T} - 1} \tag{1.64}$$

で与えられ，これをボース・アインシュタインの分布関数とよぶ．音子や光子 (photon, 電磁波) はこの統計にしたがう．

1.7.3 フェルミ・ディラックの統計

電子はパウリの排他律にしたがわなければならない．このとき，スピンの向きも含めた1つの量子状態には1個の電子しか入りえない．このような粒子をフェルミ粒子 (fermion) とよび，この粒子のしたがう統計をフェルミ・ディラックの統計という．エネルギー $\mathcal{E}$ の状態をこの粒子が占める確率 $f_{FD}(\mathcal{E})$ は

$$f_{FD}(\mathcal{E}) = \frac{1}{\mathrm{e}^{(\mathcal{E}-\mathcal{E}_F)/k_B T} + 1} \tag{1.65}$$

となり，$\mathcal{E}_F$ はフェルミエネルギーとよばれ，$\mathcal{E} = \mathcal{E}_F$ の状態を占有する確率は $1/2$ となる．フェルミ分布関数 $f_{FD}(\mathcal{E})$ を図1.23に示した．フェルミ・ディラックの分布関数もボース・アインシュタインの分布関数も分母の指数項が1に比べ十分に大きくなると，マクスウェル・ボルツマンの統計に近づく．

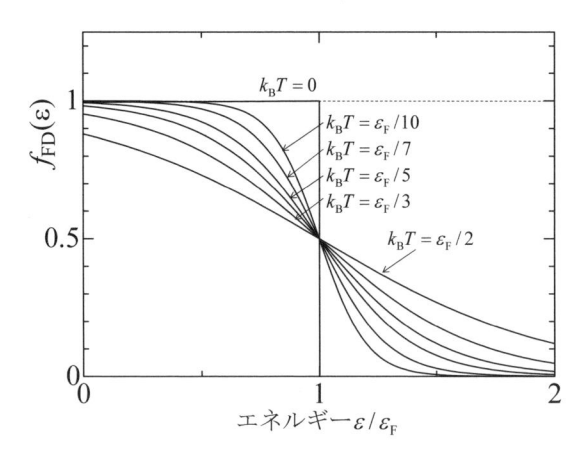

図 1.23 フェルミ分布関数 $f_{\mathrm{FD}}(\mathcal{E})$. 絶対零度 $T=0$ と $k_{\mathrm{B}}T = \mathcal{E}_{\mathrm{F}}/10, \mathcal{E}_{\mathrm{F}}/7, \mathcal{E}_{\mathrm{F}}/5, \mathcal{E}_{\mathrm{F}}/3, \mathcal{E}_{\mathrm{F}}/2$ の場合が示してある.

問　　題

(1.1) 次の交換関係を証明せよ.
$$[x, p_x] = [y, p_y] = [z, p_z] = \mathrm{i}\hbar$$
$$[x, p_y] = [y, p_z] = \cdots = 0$$

(1.2) 水素原子の電子軌道に対して，運動量 $p = mv$ は量子化されて
$$\oint p\mathrm{d}r = nh$$
となることを証明せよ.

(1.3) 水素原子の $n=3$ に対する電子状態をすべて示せ.

(1.4) 式 (1.58) を用い $M_1 = M_2 = M$ とし，音速を $V_\mathrm{s} = 2\times 10^3$ m/s, $a = 0.4$ nm とするとき，$q=0$ に対する光学分枝の角周波数 ω_+ を求めよ.

(1.5) 上の ω_+ と同じ角周波数をもつ電磁波の波長を求め，赤外線領域にあることを示せ.

(1.6) 式 (1.62)
$$n(v)\mathrm{d}v = 4\pi v^2 \mathrm{d}v \cdot A \exp\left(-\frac{mv^2}{2k_\mathrm{B}T}\right)$$
において，粒子の全密度を N として定数 A を決定せよ.

(1.7) 水素原子内の電子が 3s 状態と 4p 状態の間で遷移するとき，(i) 放射または吸収される光子のエネルギー，(ii) 周波数を求めよ. また (iii) その光の波長を求めどの領域にあるかを述べよ.

(1.8) 金 (Au) は面心立方格子で $a = 0.40785$ nm である．金の単結晶の表面が (100) 面であるとする．波長 0.1658 nm の単一 X 線がこの結晶表面に入射するとき，入射 X 線と面の角度が何度のとき X 線を強く反射するか．

(1.9) 式 (1.62) と式 (1.63) と同様にして次の等分配の法則を証明せよ．
$$\frac{1}{2}m\langle v_x^2\rangle = \frac{1}{2}m\langle v_y^2\rangle = \frac{1}{2}m\langle v_z^2\rangle = \frac{1}{2}k_B T$$

(1.10) 黒体の空洞体積を $V = L^3$ とし，電磁波が境界でゼロの条件を満たすとき，電磁波は飛び飛びの周波数 ν (角周波数 ω) をとる．この電磁波に対するフォトンのエネルギーを $\mathcal{E}_n = h\nu = \hbar\omega$ とし，ボルツマン統計 $\exp(-\mathcal{E}_n/k_B T)$ に従うとする．このとき，黒体輻射のエネルギー $u(\nu)$ あるいは $w(\omega)$ は単位体積単位周波数当たり

$$u(\nu) = \frac{8\pi\nu^2}{c^3}\frac{h\nu}{\exp(h\nu/k_B T) - 1}$$

$$w(\omega) = \frac{\omega^2}{\pi^2 c^3}\frac{\hbar\omega}{\exp(\hbar\omega/k_B T) - 1}$$

となることを示せ．これをプランクの黒体輻射の法則とよぶ．

2

物質の誘電的性質

2.1 誘 電 率

 物質に外部から電界を印加すると,物質を構成する正電荷の原子核や陽イオンと負電荷の電子や陰イオンが電界の力を受けてごくわずかだけ変位して止まる.これは第 1 章で述べた原子間の結合力が電界の力に比べはるかに大きいためである.このようにして微小な電気双極子が媒質中に多数発生し,分極が起こるのである.初めから双極子モーメントをもつ分子があれば電界によって回転し,そのモーメントが電界方向にそろう結果,分極が現れる場合もある.この結果,巨視的な誘電率が真空の場合と異なった値をとるようになる.電磁気学によれば,真空中の電界 $\boldsymbol{E}$ と電気変位 $\boldsymbol{D}$ の間には

$$\boldsymbol{D} = \epsilon_0 \boldsymbol{E} \tag{2.1}$$

$$\epsilon_0 = 10^7/(4\pi c^2) = 8.854 \times 10^{-12} \text{ F/m} \tag{2.2}$$

なる関係が成立する.ガウスの定理によれば真空中の閉曲面 S 内に点電荷 Q_f が存在すれば

$$\int_S \boldsymbol{D} \cdot \mathrm{d}\boldsymbol{S} = \epsilon_0 \int_S \boldsymbol{E} \cdot \mathrm{d}\boldsymbol{S} = Q_\mathrm{f} \tag{2.3}$$

が成立する.たとえば,点電荷が 1 個として半径 r の球面を考えると,その面における電界 E_r は,$\epsilon_0 4\pi r^2 E_\mathrm{r} = Q_\mathrm{f}$ より

$$E_\mathrm{r} = \frac{Q_\mathrm{f}}{4\pi\epsilon_0 r^2} \tag{2.4}$$

となる.また,図 2.1 のような間隔 d の平行平板電極に電圧 V を印加すると電界 $E = V/d$ が現れるが,これは電極金属表面に表面密度 σ_f の電荷が現れているものと考えると説明できる.つまり,電極の一部に円筒 ABCD を考えて,これにガウスの定理を用いると

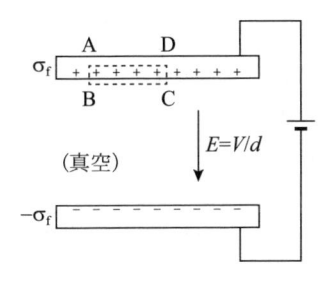

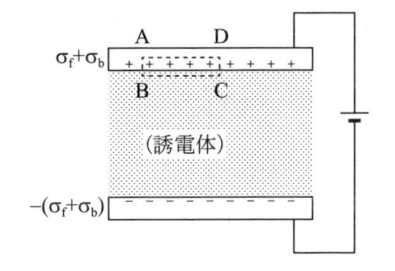

図 2.1 真空中におかれた平行平板電極に電圧 V を印加すると，電極表面に自由電荷 $\pm\sigma_\mathrm{f}$ が誘起される．

図 2.2 平行平板電極間に誘電体を挿入すると，真空の場合に誘起される自由電荷の他に，誘電体の分極による束縛電荷 $\pm\sigma_\mathrm{b}$ が余分に誘起される．

$$\epsilon_0 \int E \mathrm{d}S = \int \sigma_\mathrm{f} \mathrm{d}S \tag{2.5}$$

つまり

$$\sigma_\mathrm{f} = \epsilon_0 E \tag{2.6}$$

となることがわかる．この σ_f を自由電荷とよぶ．ところで，図 2.2 のように電極間に物質を挿入すると，物質内の原子，分子や電子の変位，回転などにより分極 (polarization) が起こり，電極表面に余分の電荷 (束縛電荷 $\pm\sigma_\mathrm{b}$) が誘起される．このときの誘電体物質中の電気変位は真空中の場合と異なり

$$\boldsymbol{D} = \epsilon_0 \boldsymbol{E} + \boldsymbol{P} \tag{2.7}$$

となる．この $\boldsymbol{P}$ は分極により発生したもので**電気分極**とよぶ．一般に，電気分極にはこの例のように外部電界が存在するときだけ現れるものと，外部電界がなくとも存在するものとがある．前者を誘起電気分極，後者を自発分極とよぶ．前者だけをもつ物質を**常誘電体**あるいは単に**誘電体**とよび，自発分極をもちうるものを**強誘電体**とよぶ．常誘電体では電気分極 $\boldsymbol{P}$ は電界 $\boldsymbol{E}$ に比例し (ただしあまり大きくない電界に対して)

$$\boldsymbol{P} = \chi\epsilon_0 \boldsymbol{E} \tag{2.8}$$

の関係が成立する．ここに $\chi\epsilon_0$ は電気感受率あるいは帯電率とよばれ，χ は比電気感受率 (あるいは単に電気感受率とか帯電率) とよばれる．式 (2.8) を式 (2.7) に代入すると

$$\boldsymbol{D} = \epsilon_0 \boldsymbol{E} + \chi\epsilon_0 \boldsymbol{E} = (1+\chi)\epsilon_0 \boldsymbol{E} = \kappa\epsilon_0 \boldsymbol{E} \tag{2.9}$$

$$\kappa = 1 + \chi \tag{2.10}$$

となる．このとき $\kappa\epsilon_0$ を (絶対) 誘電率, κ を比誘電率あるいは単に誘電率とよぶ．誘電体に電界 $\boldsymbol{E}$, 電気変位 $\boldsymbol{D}$ がかかっているとき，この誘電体の単位体積に蓄えられている電気エネルギー w は

$$w = \frac{1}{2}\boldsymbol{E}\cdot\boldsymbol{D}, \qquad dw = \boldsymbol{E}\cdot d\boldsymbol{D} \tag{2.11}$$

となる．ここに後の式は，前の式に式 (2.9) を用いて微分すれば得られる．式 (2.11) に式 (2.7) を代入すると

$$dw = \epsilon_0 \boldsymbol{E}\cdot d\boldsymbol{E} + \boldsymbol{E}\cdot d\boldsymbol{P} \tag{2.12}$$

となるが，上式の第1項は誘電体がなくとも存在するエネルギーなので，誘電体の分極によって蓄えられるエネルギーは

$$dw = \boldsymbol{E}\cdot d\boldsymbol{P}, \qquad \left(w = \frac{1}{2}\boldsymbol{E}\cdot\boldsymbol{P}\right) \tag{2.13}$$

となる．

1次元で x 方向に結合して並んだ原子を考える．各々の原子は $-e$ の電荷の電子をもっているものと考える．原子核は $+e$ の電荷をもっており，これらの電荷は点電荷と考えることができるものと仮定する．外部電界 E が x 方向に印加されたため，質量の軽い電子のみが x だけ変位したとする．このとき変位に比例した力 $k_0 x$ が電子に働き外部電界の力 $-eE$ とつり合うから

$$k_0 x = -eE \tag{2.14}$$

なる関係が成立する．ここに k_0 は電子と原子に働く力の比例定数である．1個の原子に付随した双極子モーメントを μ とすると

$$\mu = -ex \tag{2.15}$$

となる．各原子に蓄えられるポテンシャルエネルギーは

$$\frac{1}{2}k_0 x^2 = \frac{1}{2}\mu E \tag{2.16}$$

であるから，単位体積あたり N 個の原子があれば，蓄積されるエネルギー密度 w は

$$w = \frac{1}{2}N\mu E \tag{2.17}$$

となる．このエネルギーは巨視的な電気分極のエネルギーの式 (2.13) と同じものであるから

$$P = N\mu \tag{2.18a}$$

なる関係が成立する．つまり，電気分極とは外部電界によって媒質中の電荷が変位し，双極子モーメントを誘起することによって現れるもので，電気分極 P は双極子モーメント μ と単位体積あたりのモーメントの数の積で与えられる．双極子モーメントはベクトルであるから，一般に

$$\boldsymbol{P} = N\boldsymbol{\mu} \tag{2.18b}$$

と書ける．したがって，電界を印加しなくとも双極子モーメントをもっているような媒質なら，その電界方向の成分を求めればよく，双極子モーメントの回転によっても P が現れる．この例は後に配向分極のところで述べる．

2.2 局 所 電 界

外部電界 E_0 の中に誘電体を入れると分極が起こり，電磁気学でいう平均の電界 E がかかる．誘電体は原子，分子，イオンや電子によって構成されているから分極によって双極子が現れ，これらの双極子による電界を考えると各原子や分子にかかっている電界は E_0 や E とは一般に等しくならない．各原子や分子に作用している電界を**局所電界** (local electric field) とよぶ．図 2.3 のような任意の形状をした誘電体が外部電界 E_0 の中におかれているものとする．この誘電体内に一点 O を考え，誘電体の形状に比べ十分小さい球形の空洞を考える．注目している原子はこの点 O にあるものとすると，この原子に作用する局所電界 E_{loc} は次のような電界のベクトル和で与えられる．

(1) 外部から印加した電界 E_0
(2) 誘電体の外部表面に誘起された電荷によってできる電界 (反電界) E_1
(3) 空洞表面に誘起された電荷による電界 (ローレンツ電界) E_2

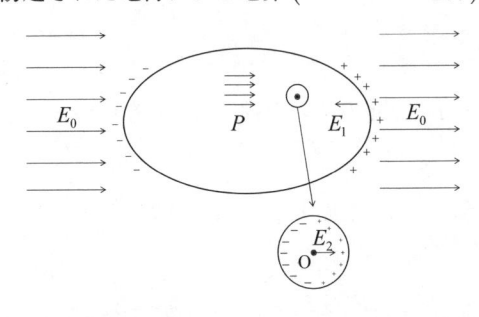

図 **2.3** 誘電体に外部電界 E_0 を印加した場合，誘電体に現れる反電界 E_1 (分極 P と反対方向)，空洞表面に誘起された電荷によるローレンツ電界 E_2 (P と平行)，局所電界はこれらと空洞内の双極子による電界 E_3 の和で表される．

(4) 空洞内の双極子による電界 E_3
(5) 空洞外の双極子による電界 E_4

これより局所電界は次のようになる.

$$E_{\mathrm{loc}} = E_0 + E_1 + E_2 + E_3 + E_4 \tag{2.19}$$

上式で E_4 は仮定により 0 となる. なぜなら, 空洞の形状は誘電体の外形に比べ十分に小さいので空洞外の双極子による O 点での電界は互いに打ち消しあって 0 となる. また, 立方晶などのように対称性のよい誘電体では空洞内の双極子による電界も互いに打ち消しあって $E_3 = 0$ となる. したがって, このときには $E_{\mathrm{loc}} = E_0 + E_1 + E_2$ となる.

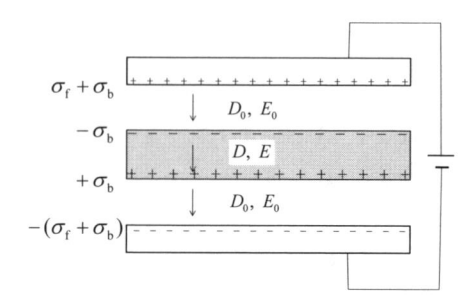

図 2.4 平行平板電極間に, 平板状の誘電体を浮かせて挿入した場合, 反電界は $E_1 = -P/\epsilon_0$ となる.

反電界 E_1 は誘電体の外部表面に誘起された電荷による電界なので誘電体の形状に依存する. 印加電界と反対の方向を向いているので反電界とよばれる. 一例として, 図 2.4 のような平板状の誘電体を考えると, 誘電体の内外で

$$D = \epsilon_0 E + P \tag{2.20a}$$

$$D_0 = \epsilon_0 E_0 \tag{2.20b}$$

が成立するが, $D = D_0$ が成り立たなければならないから

$$E = \frac{D-P}{\epsilon_0} = \frac{D_0 - P}{\epsilon_0} = E_0 - \frac{P}{\epsilon_0} \tag{2.21}$$

となる. つまり, 誘電体内の電界 E は外部電界 E_0 よりも P/ϵ_0 だけ小さくなる. そこで

$$E = E_0 - \frac{P}{\epsilon_0} \equiv E_0 + E_1 \tag{2.22}$$

$$E_1 = -\frac{P}{\epsilon_0} \equiv -N_{\mathrm{d}} \frac{P}{\epsilon_0} \tag{2.23}$$

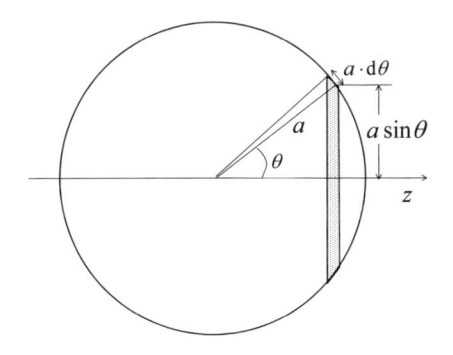

図 2.5 一様に分極した誘電体球内でのローレンツ電界を求める図. リング上の電荷量 $\mathrm{d}Q = 2\pi a \sin\theta \cdot a\mathrm{d}\theta \cdot \sigma$, $\sigma = -P\cos\theta$ で与えられる.

とおけば明らかなように，反電界 E_1 は $-P/\epsilon_0$ となる．反電界は誘電体の形状によるので式 (2.23) のように表し，N_d を反電界係数とよぶ．N_d は表 2.1 に示すような値をもつ．

表 2.1 反電界係数 N_d

形状	電界の方向	N_d
球	任意	1/3
薄い平板	面に垂直	1
薄い平板	面内	0
長い円筒	筒軸に平行	0
長い円筒	筒軸に垂直	1/2

仮想球の表面に誘起された電荷によるローレンツ電界 E_2 は次のようになる．図 2.5 のように分極の方向を z 軸とし，この軸より傾き角 θ と $\theta + \mathrm{d}\theta$ の間のリング (面積 $2\pi a^2 \sin\theta \mathrm{d}\theta$) を考える．このリング上の電荷密度は $\sigma = -P\cos\theta$ となるから，リング上の電荷量 $\mathrm{d}Q$ は $\mathrm{d}Q = -P\cos\theta(2\pi a^2 \sin\theta \mathrm{d}\theta)$ である．この電荷による中心における電界は

$$E_2 = -\int_0^\pi \frac{\mathrm{d}Q \cos\theta}{4\pi\epsilon_0 a^2} = \frac{P}{2\epsilon_0} \int_0^\pi \cos^2\theta \sin\theta \mathrm{d}\theta = \frac{P}{3\epsilon_0} \quad (2.24)$$

となる．

以上の結果，局所電界は $\boldsymbol{E}_3 = \boldsymbol{E}_4 = 0$ のときには

$$\boldsymbol{E}_\mathrm{loc} = \boldsymbol{E}_0 + \boldsymbol{E}_1 + \boldsymbol{E}_2 + \boldsymbol{E}_3 + \boldsymbol{E}_4 = \boldsymbol{E}_0 - \frac{N_\mathrm{d}}{\epsilon_0}\boldsymbol{P} + \frac{1}{3\epsilon_0}\boldsymbol{P} \quad (2.25)$$

あるいは，一般に $\boldsymbol{E}_3 \neq 0$ の場合も含めて

$$\boldsymbol{E}_\mathrm{loc} = \boldsymbol{E}_0 - \frac{N_\mathrm{d}}{\epsilon_0}\boldsymbol{P} + \frac{\gamma}{3\epsilon_0}\boldsymbol{P} \quad (2.26)$$

と書くことができる．この γ のことを局所電界係数とよぶことがある．また，式 (2.22), (2.23) より，$\boldsymbol{E}_0 - (N_\mathrm{d}/\epsilon_0)\boldsymbol{P} = \boldsymbol{E}$ であるから，結局，求める局所電界は

$$\boldsymbol{E}_\mathrm{loc} = \boldsymbol{E} + \frac{\gamma}{3\epsilon_0}\boldsymbol{P} \tag{2.27}$$

で与えられる．

2.3 クラウジウス・モソッチの式

誘電体に電界を印加すると双極子が誘起される．この双極子モーメントを $\boldsymbol{\mu}$ とすると，これはその分子や原子に作用する局所電界に比例するから

$$\boldsymbol{\mu} = \alpha \boldsymbol{E}_\mathrm{loc} \tag{2.28}$$

と書ける．この α のことを**分極率** (polarizability) とよぶ．密度を N とすると，分極 $\boldsymbol{P}$ は

$$\boldsymbol{P} = N\boldsymbol{\mu} = N\alpha \boldsymbol{E}_\mathrm{loc} = N\alpha \left(\boldsymbol{E} + \frac{\gamma}{3\epsilon_0}\boldsymbol{P} \right) \tag{2.29}$$

となる．もし，分子が何種類かあったり，分極が何種類かある場合には j 種の分極率を α_j としその分子 (原子，電子) の密度を N_j とすると (局所電界はどの分子も等しいとする)

$$\boldsymbol{P} = \sum_j N_j \alpha_j \boldsymbol{E}_\mathrm{loc} = \sum_j N_j \alpha_j \left(\boldsymbol{E} + \frac{\gamma}{3\epsilon_0}\boldsymbol{P} \right) \tag{2.30}$$

となる．これより

$$\boldsymbol{P} = \frac{\sum_j N_j \alpha_j}{1 - \dfrac{\gamma}{3\epsilon_0}\sum_j N_j \alpha_j}\boldsymbol{E} \tag{2.31}$$

を得る．これを式 (2.7) に代入し，式 (2.9) の関係を用いると

$$\boldsymbol{D} = \epsilon_0 \left[1 + \frac{\sum_j N_j \alpha_j}{\epsilon_0 - \dfrac{\gamma}{3}\sum_j N_j \alpha_j} \right] \boldsymbol{E} = \kappa \epsilon_0 \boldsymbol{E} \tag{2.32}$$

つまり

$$\kappa = 1 + \frac{\sum_j N_j \alpha_j}{\epsilon_0 - \dfrac{\gamma}{3}\sum_j N_j \alpha_j} \tag{2.33}$$

あるいは

$$\frac{\kappa - 1}{\gamma \kappa + (3 - \gamma)} = \frac{1}{3\epsilon_0}\sum_j N_j \alpha_j \tag{2.34}$$

となる.特殊な場合として $\gamma = 1$ とすると

$$\frac{\kappa - 1}{\kappa + 2} = \frac{1}{3\epsilon_0} \sum_j N_j \alpha_j \tag{2.35}$$

となる.この式をクラウジウス・モソッチ (Clausius–Mossotti) の式とよぶ.誘電率 κ, あるいは $(\kappa-1)/(\kappa+2)$ は,分極の原因となる個々の分極率とその密度の積の和で決まることを意味している. $\kappa - 1 \ll 1$ のときには, $\kappa = 1 + (1/\epsilon_0) \sum_j N_j \alpha_j$ となり, $\boldsymbol{E}_{\mathrm{loc}} = \boldsymbol{E}$ とおいたときの結果に等しい. $\kappa - 1 \ll 1$ のときには分極がきわめて小さく, $\boldsymbol{E}_{\mathrm{loc}} = \boldsymbol{E}$ となることから明らかである.

2.4 分極の種類と誘電分散

ここでは,電子が変位することによって起こる電子分極,イオンが変位することによって起こるイオン分極と,永久双極子をもつ分子が回転することによって起こる配向分極について説明する.その順序は動きやすい,あるいは高周波まで応答を示すものから述べることにする.

2.4.1 電　子　分　極

第 1 章で述べたように物質を構成する原子は,正電荷をもった原子核とそれを雲のようにとりまく負電荷の電子から成っている.簡単のため図 2.6 のように $+Ze$ の正電荷をもった原子核のまわりを,半径 r_0 の球内に一様に分布した負電荷 $-Ze$ の電子がとりまいているものとする.静電界を印加すると電子が中心 O から O′ へ変位する.その変位の大きさを x とすると原子核をとりまく電子のうち中心 O′, 半径 x の球内にある電子は原子核に力を及ぼすが, x の外側の電子分

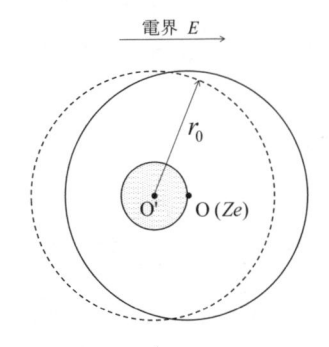

図 2.6 原子核 (電荷 Ze) のまわりの半径 r_0 内に一様に分布していた電子 ($-Ze$) に電界 E が作用したとき,電子分布の中心は O′ に移動する.

布は打ち消しあって結局，原子核に力を及ぼさない．したがってこのときのクーロン力は

$$Ze\left(\frac{x}{r_0}\right)^3 \frac{Ze}{4\pi\epsilon_0 x^2} = \frac{(Ze)^2}{4\pi\epsilon_0 r_0^3} x \tag{2.36}$$

となり，変位 x に比例する．この力は式 (2.14) で示した復元力に等しいので，これを $k_e x$ とおくと

$$\frac{(Ze)^2}{4\pi\epsilon_0 r_0^3} x = k_e x, \quad k_e = \frac{(Ze)^2}{4\pi\epsilon_0 r_0^3} \tag{2.37}$$

となる．この電子の変位による分極率を α_e とすると，局所電界を E_{loc} として

$$\alpha_e = \frac{\mu}{E_{\mathrm{loc}}} = \frac{-Zex}{E_{\mathrm{loc}}} \tag{2.38}$$

また，上に求めたクーロン力は電界から受ける力 ZeE_{loc} に等しいから ($-ZeE_{\mathrm{loc}} = k_e x$)

$$\alpha_e = \frac{-Zex}{(-k_e x/Ze)} = \frac{(Ze)^2}{k_e} = 4\pi\epsilon_0 r_0^3 \tag{2.39}$$

となる．この α_e を電子分極率とよび，上式からもわかるように電子雲の半径の3乗に比例し，原子が大きくなるにつれて大きくなることを示している．たとえば，水素原子の場合には $Z=1$ で，その電子雲の半径は式 (1.26) で与えられるボーア半径 $a_B \fallingdotseq 0.053\,\mathrm{nm}$ を用いると

$$\alpha_e = 1.7 \times 10^{-41}\,\mathrm{F\cdot m^2} \tag{2.40}$$

が得られる．理想気体の場合，0 °C，1 気圧における密度は $N = 2.7 \times 10^{25}\,\mathrm{m}^{-3}$ であるから $N\alpha_e/\epsilon_0 = 0.5 \times 10^{-4}$ となり (水素原子と同程度の原子半径をもつ理想気体の場合)，クラウジウス・モソッチの式より

$$\kappa - 1 \fallingdotseq \frac{N\alpha_e}{\epsilon_0} = 0.5 \times 10^{-4} \tag{2.41}$$

となる．これは，0 °C，1 気圧における He の誘電率の実測値 $\kappa = 1.0000684$ とかなりよい一致を示す．なお参考までに表 2.2 に希ガスの分極率を示す．これより明らかなように，原子の体積が大きくなるにつれ分極率は増大し，上のモデルより得た結果と一致している．

表 2.2　希ガスの電子分極率 α_e

	He	Ne	Ar	Kr	Xe
$\alpha_e\,[\times 10^{-40}\,\mathrm{F\cdot m^2}]$	0.22	0.43	1.80	2.74	4.44

電子分極を交流電界を印加した場合について考えてみる．質量 m，電荷 $-Ze$

をもった電子が単位体積に N_e 個あり，これに x 方向に交流電界 (局所電界) $E_1 \exp(-\mathrm{i}\omega t)$ が印加されたとき，この電子の運動方程式は次のように書けるであろう．

$$m\frac{\mathrm{d}^2 x}{\mathrm{d}t^2} + \beta \frac{\mathrm{d}x}{\mathrm{d}t} + k_e x = -ZeE_1 \exp(-\mathrm{i}\omega t) \tag{2.42}$$

この式は次のように書きかえることができる．

$$m\left(\frac{\mathrm{d}^2 x}{\mathrm{d}t^2} + \Gamma \frac{\mathrm{d}x}{\mathrm{d}t} + \omega_0^2 x\right) = -ZeE_1 \exp(-\mathrm{i}\omega t) \tag{2.43}$$

ここに，$m\Gamma(\mathrm{d}x/\mathrm{d}t) = \beta(\mathrm{d}x/\mathrm{d}t)$ は速度に比例する力 (制動力) で，上式を電気回路にたとえると抵抗の項に相当するものである．また

$$\omega_0 = \sqrt{k_e/m} \tag{2.44}$$

は固有角周波数あるいは共鳴角周波数とよばれ，電気回路の L，C で決まる共振周波数に対応している．誘電体に $\omega \fallingdotseq \omega_0$ の振動数の電界を印加すると，この誘電体は電気エネルギーを共鳴的に吸収する．この共鳴周波数は式 (2.37) を用い，r_0 を水素原子のボーア半径，$Z = 1$ とすると

$$\omega_0 = \left(\frac{Z^2 e^2}{4\pi\epsilon_0 r_0^3 m}\right)^{1/2} \fallingdotseq 4.1 \times 10^{16} \, \mathrm{rad/s} \tag{2.45a}$$

となる．これより ω_0 に相当する電磁波の波長を求めると

$$\lambda_0 = \frac{2\pi c}{\omega_0} \fallingdotseq 4.6 \times 10^{-8} \, \mathrm{m} = 46 \, \mathrm{nm} \tag{2.45b}$$

となり紫外線領域となることがわかる．

式 (2.43) の解は ($\mathrm{d}/\mathrm{d}t \to -\mathrm{i}\omega$ とおいて)

$$x = \frac{-ZeE_1 \exp(-\mathrm{i}\omega t)}{m(\omega_0^2 - \omega^2 - \mathrm{i}\omega\Gamma)} \tag{2.46}$$

となる．したがって，この変位 x による双極子モーメント μ は次式で与えられる．

$$\mu = \alpha_e E_1 \exp(-\mathrm{i}\omega t) = -Zex \tag{2.47}$$

上式に式 (2.46) の x を代入すると，電子分極率 α_e は

$$\alpha_e = \frac{(Ze)^2}{m(\omega_0^2 - \omega^2 - \mathrm{i}\omega\Gamma)} \tag{2.48}$$

となる．これをクラウジウス・モソッチの式に代入すると電子分極による誘電率が求まる．いま，$\kappa - 1 \ll 1$ として局所電界は印加電界に等しいものとする．また，N_e 個の電子のうち $f_0 N_e$ 個だけが固有角振動数を有するものとすると[*1)]，

[*1)] 実際には，f_0 は振動子強度とよばれる無次元量であり，電気双極子遷移の強さを表す．

$$\kappa = 1 + \frac{1}{\epsilon_0} f_0 N \alpha_e = 1 + \frac{f_0 N_e (Ze)^2/\epsilon_0 m}{\omega_0^2 - \omega^2 - i\omega\Gamma} \equiv \kappa' + i\kappa'' \qquad (2.49)$$

となる．ここに，κ', κ'' は複素誘電率 κ の実数部と虚数部で，式 (2.49) より

$$\kappa' = 1 + \frac{\omega_0^2 S_0 (\omega_0^2 - \omega^2)}{(\omega_0^2 - \omega^2)^2 + \omega^2 \Gamma^2} \qquad (2.50)$$

$$\kappa'' = \frac{\omega_0^2 S_0 \omega \Gamma}{(\omega_0^2 - \omega^2)^2 + \omega^2 \Gamma^2} \qquad (2.51)$$

となる．ここに S_0 は無次元の量で

$$S_0 = \frac{f_0 N_e (Ze)^2}{\epsilon_0 m \omega_0^2} \qquad (2.52)$$

である．

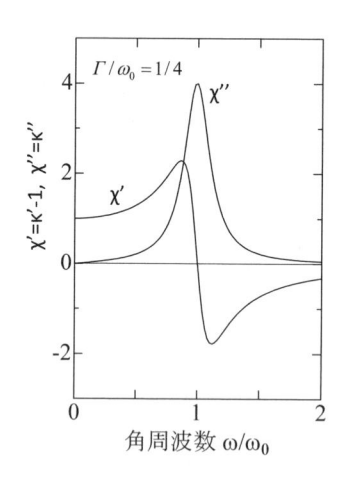

図 2.7 電子分極に対する $\chi'(\omega) = \kappa(\omega) - 1$ および $\chi''(\omega) = \kappa''(\omega)$ の周波数依存性．式 (2.50) および式 (2.51) で $S_0 = 1$, $\Gamma/\omega_0 = 1/4$ としたときの値．

式 (2.50) と式 (2.51) を用いて $\kappa' - 1 = \chi'$ と $\kappa'' = \chi''$ をグラフに示すと図 2.7 のようになる．χ'' は $\omega = \omega_0$ の近傍でのみ大きな値を有し，これからずれるとほとんど 0 に近い値を有する．このように誘電率の周波数依存性があることを**誘電分散** (dielectric dispersion) が存在するという．$\omega_0 \simeq 10^{16}$ rad/s であることを考えると可視光 ($\omega \simeq 10^{15}$ rad/s) やマイクロ波 ($\omega \simeq 10^{10}$ rad/s) に対しては，電子分極による κ'' はほとんど 0 とみなせる．また，Γ の値を増すにつれ $\omega = \omega_0$ での κ'' の極大値が減少し，半値幅が増大する．このようなことから Γ をダンピング・パラメータあるいはブロードニング・ファクタとよぶ．もし $\Gamma \ll \omega_0$ ならば

κ'' は $\omega = \omega_0$ のごく近傍だけで 0 でない値を有し，ω_0 からずれると急に 0 に近づく．したがって，このような場合には式 (2.51) において $(\omega - \omega_0)$ 以外の項は ω の代わりに ω_0 とおくと $(\omega_0^2 - \omega^2 = (\omega_0 - \omega)(\omega_0 + \omega) \fallingdotseq 2\omega_0(\omega_0 - \omega))$

$$\kappa'' = \chi'' = \frac{S_0 \omega_0 \Gamma/4}{(\omega - \omega_0)^2 + (\Gamma/2)^2} \equiv \frac{\pi}{2} S_0 \omega_0 F_L(\omega) \tag{2.53}$$

と近似することができる．ここに

$$F_L(\omega) = \frac{\Gamma/2\pi}{(\omega_0 - \omega)^2 + (\Gamma/2)^2} \tag{2.54}$$

はローレンツ関数とよばれるものである．

一般に，N 個の電子がいくつかの共振周波数をもっていて，共振周波数 ω_j，ダンピング・パラメータ Γ_j をもった電子が $f_j N$ 個あるものとすると

$$\chi(\omega) = \frac{N(Ze)^2}{\epsilon_0 m} \sum_j \frac{f_j}{\omega_j^2 - \omega^2 - i\omega \Gamma_j} \tag{2.55}$$

と書けることは明らかである．ここに，$\sum_j f_j N = N$，つまり

$$\sum_j f_j = 1 \tag{2.56}$$

が成立する．これを f–和の法則とよぶが，この微視的な証明には量子力学の取扱いが必要である [*2)]．

2.4.2 イオン分極

イオン結晶 (NaCl, KBr, LiF など) に電界を印加すると，図 2.8 に示すように正イオンは電界方向に負イオンは電界と反対方向に変位して，イオン間に相対変位が発生する．この相対変位によって双極子モーメントが誘起され，電界と平行な方向に分極が発生する．イオン間の相対変位は 1.6 節に述べた光学振動様式に対応しているが，この名称はこの振動様式によって誘起される電気双極子が電磁波と相互作用をして，電磁波 (赤外線) を吸収することからつけられたものである．このイオン間の相対変位による分極をイオン分極とよぶが，正負イオンともその原子核のまわりに電子をもっているから，必ず電子分極の寄与がある．一般にイオン分極は赤外線 (波長が数十 μm 程度) の領域で強く現れ，この領域における電子分極の寄与はあまり大きくなく，またこの領域では電子分極は分散を示さないので周波数に依存しない一定の値として考えることができる [*3)]．

[*2)] 浜口智尋：固体物性 (上)(丸善) 第 6 章を参照.
[*3)] イオン分極と赤外線 (電磁波) との相互作用の厳密な取扱いは浜口智尋：半導体物理 (朝倉書店, 2001)5.4 節を参照.

電界 E ⟶
分極 P ⟶

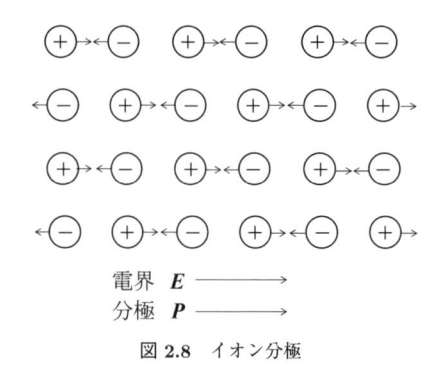

図 2.8 イオン分極

いま，結晶格子は $\pm Ze$ の電荷をもった 2 種のイオンからなっており，そのイオンの変位を $\bm{u}_+$, $\bm{u}_-$ とする．これらのイオンのまわりの電子分極率をそれぞれ，α_+, α_- とし，単位体積に N 個のイオン対があり，各イオンに局所電界 $\bm{E}_{\mathrm{loc}}$ が作用しているものとすると，電気分極は次式で与えられる．

$$\bm{P} = N\left[Ze(\bm{u}_+ - \bm{u}_-) + (\alpha_+ + \alpha_-)\bm{E}_{\mathrm{loc}}\right] \tag{2.57}$$

次に，イオンの運動方程式を考える．式 (1.54) において奇数番目の原子を正イオン，偶数番目の原子を負イオンとし，非常に長波長 $(q \fallingdotseq 0)$ かほとんど静止状態に近いイオンを考え，$u_{2n+1} = u_{2n-1} \to \bm{u}_+$, $u_{2n} = u_{2n+2} \to \bm{u}_-$ とし，さらに電界による力 $\pm Ze\bm{E}_{\mathrm{loc}}$ を加えると

$$M_+\ddot{\bm{u}}_+ = -2k_0(\bm{u}_+ - \bm{u}_-) + Ze\bm{E}_{\mathrm{loc}} \tag{2.58a}$$

$$M_-\ddot{\bm{u}}_- = +2k_0(\bm{u}_+ - \bm{u}_-) - Ze\bm{E}_{\mathrm{loc}} \tag{2.58b}$$

なる式が得られる．式 (2.58a) と式 (2.58b) にそれぞれ M_-, M_+ をかけ辺々差し引き，$(M_+ + M_-)$ で割ると次式がえられる．

$$M_{\mathrm{r}}(\ddot{\bm{u}}_+ - \ddot{\bm{u}}_-) = -2k_0(\bm{u}_+ - \bm{u}_-) + Ze\bm{E}_{\mathrm{loc}} \tag{2.59}$$

ここに

$$M_{\mathrm{r}} = \frac{M_+ M_-}{M_+ + M_-}, \quad \left(\frac{1}{M_{\mathrm{r}}} = \frac{1}{M_+} + \frac{1}{M_-}\right) \tag{2.60}$$

は還元質量とよばれるものである．式 (2.59) にダンピングの項 $\beta_0(\dot{\bm{u}}_+ - \dot{\bm{u}}_-)$ を加えれば，電子分極の式 (2.42) とまったく同様になることがわかる．そこで

$$\omega_0 = \sqrt{2k_0/M_{\mathrm{r}}}, \quad \varGamma_0 = \beta_0/M_{\mathrm{r}} \tag{2.61}$$

とおき，局所電界が $\bm{E}_{\mathrm{loc}}\exp(-\mathrm{i}\omega t)$ なる交流電界であるとすると

$$\bm{u}_+ - \bm{u}_- = \frac{(Ze/M_{\mathrm{r}})\bm{E}_{\mathrm{loc}}\exp(-\mathrm{i}\omega t)}{\omega_0^2 - \omega^2 - \mathrm{i}\omega\varGamma_0} \tag{2.62}$$

となるから，イオン分極の分極率 α_i は $(\boldsymbol{\mu} = Ze(\boldsymbol{u}_+ - \boldsymbol{u}_-) = \alpha_\mathrm{i}\boldsymbol{E}_\mathrm{loc}\exp(-\mathrm{i}\omega t)$ より)

$$\alpha_\mathrm{i} = \frac{(Ze)^2/M_\mathrm{r}}{\omega_0^2 - \omega^2 - \mathrm{i}\omega\varGamma_0} \tag{2.63}$$

となる．したがって，誘電率は電子分極の寄与を考えると，式 (2.35) より

$$\frac{\kappa - 1}{\kappa + 2} = \frac{1}{3\epsilon_0}N\left[\frac{(Ze)^2/M_\mathrm{r}}{\omega_0^2 - \omega^2 - \mathrm{i}\omega\varGamma_0} + (\alpha_+ + \alpha_-)\right] \tag{2.64}$$

で与えられる．いま，静電誘電率 ($\omega = 0$ のとき) を κ_0 とおき，$\omega \gg \omega_\mathrm{TO}$ なる周波数に対する誘電率 (光学誘電率) を κ_∞ とすると [*4]

$$\frac{\kappa_0 - 1}{\kappa_0 + 2} = \frac{1}{3\epsilon_0}N\left[\frac{(Ze)^2/M_\mathrm{r}}{\omega_0^2} + (\alpha_+ + \alpha_-)\right] \tag{2.65a}$$

$$\frac{\kappa_\infty - 1}{\kappa_\infty + 2} = \frac{1}{3\epsilon_0}N\left[\alpha_+ + \alpha_-\right] \tag{2.65b}$$

これより

$$\frac{\kappa - \kappa_\infty}{\kappa + 2} = \frac{\kappa_0 - \kappa_\infty}{\kappa_0 + 2}\frac{\omega_0^2}{\omega_0^2 - \omega^2 - \mathrm{i}\omega\varGamma_0} \tag{2.66a}$$

となるから，結局

$$\kappa(\omega) = \kappa_\infty + \frac{\kappa_0 - \kappa_\infty}{1 - (\omega/\omega_\mathrm{TO})^2 - \mathrm{i}(\omega\varGamma_0/\omega_\mathrm{TO}^2)} \tag{2.66b}$$

$$\omega_\mathrm{TO}^2 = \frac{\kappa_\infty + 2}{\kappa_0 + 2}\omega_0^2 \tag{2.66c}$$

を得る．これは赤外線吸収領域におけるイオン性結晶の誘電率の分散を表す重要な式であり，複素誘電率の虚数部 κ'' はやはり電子分極の場合と同様ローレンツ関数で近似することが可能である．一般に電子分極やイオン分極のように荷電粒子の変位による分極を変位分極とよび，その複素誘電率は式 (2.49) や式 (2.66b) のような周波数応答を有する．なお，式 (2.66a)，(2.66b) で κ_∞ は電子分極の寄与を表し，また，電子分極が局所電界に寄与することから間接的に ω_TO が式 (2.61) で与えられる共振角周波数 ω_0 とは少し異なる．

式 (2.66b) における ω_TO を横波光学振動の角周波数とよび，$\varGamma_0 = 0$ として $\kappa(\omega) = 0$ となる角周波数 ω_LO を縦波光学振動の角周波数とよぶ．式 (2.66b) より $\omega_\mathrm{LO} = (\kappa_0/\kappa_\infty)\omega_\mathrm{TO}^2$，つまり

[*4] 1.6 節では $q = 0$ における光学分枝の角振動数が $\sqrt{2k_0/M_\mathrm{r}}$ であることを示した．この分枝は電磁波と相互作用をし，赤外吸収に寄与する．電磁波と光学分枝の相互作用により，角振動数は ω_0 から少しだけ変化し，横波は ω_TO に，縦波は ω_LO となる．詳しくは浜口智尋：半導体物理 (朝倉書店, 2001)5.4 節を参照.

$$\left(\frac{\omega_{\text{LO}}}{\omega_{\text{TO}}}\right)^2 = \frac{\kappa_0}{\kappa_\infty} \tag{2.67}$$

が得られる．この関係をリディン・ザクス・テラー (Lyddane-Sachs-Teller) の式とよぶ．誘電率の実数部と虚数部は，図2.7と同じような形となることは式 (2.66b) より明らかであろう．$\Gamma_0 = 0$ とおき誘電率 (実数部) をプロットすると図2.9のようになり，$\omega_{\text{TO}} < \omega < \omega_{\text{LO}}$ の領域では $\kappa < 0$ となり，この範囲の角周波数の電磁波 (赤外線) は全反射される．

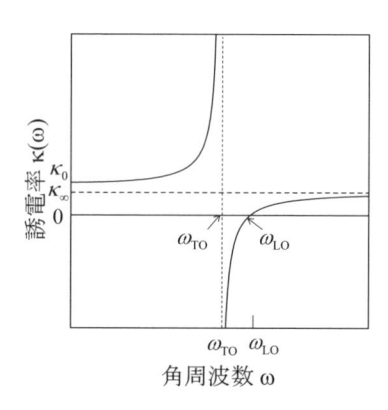

図 2.9 イオン分極に対する誘電率の分散．$\omega_{\text{TO}} < \omega < \omega_{\text{LO}}$ の領域は全反射に対応している ($\omega_{\text{LO}}/\omega_{\text{TO}} = 1.2$ とした)．

式 (2.65a), (2.65b) からわかるように，$\kappa_0 - \kappa_\infty$ はイオン分極の大きさの程度を表している．これは電子分極とイオン分極の電気分極を P_{e}, P_{i} とすれば

$$\epsilon_0 (\kappa_0 - 1) E = P_{\text{e}} + P_{\text{i}} \tag{2.68}$$

となるが，光周波数 ($\omega \gg \omega_{\text{TO}}$) に対しては電子分極しか寄与しないから

$$\epsilon_0 (\kappa_\infty - 1) E = P_{\text{e}} \tag{2.69}$$

となり，

$$\epsilon_0 (\kappa_0 - \kappa_\infty) E = P_{\text{i}} \tag{2.70}$$

となることからも明らかであろう．表2.3は代表的なIII–V族半導体とアルカリハライドの静電誘電率と光学誘電率を示したもので，アルカリハライドの方がイオン性結合が強いために κ_0 と κ_∞ の差が大きい．また，圧縮率 (単位圧力の変化に対する体積変化の割合) の大きい物質ほど $(\kappa_0 - \kappa_\infty)$ の値も大きくなることが知られている．かたいイオンからなる固体では，単位電界によるイオンの相対変

表 2.3 半導体およびイオン結晶の誘電率

III–V族	誘電率 κ_∞	誘電率 κ_0	アルカリハライド	誘電率 κ_∞	誘電率 κ_0
InSb	15.68	17.88	LiF	1.92	9.27
InAs	11.8	14.55	LiCl	2.75	11.05
InP	9.61	12.37	NaF	1.74	6.0
GaSb	14.44	15.69	NaCl	2.25	5.62
GaAs	11.11	13.13	KF	1.85	6.05
GaP	8.45	10.18	KCl	2.13	4.68
AlSb	9.88	11.21	RbF	1.93	5.91
BN	4.5	7.11	RbCl	2.19	5.0

位は小さく，したがってイオン分極も小さいが，やわらかいイオンからなる圧縮率の大きい物質では，単位電界によるイオンの相対変位は大きくイオン分極も大きくなり上の傾向が説明される．

2.4.3 配 向 分 極

2つの異なる原子が結合して分子をつくるとき，分子内の電荷分布が一様でなくなる場合が生じ，このときには電荷分布の非対称性のために双極子モーメントを生ずる．この双極子モーメントは電界がなくとも存在するので永久双極子とよばれ，これをもつ分子を有極性分子とよぶ．図 2.10(a) は有極性分子としてよく知られている水 (H_2O) の結合状態を示したもので，H-O-H の結合は直線でないため正に帯電した水素と負に帯電した酸素により結合の角を二等分する方向に永久双極子モーメントを有する．液体の水を考えると，電界を印加しないとき各分子は不規則に分布しているため，永久双極子モーメントの向きも不規則にあらゆる方向に分布しており，全体としてのモーメントのベクトル和は 0 となり，分極をもたないことになる．電界を印加すると，双極子モーメントが電界の方向に向こうとする傾向が現れ，正味の電界方向の双極子モーメントの増加により分極が現れる．これを配向分極 (orientational polarization) とよぶ．その他の有極性分子としては図 2.10(b) に示したような NH_3 や (c) の C_2H_5OH などがある．また，永久双極子を有さない分子の例として CO_2 と CCl_4 を図 2.11 に示してある．

ここでは，簡単のため双極子モーメントの回転が比較的自由な気体や液体について考えてみる．電界方向に双極子モーメントが配向する確率はボルツマン統計にしたがうものと考えて計算する．N 個の同一分子から成る系を考え，おのおのの分子のもつ双極子モーメントを $\boldsymbol{\mu}_0$ とする．この双極子が電界 $\boldsymbol{E}$ (局所電界であることに注意せよ) の中におかれ，モーメントと電界のなす角が図 2.12 のよう

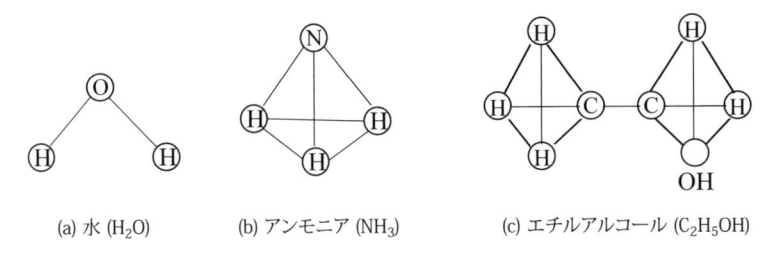

(a) 水 (H_2O)   (b) アンモニア (NH_3)   (c) エチルアルコール (C_2H_5OH)

図 2.10　有極性分子

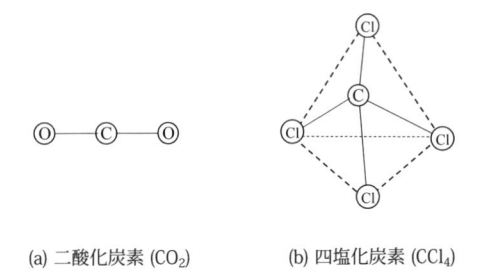

(a) 二酸化炭素 (CO_2)　(b) 四塩化炭素 (CCl_4)

図 2.11　無極性分子

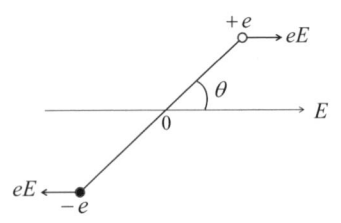

図 2.12　双極子モーメントが電界の中で受けるトルク

に θ であるとすると，この双極子に働くトルク (回転力) は

$$T_0 = |\boldsymbol{\mu} \times \boldsymbol{E}| = \mu_0 E \sin\theta \tag{2.71}$$

となる．電界と双極子モーメントが直交するとき，ポテンシャルエネルギーが 0 になるとすれば，角 θ をなすときのポテンシャルエネルギー W は

$$W = \int_{\pi/2}^{\theta} T_0 d\theta = \int_{\pi/2}^{\theta} (\mu_0 E \sin\theta) d\theta = -\mu_0 E \cos\theta = -(\boldsymbol{\mu} \cdot \boldsymbol{E}) \tag{2.72}$$

で与えられる．ボルツマンの分布則を考え，立体角 $d\Omega = \sin\theta d\theta d\phi$ 内に双極子

モーメントが向いている分子の数 $nd\Omega$ を求めると

$$nd\Omega = A\exp\left(-\frac{W}{k_BT}\right)d\Omega = A\exp\left(\frac{\mu_0 E\cos\theta}{k_BT}\right)d\Omega \quad (2.73)$$

となる．ここに A は定数で，分子の総数を N_p とすると次式より決定することができる．

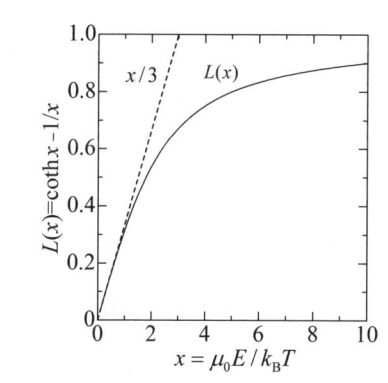

$$N_p = \int nd\Omega = A\int \exp(-W/k_BT)d\Omega \quad (2.74)$$

図 2.13　ランジュバン関数 $L(x)$

　式 (2.72) と式 (2.73) からわかるように，電界が加わると $\cos\theta > 0$ となる方がポテンシャルエネルギーが減少し，そのような方向，つまり $\boldsymbol{\mu}_0$ が $\boldsymbol{E}$ と平行方向を向く分子の数が増え，正味として電界方向に双極子モーメントが現れることになる．そこで電界方向の平均の双極子モーメントを $\langle \mu_0\cos\theta \rangle$ としてこれを求めてみる．極座標 (r,θ,ϕ) を用い θ を電界と双極子モーメントのなす角とすると式 (2.73)，(2.74) より次式を得る．

$$\begin{aligned}\langle \mu_0\cos\theta\rangle &= \frac{1}{N_p}\int(\mu_0\cos\theta)nd\Omega = \frac{1}{N_p}\int_0^{2\pi}d\phi\int_0^{\pi}(\mu_0\cos\theta)n\sin\theta d\theta\\ &= \frac{\int_0^{\pi}\mu_0\cos\theta\sin\theta\exp(\mu_0 E\cos\theta/k_BT)d\theta}{\int_0^{\pi}\sin\theta\exp(\mu_0 E\cos\theta/k_BT)d\theta}\end{aligned} \quad (2.75)$$

いま，

$$x = \frac{\mu_0 E}{k_BT}, \quad t = \frac{\mu_0 E\cos\theta}{k_BT} = x\cos\theta \quad (2.76)$$

とおくと上の積分は容易に行えて次のような結果を得る．

$$\langle \mu_0 \cos\theta \rangle = \frac{\mu_0}{x} \frac{\displaystyle\int_x^x t e^t \mathrm{d}t}{\displaystyle\int_x^x e^t \mathrm{d}t} = \mu_0 \left[\frac{e^x + e^{-x}}{e^x - e^{-x}} - \frac{1}{x} \right] = \mu_0 \left[\coth x - \frac{1}{x} \right]$$

$$\equiv \mu_0 L(x) \tag{2.77}$$

ここに

$$L(x) = \coth x - \frac{1}{x} \tag{2.78}$$

はランジュバン関数 (Langevin function) とよばれるもので，図 2.13 のようになる．x の大きな値，すなわち強い電界に対して関数 $L(x)$ は飽和し 1 に近づく．このとき $\langle \mu_0 \cos\theta \rangle = \mu_0$ となるから，すべての双極子モーメントが完全に電界方向に配向していることになる．この配向分極による電気分極は，単位体積に N_p 個の双極子モーメントがあるとすると

$$P = N_\mathrm{p} \mu_0 L(x) = N_\mathrm{p} \mu_0 \cdot L(\mu_0 E / k_\mathrm{B} T) \tag{2.79}$$

で与えられる．一般に，極低温をのぞいて，$x = \mu_0 E / k_\mathrm{B} T \ll 1$ が成立するから，$\coth x = 1/x + x/3 - x^3/45 + \cdots\cdots$ なる結果を用いると $L(x) \fallingdotseq x/3$ が成立する．電界は局所電界 E_loc を用いなければならないことに注意すれば，このときには

$$L(x) \fallingdotseq \frac{x}{3} = \frac{\mu_0 E_\mathrm{loc}}{3 k_\mathrm{B} T}, \quad P = \frac{N_\mathrm{p} \mu_0^2 E_\mathrm{loc}}{3 k_\mathrm{B} T} \tag{2.80}$$

となる．$\langle \mu_0 \cos\theta \rangle = \alpha_\mathrm{p} E_\mathrm{loc}$ あるいは $P = N_\mathrm{p} \alpha_\mathrm{p} E_\mathrm{loc}$ なる関係を用いると配向分極に対する分極率 α_p は次式で与えられる．

$$\alpha_\mathrm{p} = \frac{\mu_0^2}{3 k_\mathrm{B} T} \tag{2.81}$$

以上の結果，電子分極，イオン分極，配向分極を有する物質があり，その分極率をそれぞれ α_e, α_i, α_p とし，それぞれの分極率を有する分子の密度が N_e, N_i, N_p であるとすれば (必ずしも $N_\mathrm{e} = N_\mathrm{i} = N_\mathrm{p}$ となるとはかぎらない)，

$$\frac{\kappa - 1}{\kappa + 2} = \frac{1}{3 \epsilon_0} \left(N_\mathrm{e} \alpha_\mathrm{e} + N_\mathrm{i} \alpha_\mathrm{i} + \frac{N_\mathrm{p} \mu_0^2}{3 k_\mathrm{B} T} \right) \tag{2.82}$$

となる．これをランジュバン・デバイ (Langevin–Debye) の式という．分子の密度の小さい気体や分子間の相互作用の弱い物質では，局所電界はほぼ印加電界に等しくなり，このときには

$$\kappa - 1 = \frac{1}{\epsilon_0} \left(N_\mathrm{e} \alpha_\mathrm{e} + N_\mathrm{i} \alpha_\mathrm{i} + \frac{N_\mathrm{p} \mu_0^2}{3 k_\mathrm{B} T} \right) \tag{2.83}$$

となり，静電誘電率は絶対温度の逆数に比例することになる．図 2.14 は有機化合物の気体について静電誘電率を絶対温度の逆数に対してプロットしたもので直線となり，式 (2.83) でよく表されることがわかる．直線のこう配は $N_p\mu_0^2/3k_B\epsilon_0$ であるから単位体積あたりの分子数 N_p がわかれば永久双極子モーメント μ_0 を決定することができる．また，この直線を外挿して縦軸と交わる点から $(\alpha_e + \alpha_i)$ を決定することもできる．図 2.14 において誘電率が横軸と平行となるもの，つまり CCl_4 や CH_4 などは永久双極子をもたないことが結論される．

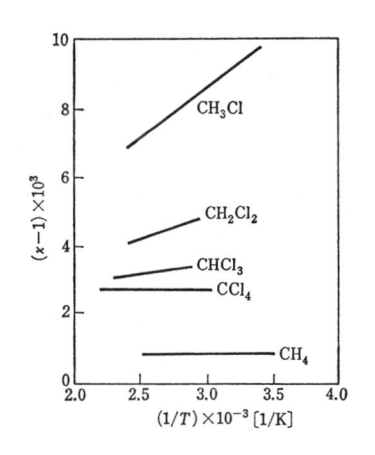

図 2.14 各種分子の誘電率と絶対混度の逆数の関係．こう配が 0 でないものは有極性で，0 のものは無極性分子であることがわかる．

以上は気体や液体における配向分極であるが，固体における配向分極では少し様子が異なる．配向分極を有する固体の場合，その双極子モーメントは電界によって勝手な方向を向くことはできない．それは分子 (原子) 間の結合が強いためで，その結晶のある特定の方向にしか双極子モーメントが向けないからである．たとえば，永久双極子が強く束縛されているが 2 つの結晶軸の方向に双極子モーメントが向くことが可能であると考えれば，やはり気体や液体の場合の上の計算と同様にしてボルツマン因子を含むので，求められた誘電率は温度依存性を示す [*5]．図 2.15 はニトロベンゼンの静電誘電率の温度依存性を示すもので，液体では配向分極の寄与があるが，固体になると永久双極子が凍結されて電界を印加しても配向しえなくなり，電子分極とイオン分極の寄与のみとなる．一方，図 2.16 は HCl

---

[*5] これをフレーリッヒ (Fröhlich) のモデルとよぶ．浜口智尋：固体物性 (上)(丸善)p.174 を参照．

の静電誘電率の温度特性を示したものであるが，159 K において，液体から固体に変わるとき，密度変化によるわずかではあるが急激な変化をする．固体になっても，上に述べたような配向分極による誘電率への寄与があり，100 K になって κ は急激に減少し双極子が動きえなくなる．以上のように永久双極子がなければ，静電誘電率はほとんど温度に依存しないことになる．

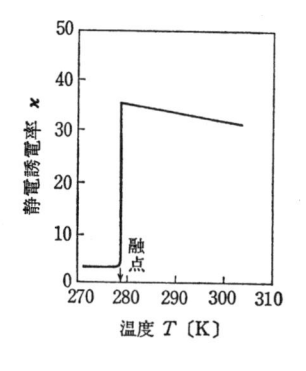

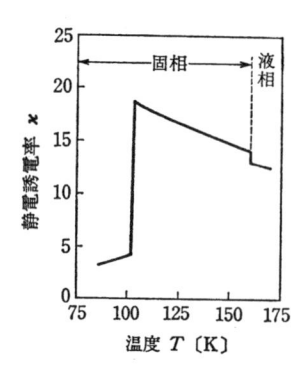

図 2.15 ニトロベンゼンの静電誘電率 κ の温度依存性

図 2.16 HCl の静電誘電率 κ の温度依存性

次に，配向分極の時間応答と誘電分散について考えてみる．永久双極子モーメントの回転は分子の回転であるから，その応答は電子分極やイオン分極に比べるはるかに遅い．いま，図 2.17 のようなステップ状の電界 E_0 を，時刻 $t = t'$ に印加した場合を考えると双極子モーメントの応答が観測されるような時間のスケールで横軸を考えるならば，電子分極やイオン分極は非常に早く応答し，図 2.17 に示したように瞬間的に

$$P_\infty = \epsilon_0 \chi_\infty E_0 = \epsilon_0 (\kappa_\infty - 1) E_0 \tag{2.84}$$

となるであろう．その後，時間の経過とともに直流電界に対する値

$$P_0 = \epsilon_0 \chi_0 E_0 = \epsilon_0 (\kappa_0 - 1) E_0 \tag{2.85}$$

に近づくはずである．したがって，分極 $P(t)$ の時間変化は次の2つの和に分けて考えることができる．

$$P(t) = P_\infty(t) + P_0(t) \tag{2.86}$$

つまり，$P_\infty(t)$ は瞬間的に分極が発生し，交流電界を印加しても位相が遅れることなく完全に追随し，$P_0(t)$ は徐々に直流の分極 P_0 に近づき交流電界を印加する

2.4 分極の種類と誘電分散

と位相が遅れて分極が発生する．この 2 つの分極の成分のうち $P_0(t)$ の時間応答について考えてみる．直流電界を印加して，分極が式 (2.85) で与えられる値に達した後，電界をある瞬間 ($t=0$) に切ると

$$P_0(t) = P_0' e^{-t/\tau_\mathrm{p}} \tag{2.87}$$

で示されるような減衰を示す (図 2.17 の曲線と比較せよ)．この式はまた

$$\frac{\mathrm{d}}{\mathrm{d}t} P_0(t) = -\frac{P_0(t)}{\tau_\mathrm{p}} \tag{2.88}$$

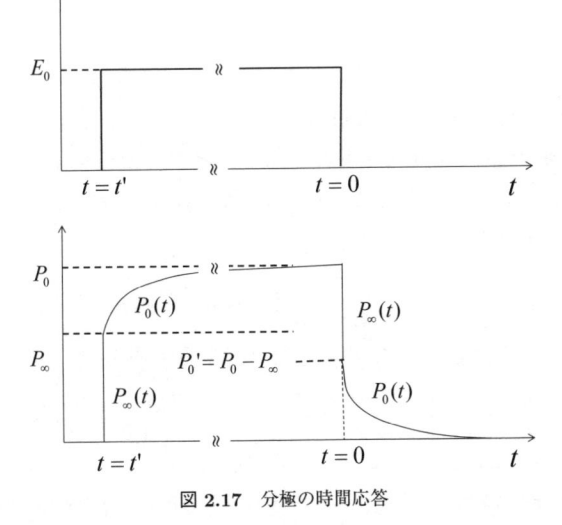

と書き表すこともできる．このような式で表される現象を**緩和現象** (relaxation phenomenon) とよび，τ_p は時間の次元をもっているので，**緩和時間** (relaxation time) とよばれる．緩和現象とは，一般的には式 (2.88) で表されるように $P_0(t)$ が定常状態 (上の例では $P_0(t) = 0$) に近づくほどその変化割合 $\mathrm{d}P_0(t)/\mathrm{d}t$ が小さくなるような現象で ($\mathrm{d}P_0(t)/\mathrm{d}t \propto -P_0(t)$)，容器の中の水面を振動させたときの振動の振幅など自然界でしばしば見かけられ，上式のような式でよく近似される．

次に，時刻 $t=0$ に電界を印加したときの $P_0(t)$ の時間変化をみれば図 2.17 より

$$P_0(t) = P_0'(1 - e^{-t/\tau_\mathrm{p}}) \tag{2.89}$$

あるいはこれより

$$\frac{\mathrm{d}}{\mathrm{d}t} P_0(t) = -\frac{P_0(t) - P_0'}{\tau_\mathrm{p}} \tag{2.90}$$

図 2.17 分極の時間応答

なる関係式の成立することがわかる．この式も緩和現象の考えから次のように容易に理解される．変化割合 $dP_0(t)/dt$ は $-(P_0(t) - P_0')$ に比例しており，P_0' は $P_0(t)$ が追いつこうとする終局的な値である．したがって交流電界（局所電界）$E(t) = E_0 \exp(-i\omega t)$ を印加したときには[*6]，$\chi_0 - \chi_\infty = \chi_0'$ とおくと P_0' は電界に完全についていく成分で $P_0' = \chi_0' \epsilon_0 E(t) = \chi_0' \epsilon_0 E_0 \exp(-i\omega t)$ とおいて考えるべきものであることがわかる．そこで式 (2.90) をこの交流電界印加の場合について解くと，$d/dt \to -i\omega$ とおいて

$$-i\omega P_0(t) = -\frac{P_0(t) - \epsilon_0 \chi_0' E(t)}{\tau_p} \tag{2.91}$$

これより $P_0(t)$ を求めると

$$P_0(t) = \frac{\epsilon_0 \chi_0' E(t)}{1 - i\omega \tau_p} = \frac{\epsilon_0 (\chi_0 - \chi_\infty)}{1 - i\omega \tau_p} E_0 e^{-i\omega t} \tag{2.92}$$

となる．いま，配向分極を示す分子の密度を N_p とすると，式 (2.29) より

$$P_0(t) = N_p \alpha_p E(t) \tag{2.93}$$

であるから

$$N_p \alpha_p = \frac{\epsilon_0 (\chi_0 - \chi_\infty)}{1 - i\omega \tau_p} \tag{2.94}$$

となる．$E(t)$ は局所電界であるからクラウジウス・モソッチの式 (2.35) を用いると

$$\frac{\kappa - 1}{\kappa + 2} = \frac{1}{3\epsilon_0} \sum_j N_j \alpha_j = \frac{1}{3\epsilon_0} (N_e \alpha_e + N_i \alpha_i + N_p \alpha_p) \tag{2.95}$$

が成立する．ここに $N_e \alpha_e + N_i \alpha_i$ は電子分極とイオン分極の寄与を表し，これらの分極は配向分極に比べ非常に早く応答するので，いま考えているような周波数の電界には位相が遅れることなく追随することができる．したがって，これらは式 (2.86) の分極 $P_\infty(t)$ を与えるものであることがわかるであろう．そこで，配向分極が分散を示すような周波数よりも十分に高い周波数における誘電率を κ_∞ とすれば $N_p \alpha_p = 0$ となり，式 (2.95) より

$$\frac{\kappa_\infty - 1}{\kappa_\infty + 2} = \frac{1}{3\epsilon_0} (N_e \alpha_e + N_i \alpha_i) \tag{2.96}$$

が成立する．式 (2.95) から式 (2.96) を辺々引き算すると

$$\frac{\kappa - 1}{\kappa + 2} - \frac{\kappa_\infty - 1}{\kappa_\infty + 2} = \frac{1}{3\epsilon_0} N_p \alpha_p = \frac{(\chi_0 - \chi_\infty)/3}{1 - i\omega \tau_p} \tag{2.97}$$

[*6] 緩和関数による厳密な取扱いについては，浜口智尋：固体物性 (上)(丸善)p.184〜p.185 を参照．

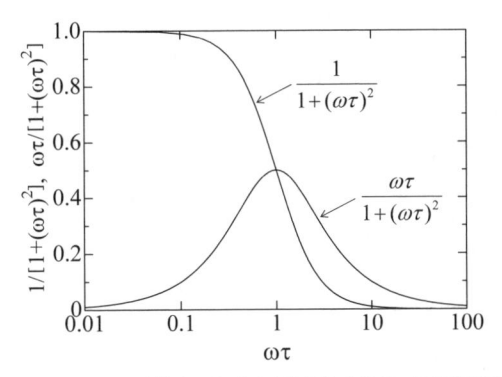

図 2.18 デバイの分散式における実数部と虚数部の周波数依存性

が得られる．静電誘電率 ($\omega = 0$) を κ_0 とすると，式 (2.97) より

$$\frac{\kappa_0 - 1}{\kappa_0 + 2} - \frac{\kappa_\infty - 1}{\kappa_\infty + 2} = \frac{(\chi_0 - \chi_\infty)}{3} \tag{2.98}$$

となるので，この結果を式 (2.97) に代入して整理すると次式を得る．

$$\frac{\kappa - \kappa_\infty}{\kappa + 2} = \frac{\kappa_0 - \kappa_\infty}{\kappa_0 + 2} \cdot \frac{1}{1 - \mathrm{i}\omega\tau_\mathrm{p}} \tag{2.99}$$

これより，$\kappa(\omega)$ を求めると

$$\kappa(\omega) = \kappa_\infty + \frac{\kappa_0 - \kappa_\infty}{1 - \mathrm{i}\omega\tau} \tag{2.100}$$

$$\tau = \frac{\kappa_0 + 2}{\kappa_\infty + 2}\tau_\mathrm{p} \tag{2.101}$$

となる．式 (2.100) をデバイ (Debye) の分散式とよぶ．

式 (2.100) を $\kappa = \kappa' + \mathrm{i}\kappa''$ のように実数部と虚数部に分けると次のようになる．

$$\kappa'(\omega) = \kappa_\infty + \frac{\kappa_0 - \kappa_\infty}{1 + \omega^2\tau^2} \tag{2.102a}$$

$$\kappa''(\omega) = \kappa_\infty + \frac{(\kappa_0 - \kappa_\infty)\omega\tau}{1 + \omega^2\tau^2} \tag{2.102b}$$

デバイの分散式は式 (2.102a)，(2.102b) より明らかなように，$1/(1 + \omega^2\tau^2)$ と $\omega\tau/(1 + \omega^2\tau^2)$ という関数で特徴づけられる．この関数をグラフに示すと図 2.18 のようになる．また，式 (2.102a)，(2.102b) より $\omega\tau$ を消去すると次式が得られる．

$$\left[\kappa'(\omega) - \frac{\kappa_0 + \kappa_\infty}{2}\right]^2 + \left[\kappa''(\omega)\right]^2 = \left[\frac{\kappa_0 - \kappa_\infty}{2}\right]^2 \tag{2.103}$$

これは図 2.19 に示したように κ' 軸上の点 $[(\kappa_0 + \kappa_\infty)/2, 0]$ に中心を有し，半径 $(\kappa_0 - \kappa_\infty)/2$ の半円となる．この関係をコール・コール (Cole–Cole) の円弧則という．図 2.20 は氷の複素誘電率の κ' と κ'' の関係を示したもので，コール・コー

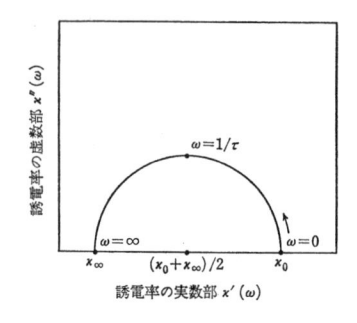

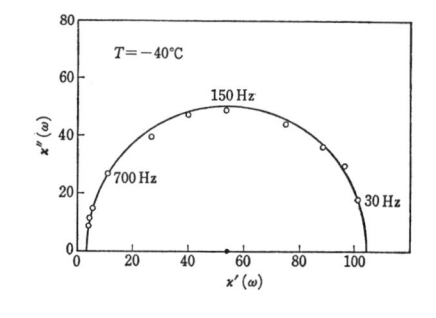

図 2.19 デバイの分散式における κ' と κ'' の関係 (コール・コールの円弧則)

図 2.20 氷の κ' 対 κ'' の関係 (コール・コールの円弧則)

ルの円弧則によく従っていることがわかる.

以上 3 つの代表的な分極について説明を行ったが,これらの分極に基づく誘電率 (分極率の実数部) の周波数による変化の形は,およそ図 2.21 のようになる.図では縦軸には分極率の実数部がとってあるが,誘電率の実数部と考えてもよい.液体や固体の分子が向きを変える運動はイオン分極や電子分極に比べはるかに長い時間を要し,印加電界の周波数を上げていくと低いものでは数十 Hz,高いものでマイクロ波周波数で追随しえなくなり,配向分極が寄与しなくなり誘電率が減少する.ついで,赤外線領域でイオン分極が,そして可視光から紫外線にかけての周波数で電子分極が寄与しなくなり,分極が消滅する.このような周波数依存性をもつことを誘電分散があるというが,誘電分散があると印加した電磁波が吸収される.つまり誘電損失が起こる.これについては次節で述べる.なお,固体における誘電率の分散は,以上のほかにも,エネルギー帯間の電子遷移,金属や半導体の自由キャリア吸収,不純物イオンに捕獲された電子や正孔による光吸収などによっても起こる.

2.5 誘 電 損 失

複素誘電率 $\kappa' + i\kappa''$ を有する物質に,交流電界

$$E = E_0 \cos(\omega t) \tag{2.104}$$

を印加したとき,この物質の単位体積あたりに吸収される電気エネルギー (誘電損失) を計算してみる.交流電界を印加したとき吸収されるこのエネルギーの平均値は,式 (2.11) の 1 サイクルについての平均をとり

$$w = \frac{\int_0^{t=2\pi/2} E dD}{\int_0^{t=2\pi/2} dt} = \frac{\omega}{2\pi} \int_0^{t=2\pi/2} E \frac{\partial D}{\partial t} dt \tag{2.105}$$

となる．ここに $dD = (\partial D/\partial t)dt$ なる関係を用いた．デバイの分散式を求める際に述べたように，物質の分極が電界に追随しなく，位相差が現れるとその物質の誘電率は複素数となる．逆に，物質が複素誘電率 (の虚数部) をもっていると，これに交流電界が印加されると，分極つまり電気変位は位相が遅れる．この位相差を δ とすると

$$D = D_0 \cos(\omega t - \delta) = (D_0 \cos\delta) \cos\omega t + (D_0 \sin\delta) \sin\omega t$$
$$\equiv D' \cos\omega t + D'' \sin\omega t \tag{2.106}$$

$$D' = D_0 \cos\delta, \quad D'' = D_0 \sin\delta \tag{2.107}$$

と表せるであろう．もし式 (2.104) の代わりに電界を $E = E_0 \exp(-i\omega t)$ とおくと

$$D = \epsilon_0 \kappa E_0 e^{-i\omega t} = \epsilon_0 (\kappa' + i\kappa'') E_0 e^{-i\omega t}$$
$$= \epsilon_0 (\kappa' + i\kappa'') E_0 (\cos\omega t - i\sin\omega t) \tag{2.108}$$

となるから，この実数部を求めると

$$\Re(D) = \epsilon_0 \kappa' \cos\omega t + \epsilon_0 \kappa'' \sin\omega t \tag{2.109}$$

となるので，これを式 (2.106) と等置して比較すれば

$$\left.\begin{array}{l} D' = \epsilon_0 \kappa' E_0 \\ D'' = \epsilon_0 \kappa'' E_0 \end{array}\right\} \tag{2.110}$$

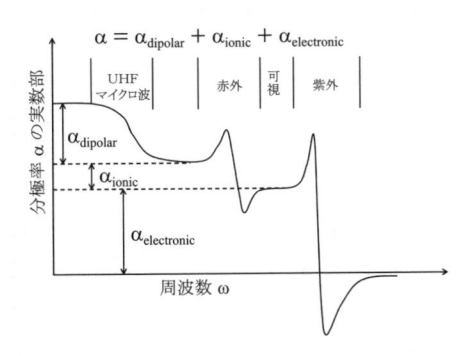

図 2.21　永久双極子，イオン分極および電子分極を (各々 1 つずつ) もつ物質における分極率の実数部を角周波数 ω の関数として示したもの．

つまり，予想通り，電界と同位相で変化する電気変位の成分 $D'\cos\omega t$ は，誘電率の実数部に，また電界と 90° の位相差で変化する電気変位 $D''\sin\omega t$ は，誘電率の虚数部に比例することがわかる．そこで，式 (2.106) あるいは式 (2.109) を式 (2.105) に代入すると

$$w = \frac{\omega}{2\pi}\int_0^{2\pi/\omega} \omega E_0 \cos\omega t(-\epsilon_0\kappa' E_0 \sin\omega t + \epsilon_0\kappa'' E_0 \cos\omega t)\mathrm{d}t$$
$$= \frac{1}{2}\epsilon_0\kappa''\omega E_0^2 \tag{2.111}$$

あるいは，式 (2.106) と式 (2.110) より

$$\tan\delta = \frac{D''}{D'} = \frac{\kappa''}{\kappa'} \tag{2.112}$$

と表されるので

$$w = \frac{1}{2}\epsilon_0\kappa'\omega E_0^2 \tan\delta \tag{2.113}$$

と書くこともできる．ここに $\tan\delta$ は**誘電正接**，δ は**損失角**とよばれる．

このように，物質が単位時間単位体積あたり吸収するエネルギーは，複素誘電率の虚数部 κ'' に比例するので，図 2.21 に示したように誘電分散の起こるところでは，電磁波の吸収が強く起こる．これを誘電分散に付随した**異常吸収**とよぶことがある．

2.6 強 誘 電 体

強誘電体 (ferroelectrics) は，電界を印加しなくとも分極，つまり**自発分極** (spontaneous polarization) を有し，その自発分極の向きを電界によって変えることができる．物質が強誘電体の状態にあるときこれを**強誘電相** (ferroelectric phase)，

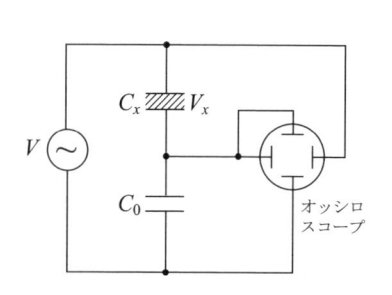

図 2.22 強誘電体における分極の電界依存性を測定する回路

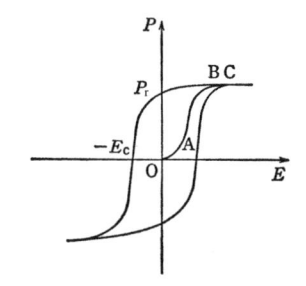

図 2.23 強誘電体における分極のヒステリシス

自発分極を有さない通常の誘電体の状態にあるときこれを**常誘電相** (paraelectric phase) にあるといい 2 つの状態間を転移することを**相転移**とよぶ．強誘電相の物質を面積 S，間隔 d の平行平板電極にはさみ，これをコンデンサ C_x とし，これに直列に容量 C_0 のコンデンサをつなぎ，図 2.22 のように結線し，交流電圧 V を印加し，強誘電体 C_x にかかる電圧 V_x をオッシロスコープの水平軸に，コンデンサ C_0 にかかる電圧 V_0 をオッシロスコープの縦軸に加えて観測すると，図 2.23 のような曲線が得られる．水平軸に加わる電圧は，強誘電体 C_x に印加されている電界 E を表していることは明らかである．また，C_0 と C_x は直列につながれているから $C_0 V_0 = C_x V_x$ の関係が成立し，$C_0 = \epsilon_0 \kappa S/d$, $E = V_x/d$ より，$C_x V_x = \epsilon_0 \kappa E S = D S = (\epsilon_0 E + P)S$ となり，強誘電体では後ほど述べるように $P \gg \epsilon_0 E$ ($\chi \gg 1$) であるから $C_0 V_0 \fallingdotseq PS$，つまり C_0 にかかる電圧 V_0 は分極 P に比例する．このようにして，図 2.22 の回路を用いれば図 2.23 のように強誘電体の P と E の関係を測定することができる．

図 2.23 のような (閉) 曲線を**履歴曲線**あるいは**ヒステリシスループ** (hysteresis loop) とよぶ．常誘電体に印加する電圧を増減したり反転しても通常はこのようなヒステリシスを示さない．強誘電性結晶では自発分極の方向は結晶全体にわたって一様でなく，結晶を多数に分ける小さな**分域** (domain) 内でのみ方向がそろっており，初期の状態では各分域の分極の方向はまったく乱雑であるため，全体として正味の自発分極をもたない．これに電界を印加すると，電界と平行でない分極をもつ分域の双極子モーメントがその向きを変え，電界方向を向くようになるので電界と平行な分極をもつ分域が増え，図 2.23 の曲線 OA のように分極が増大する．さらに電界を増して，すべての分域の分極がそろうと分極は飽和の傾向を示し (BC) 結晶全体が単一の分域となる．接線が縦軸と交わる点 P_s を自発分極の大きさにとる．つぎに，電界を減少させると原点 O を通過せず，電界 0 でも残留分極 P_r が残る．この残留分極をとり除くには最初に印加した電界と反対方向の電界を印加し，全体の分域のほぼ半分に等しい分域の分極を逆転させる必要がある．分極を 0 にするこの電界 E_c を抗電界とよび，E_c は結晶の絶縁破壊電界よりも小さくなければならない．

強誘電体のもっとも特徴的な性質である自発分極とヒステリシスは，通常ある温度以上で消失する．この温度を**遷移温度** (臨界温度) とか**強誘電キュリー温度**とよぶ．この遷移温度以上では結晶は常誘電相にある．

強誘電体が相転移をして常誘電体となった温度領域 (遷移温度以上) ではその誘電率 κ は

$$\kappa = \frac{C}{T-T_0} + \kappa_0' \fallingdotseq \frac{C}{T-T_C} + \kappa_0', \quad \chi \fallingdotseq \frac{C}{T-T_0} \qquad (2.114)$$

でよく表される．これをキュリー・ワイスの法則 (Curie–Weiss law) とよぶ．ここに，T_0 は特性温度とよばれ，通常キュリー温度 T_C よりも数度低い値を有する[*7)]．C はキュリー定数とよばれる．通常，式 (2.114) で右辺の第一項は，第二項に比べ非常に大きく，$10^3 \sim 10^6$ の値を有するので，$T \fallingdotseq T_0$ では第二項を省略することができ，また $\kappa \fallingdotseq \chi$ とおくこともできる．

強誘電性を示す結晶は多数あるが，そのうちの代表的なもののいくつかをまとめたのが表 2.4 である．この表には遷移温度 (キュリー温度) と自発分極の大きさが示してある．このなかで遷移温度に高温と低温の 2 つが示してあるものは 2 つのキュリー温度を有し，この 2 つの温度の間で強誘電性を示す．

表 2.4 強誘電性結晶

分類	結晶	T_C[K]	P_s[μC/cm^2][†]	T[††][K]
ロッシェル塩 (RS) 族	NaK(C$_4$H$_4$)·4H$_2$O	297(高) 255(低)	0.27	278
	NaK(C$_4$H$_2$D$_2$O$_6$)·4D$_2$O	308(高) 251(低)	0.37	279
	LiNH$_4$(C$_4$H$_4$O$_6$)·H$_2$O	106	0.22	
KDP 族	KH$_2$PO$_4$	123	5.3	96
	KD$_2$PO$_4$	213	9	—
	RbH$_2$PO$_4$	147	5.6	90
	RbH$_2$AsO$_4$	111	—	—
	KH$_2$AsO$_4$	96	5	80
	KD$_2$AsO$_4$	162	—	—
	CsH$_2$AsO$_4$	143	—	—
	CsD$_2$AsO$_4$	212	—	—
ペロブスカイト族	BaTiO$_3$	393	26	296
	SrTiO$_3$[†††]	32	(3)	4
	WO$_3$	223	—	—
	KNbO$_3$	712	30	523
	PbTiO$_3$	763	> 50	300
TGS 族	硫酸 (3) グリシン	322	2.8	293
	セレン酸 (3) グリシン	295	3.2	273

† MKS 単位系の P_s [C/m^2] を [esu] 単位系に変換するには 3×10^5 をかければよい．ここにあげた P_s は報告されている最高値を示した．
†† 自発分極 P_s を測定した温度．
††† SrTiO$_3$ は 1 K まで強誘電相をもたないともいわれている．
[注] この表の値は必ずしも本文に述べてある値と一致しない．報告者によって異なるからである．

[*7)] 浜口智尋：固体物性 (上)(丸善) 第 8 章，p.270 を参照．

a. ロッシェル塩族

ロッシェル塩は酒石酸ナトリウム・カリウム ($NaK(C_4H_4O_6) \cdot 4H_2O$) の別名で強誘電性を示す結晶として最初に発見されたもので，この族に含まれるものとしてはロッシェル塩の中の水素の一部を重水素で置換したものや，カリウム原子を Li，Rb や Tl などで置換したものがある．また表 2.4 に示した酒石酸リチウム・アンモニウム ($LiNH_4(C_4H_4O_6) \cdot H_2O$) や酒石酸リチウム・タンタルなどもロッシェル塩族に含まれる．ロッシェル塩は 255 K ($-18°C$) と 297 K ($24°C$) の2つの遷移温度を有し，この間の温度範囲のみで強誘電性を示す．強誘電相では単斜晶で常誘電相では斜方晶であり自発分極は a 軸方向に起こることが知られている．誘電率と自発分極の温度依存性が図 2.24 に示してある．常誘電相 ($T > 297$ K と $T < 255$ K) での a 軸方向の誘電率は，T を絶対温度として

$$\kappa_a \fallingdotseq \frac{2237}{T-297}\ (T>297\,\mathrm{K}), \quad \kappa_a \fallingdotseq \frac{1179}{255-T}\ (T<255\,\mathrm{K}) \tag{2.115}$$

で表され，キュリー・ワイスの法則に従うことがわかる．

b. KDP 族

第 2 リン酸カリウム KH_2PO_4(potassium dihydrogen phosphate) を略して KDP とよぶが，この系統のものには KD_2PO_4 など表 2.4 に示すように多数の強誘電性結晶が発見されている．これらはいずれも遷移温度を 1 つしかもたない．KH_2PO_4 の遷移温度は $T_C = 123$ K で，$T > T_C$ の常誘電相では正方晶 (互いに直交する a, $b(=a)$, c 軸を有する) に属し，123 K 以下では斜方晶 (互いに直交する a, b, c 軸を有する) に属し，自発分極は c 軸方向である．c 軸および a 軸方向の誘電率と自発分極の温度依存性をそれぞれ図 2.25 と図 2.26 に示す．キュ

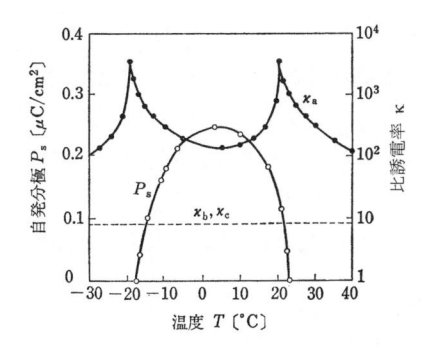

図 2.24 ロッシェル塩の自発分極 P_s および比誘電率 κ の温度依存性．実線は強誘電軸 (a 軸) 方向の P_s と κ_a を，破線は b 軸と c 軸方向の比誘電率を示す．

リー温度以上では c 軸方向の誘電率 κ_c はキュリー・ワイスの法則

$$\kappa_c = \frac{3100}{T-121} + 4.5 \tag{2.116}$$

でよく表され，はじめにも述べたように特性温度 $T_0 = 121\,\mathrm{K}$ は遷移温度 $T_\mathrm{C} = 123\,\mathrm{K}$ よりも低い．このようなことは他の結晶でも見出されている．

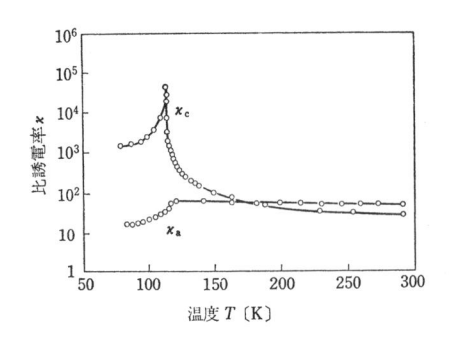

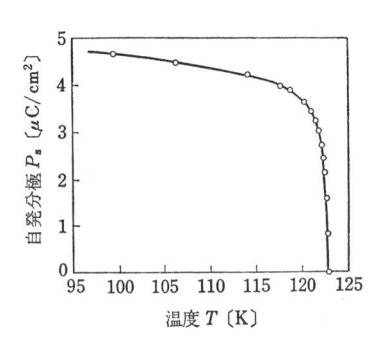

図 2.25　$\mathrm{KH_2PO_4(KDP)}$ の a 軸および c 軸方向の比誘電率の温度依存性

図 2.26　$\mathrm{KH_2PO_4(KDP)}$ における自発分極の温度依存性

c. ペロブスカイト族

この中でもっとも代表的な強誘電体はチタン酸バリウム ($\mathrm{BaTiO_3}$) である．2価または1価の金属をA，4価または5価の金属をBとすると，一般に $\mathrm{ABO_3}$ なる化学式で表され，常誘電相ではチタン酸カルシウム $\mathrm{CaTiO_3}$ の別名"ペロブスカイト"とよばる立方晶の結晶構造をしていることからこのように名づけられている．$\mathrm{BaTiO_3}$ の常誘電相におけるペロブスカイト構造を示すと図 2.27(a) のようになり，正六面体の中心に $\mathrm{Ti^{4+}}$ イオンが存在し，8つの角の点に $\mathrm{Ba^{2+}}$ イオンが，6つの面心には $\mathrm{O^{2-}}$ イオンが存在する．図 2.27(b) はキュリー温度よりも少し低い強誘電相における結晶構造を示したもので正方晶系をしており，$\mathrm{Ba^{2+}}$ イオンと $\mathrm{Ti^{4+}}$ イオンは $\mathrm{O^{2-}}$ イオンに対し c 軸方向にわずかに変位し ($a = b < c$)，その結果 c 軸方向に双極子モーメントを誘起し自発分極が発生する．$\mathrm{BaTiO_3}$ は遷移温度を $393\,\mathrm{K}$，$278\,\mathrm{K}$ と $193\,\mathrm{K}$ に有し，その誘電率は図 2.28 のように，また自発分極は図 2.29 のように変化する．常誘電相 ($T > 393\,\mathrm{K}$) における誘電率は

$$\kappa = \frac{1.7 \times 10^5}{T-393} \tag{2.117}$$

なるキュリー・ワイスの法則でよく表されることが知られている．その他の物質では，$\mathrm{KNbO_3}$ で $C = 27 \times 10^4\,\mathrm{K}$，$T_\mathrm{C} = 683\,\mathrm{K}$，$T_0 = 628\,\mathrm{K}$，$\mathrm{PbTiO_3}$ で $C = 11 \times 10^4\,\mathrm{K}$，$T_\mathrm{C} = 763\,\mathrm{K}$，$T_0 = 693\,\mathrm{K}$ であることが知られている．

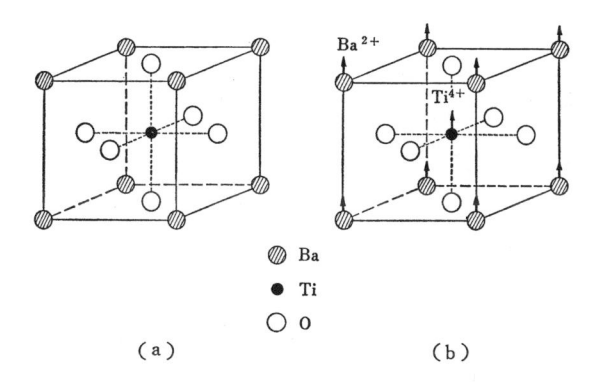

図 2.27 $BaTiO_3$ のペロブスカイト構造.常誘電相 (a) では立方晶をしており,体心に Ti^{4+},面心に O^{2-},8 つのすみに Ba^{2+} がある.キュリー点より低温では結晶が変形して (b),Ba^{2+} と Ti^{4+} が O^{2-} と相対的に変位し,双極子モーメントを誘起する.

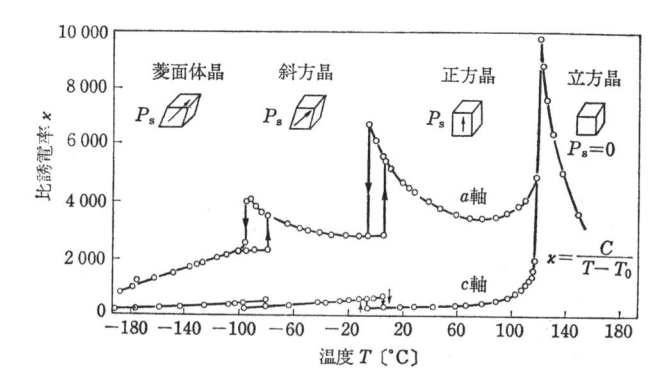

図 2.28 $BaTiO_3$ の比誘電率の温度依存性

d. TGS 族など

硫酸 (3) グリシン $((CH_2NH_2COOH)_3H_2SO_4)$ (TGS と略称) や硫酸グアエジンアルミニウム $(C(NH_2)_3Al(SO_4)_2 \cdot 6H_2O)$ (GASH と略称) なども強誘電性を示すことが知られている.この他にも亜硫酸ナトリウム $(NaNO_2)$,硫ヨウ化アンチモン (SbSI) なども強誘電性物質であることがわかり,今日までに数多くの強誘電体が発見されている.

反強誘電性 ペロブスカイト構造を有する結晶では,自発分極が現れないが,誘電率に変化が現れるような相転移を起こすことがある.これは図 2.30 に示すように,となり合ったイオンが反対方向に変位して,全体としては自発分極を有

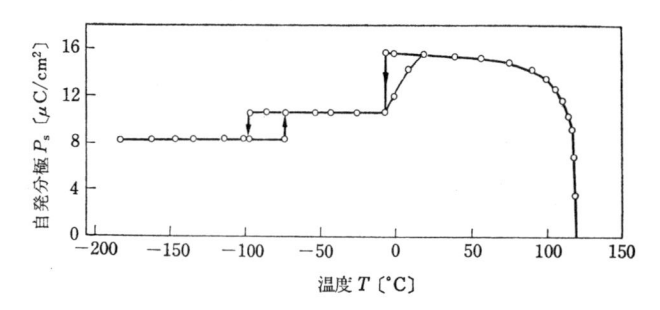

図 2.29 BaTiO$_3$ の自発分極 P_s の温度依存性

さないもので，これを反強誘電性 (antiferroelectric) とよぶ．たとえばペロヴスカイトに属する PbZrO$_3$–PbTiO$_3$ 系で，ある混晶比のものは，常誘電相，強誘電相，反強誘電相へと相転移することが知られている．その他で，反強誘電性を示す結晶のいくつかを表 2.5 に示す．

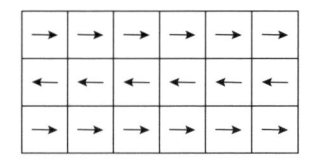

図 2.30 反強誘電性結晶の分極

表 2.5 反強誘電性結晶とその遷移温度

結晶	遷移温度 [K]	結晶	遷移温度 [K]
WO$_3$	1010	NH$_4$H$_2$P$_4$	148
NaNbO$_3$	793, 911	ND$_4$D$_2$PO$_4$	242
PbZrO$_3$	506	NH$_4$H$_2$AsO$_4$	216
PbHfO$_3$	488	ND$_4$D$_2$AsO$_4$	304
(NH$_4$)$_2$H$_3$IO$_6$	254		

双極子理論 1章で述べたように結晶内のイオンが変位すると，それを元にもどそうとする弾性的な力が作用するが，分極によって生じた局所電界はイオンに作用するがその力が弾性的復元力に打ちかつとイオンの位置は非対称的にある有限の値まで変位する．このように有限の変位でとどまるのは，弾性的復元力には1章で述べた最近接の原子間の力だけでなく，これよりも離れた原子間の高次の項による力が作用するためである．この非対称変位によって大きな自発分極が起

2.6 強誘電体

こり，誘電率が発散するという現象が起こると想像される．双極子理論はこの誘電率の発散を説明するもので，**分極崩壊**ともよばれ強誘電性を定性的に説明するのでその大要をのべる．式 (2.35) のクラウジウス・モソッチの式は次のように書きかえることができる．

$$\kappa = \frac{1 + \frac{2}{3\epsilon_0}\sum_j N_j\alpha_j}{1 - \frac{1}{3\epsilon_0}\sum_j N_j\alpha_j} \quad \text{(MKS)} \tag{2.118a}$$

$$= \frac{1 + \frac{8\pi}{3}\sum_j N_j\alpha_j}{1 - \frac{4\pi}{3}\sum_j N_j\alpha_j} \quad \text{(CGS)} \tag{2.118b}$$

今の場合，α_j は j 種のイオンのイオン分極率と電子分極率の和で，N_j は j 種のイオンの単位体積中の数と考えてよい．誘電率 κ は CGS 単位系では

$$\sum_j N_j\alpha_j = \frac{3}{4\pi} \tag{2.119}$$

のとき発散し，分極崩壊の条件を与える．これを $3/4\pi$ 崩壊とよぶことがある．

常誘電相における帯電率 χ の温度依存性つまりキュリー・ワイスの法則は次のようにして導かれる．式 (2.80) において N を単位体積あたりの双極子 μ の数とすると，分極 P は

$$P = \frac{N\mu^2}{3k_\mathrm{B}T}E_\mathrm{loc} \tag{2.120}$$

と書ける．これより帯電率は式 (2.8) と式 (2.27) を用いて

$$\chi = \frac{P/\epsilon_0}{E} = \frac{P/\epsilon_0}{E_\mathrm{loc} - (\gamma/3\epsilon_0)P} = \frac{N\mu^2/3\epsilon_0 k_\mathrm{B}T}{1 - N\gamma\mu^2/9\epsilon_0 k_\mathrm{B}T} = \frac{3T_0/\gamma}{T - T_0}$$

$$\equiv \frac{C}{T - T_0} \tag{2.121}$$

ここに

$$T_0 = \frac{\gamma N\mu^2}{9\epsilon_0 k_\mathrm{B}}, \quad C = \frac{N\mu^2}{3\epsilon_0 k_\mathrm{B}} = \frac{3T_0}{\gamma} \tag{2.122}$$

である．式 (2.121) はキュリー・ワイスの法則である．

次に，自発分極 P_s を求めてみよう．式 (2.79) の $L(x)$ に現われる E に E_loc を用いて

$$P = N\mu \cdot L\left(\frac{\mu E_\mathrm{loc}}{k_\mathrm{B}T}\right) = N\mu \cdot L\left[\frac{\mu}{k_\mathrm{B}T}\left(E + \frac{\gamma}{3\epsilon_0}P\right)\right] \tag{2.123}$$

となる．自発分極は，電界 $E = 0$ で $P = P_\mathrm{s} \neq 0$ となることであるから，上式より

$$P_{\mathrm{s}} = N\mu L\left(\frac{\gamma\mu P_{\mathrm{s}}}{3\epsilon_0 k_{\mathrm{B}} T}\right) \tag{2.124}$$

が成立する．これを解くには数値解析法 (たとえばニュートン法など) あるいはグラフの交点を求める方法などがある．まず変数変換をして

$$x = \frac{\gamma\mu P_{\mathrm{s}}}{3\epsilon_0 k_{\mathrm{B}} T} \tag{2.125}$$

とおくと，式 (2.122) と $P_{\mathrm{sat}} = N\mu$ を用いて

$$\frac{P_{\mathrm{s}}}{P_{\mathrm{sat}}} = \frac{P_{\mathrm{s}}}{N\mu} = \frac{3\epsilon_0 k_{\mathrm{B}} T}{N\mu^2 \gamma} x = \frac{T}{T_0} \cdot \frac{x}{3} \tag{2.126}$$

となるので，式 (2.124) は

$$\frac{T}{T_0} \cdot \frac{x}{3} = L(x) \tag{2.127}$$

と書ける．自発分極が存在するには，上式で $x \neq 0$ なる解が存在しなければならない．図 2.31 は曲線 $L(x)$ と直線 $(Tx/3T_0)$ をプロットしたもので，$x \ll 1$ のとき $L(x) \fallingdotseq x/3$ となり，$T = T_0$ のとき 2 線は接する．$T > T_0$ では $x = 0$ 以外に交点はないが，$T < T_0$ では $x \neq 0$ なる点で交点を有し，P_{s} となり自発分極が現れる．このようにして求めた $P_{\mathrm{s}}/N\mu$ を T/T_0 の関数としてプロットしたものが図 2.32 で，これは自発分極の温度依存性をよく表している．

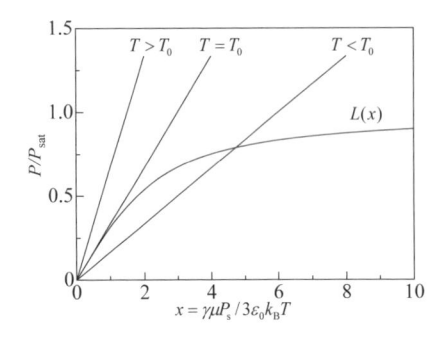

図 **2.31** 双極子理論による強誘電性の説明．$T < T_0$ で $P \neq 0$ の自発分極が現れる (直線と $L(x)$ の交点)．

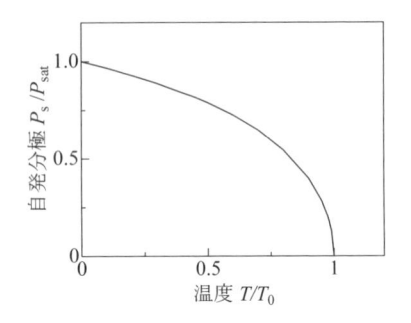

図 **2.32** 双極子理論から求めた自発分極 P_{s} の温度依存性

格子振動との関係 すでに示したように，リディン・ザクス・テラーの関係式 (2.67) によれば

$$\left(\frac{\omega_{\mathrm{TO}}}{\omega_{\mathrm{LO}}}\right)^2 = \frac{\kappa_\infty}{\kappa_0} \tag{2.128}$$

が成立する．ここに，ω_{TO}, ω_{LO} は波数ベクトルが 0 に近い横波光学 (TO) フォ

ノンと縦波光学 (LO) フォノンの角周波数である．強誘電体では静電誘電率 κ_0 が非常に大きな値をもち，高温の常誘電相から強誘電相に近づくにつれ，キュリー・ワイスの法則 $\kappa_0 = C/(T-T_0)$ で増大する．したがって，TO フォノンの角周波数 ω_{TO} が

$$\omega_{\mathrm{TO}}^2 = \frac{\omega_{\mathrm{LO}}^2 \kappa_\infty}{C}(T-T_0) \tag{2.129}$$

で変化し，キュリー温度近くでは $\omega_{\mathrm{TO}} \fallingdotseq 0$ に近づくことが予想される．$\omega_{\mathrm{TO}} = 0$ は，格子原子に有効な復元力が作用せず，したがって結晶は不安定になる状態に対応していると考えられる．たとえば，$BaTiO_3$ では $24\,°C$ で波数 $12\,\mathrm{cm}^{-1}$ 程度の異常に低い周波数の TO フォノンの存在することが確かめられている．また，種々の結晶で中性子線回折の実験やラマン散乱の実験から ω_{TO} が式 (2.129) のような形でよく表されることが見出されている．

2.7 圧 電 性

前節までの議論では，電界を印加することによって電子やイオンの変位による双極子モーメントを誘起したり，永久双極子を回転させたりして分極を発生する機構を扱った．原子やイオンの変位が起こっているから，分極によって機械的な"ひずみ"や"応力"が発生することが理解される．逆に機械的な応力やひずみを結晶に加えても必ずしも分極が発生するとは限らない．両者が可逆的である場合，物質は**圧電性** (piezoelectricity) を有するという．応力を加えても分極が現れない物質でも，分極によって必ず応力やひずみを誘起するが，このすべての物質に共通の性質を**電歪**(electrostriction) とよぶ．純粋な電歪のみを有するような物質では分極の方向を変えてもその機械的変形の符号は変わらない．つまり機械的な変形は分極の偶数乗に比例する項から成っている．このような物質は格子原子の配列に対称中心 (反転対称) をもっている．一方，機械的な変形によって分極を誘起するような物質では，分極の方向を反転させると機械的変形の符号も反転し，そのような結晶では格子原子に反転の対称がないことが知られている．圧電性を有する物質では，電気的なエネルギーを機械的なエネルギーに，また機械的なエネルギーを電気的なエネルギーに変換することが可能で，エネルギー変換素子として重要なものである．以下に，その圧電性の取扱いを簡単にのべる．

直交する x, y, z 軸を考え，j 軸に垂直な単位面積に作用する i 方向の力を**応力** (stress) T_{ij} と定義し，結晶中の原子が連続的につながっているものとしその

i 方向の変位を u_i とするとき

$$S_{ij} = \frac{1}{2}\left(\frac{\partial u_i}{\partial r_j} + \frac{\partial u_j}{\partial r_i}\right) \quad (2.130)$$

をひずみ (strain) と定義する．一般に，応力 T_{ij} とひずみ S_{kl} の間には圧電性がなければ

$$T_{ij} = c^E_{ijkl}S_{kl}, \quad S_{ij} = s^E_{ijkl}T_{kl} \quad (2.131)$$

の関係が成立する．これはフックの法則を書き表したもので，c^E_{ijkl}, s^E_{ijkl} は圧電性のない場合の弾性定数 (elastic constant) とよばれる．以下添字を省略して考えることにする．

圧電性のある結晶に応力 T，したがってひずみ S を加えると原子 (イオン) の変位によって分極 P が誘起される．このときの分極は

$$P = dT \quad (2.132)$$

で与えられる．ここに d は圧電定数 (piezoelectric constant) である．逆に電界 E を結晶に加えるとひずみ S が現れ，それは

$$S = dE \quad (2.133)$$

で与えられる．したがって圧電性結晶では，式 (2.9) と式 (2.131) は次のようになる．

$$D = \epsilon E + dT \quad (D = \epsilon E + eS) \quad (2.134\mathrm{a})$$

$$S = sT + dE \quad (T = cS - eE) \quad (2.134\mathrm{b})$$

括弧内は違う圧電定数 e ($e = d \cdot c$) を用いて書き改めたもので，これらの式がしばしば用いられる．また $\epsilon = \kappa\epsilon_0$ とおいた．

圧電性による電気的エネルギーから機械的エネルギーへの変換およびこの逆の変換の割合は次式の K^2 で与えられる．

$$K^2 = \frac{e^2}{\epsilon \cdot c} \quad (2.135)$$

この式の K のことを**電気機械結合係数**とよぶ．水晶の圧電定数は $d \fallingdotseq 3 \times 10^{-12}$ m/V で，強誘電体の典型的な例であるチタン酸バリウムでは $d \fallingdotseq 3 \times 10^{-10}$ m/V である．通常の圧電性物質における電気機械結合係数の 2 乗は $K^2 \fallingdotseq 10^{-3} \sim 10^{-1}$ の値を有し，したがってエネルギーの変換効率は 0.1〜10% 程度であることがわかる．ガスの自動点火装置などは，この圧電性を用いたもので，圧電性結晶を強くたたいたときに発生する電界を用いて点火を行っている．

問　題

(2.1) 分極率 α の原子が一様な電界 E の中で分極したとき，この原子に蓄えられるエネルギーは $\frac{1}{2}\alpha E^2$ で与えられることを示せ．

(2.2) 図 2.5 において電界軸から θ 方向における球面上の電荷密度が $\sigma = -P\cos\theta$ で与えられることを示せ．

(2.3) ローレンツ関数
$$F_\mathrm{L}(\omega) = \frac{\Gamma/2\pi}{(\omega_0 - \omega)^2 + (\Gamma/2)^2}$$
の極大値と半値幅 $\Delta\omega$ を求めよ．

(2.4) 式 (2.66b) より，リディン・ザクス・テラーの式 $(\omega_\mathrm{LO}/\omega_\mathrm{TO})^2 = \kappa_0/\kappa_\infty$ を導け．

(2.5) 式 (2.66b) で $\Gamma_0 = 0$ として入射電磁波が全反射される周波数範囲を求めよ．

(2.6) 外部電界 $\boldsymbol{E}$ に対して，平行または反平行の 2 つの方向しか許されない相互作用のない双極子の系がある．絶対温度 T では電界方向の平均双極子モーメントが $\mu^2 E/k_\mathrm{B}T$ となることを示せ．

(2.7) デバイの分散式 (2.100) に従う物質がある．静電誘電率は 10 で $f = 200\,\mathrm{MHz}$ で誘電率の虚数部は最大値 4 を示した．この物質の (i) κ_∞, (ii) τ, (iii) τ_p を求めよ．

(2.8) 電子レンジの電界の振幅が $1000\,\mathrm{V/cm}$，周波数が $2\,\mathrm{GHz}$ であるとする．この電子レンジに $2\,\mathrm{GHz}$ で $\kappa = 5 + 0.001\mathrm{i}$ の誘電率をもつ物質 $100\,\mathrm{cm}^3$ を入れたとき何 W の電力を吸収するか．

(2.9) 強誘電体の特徴を 3 つ以上あげて簡単に説明せよ．

(2.10) x 方向に伝わる縦波音波が誘起するひずみを $S_{ij} = A\cos(kx - \omega t)$ とする．
  (i) このひずみの誘起する分極 P を求めよ．
  (ii) マクスウエルの式 $\mathrm{div}D = \mathrm{div}(\epsilon\boldsymbol{E} + \boldsymbol{P}) = 0$ を用いて，このひずみの誘起する電界を求めよ．

3

金　属

3.1　自由電子モデル

　金属は一般に電気をよく通すので導電体あるいは導体とよばれる．この性質は電気を運ぶ伝導電子が多数存在することによるものであると考えられる．このことは1.4節でも少しふれた．この伝導電子は，金属を構成している各原子から離れて結晶全体に分布しているもので，電子のぬけた原子は正に帯電したイオンとなっている．したがって伝導電子は結晶格子のつくるポテンシャル $V(x,y,z)$ の影響を受ける．このイオンが1価に帯電しておれば，1つのイオンのつくる(電子に対する)ポテンシャルエネルギーは

$$V(r) = -\frac{e^2}{4\pi\epsilon_0 r}$$

のように表される．結晶中のポテンシャルは各原子のポテンシャルをたしたものであるから，各格子点を通るような直線に沿って描くと図3.1(a)のようになることがわかる．この格子点を結ぶ直線を平行移動して，次の格子点を結ぶ直線との

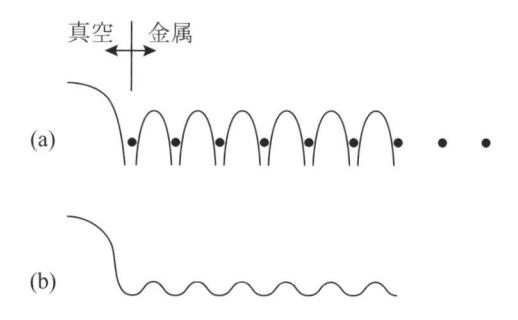

図 3.1　結晶の周期ポテンシャル．(a) 格子点を結ぶ直線に沿って，(b) 格子点の中間を通るような直線に沿って描いた．

中間に位置するような直線に沿ってポテンシャルを図示すれば，図3.1(b) のようにかなり滑らかな曲線がえられるであろう．このようなポテンシャルは，結晶格子の周期性をそなえており，そのポテンシャルを $V(x,y,z)$ とし x 方向の格子間隔を a とすれば，$V(x+na,y,z) = V(x,y,z)$ (n：整数) が成立する．このような周期ポテンシャル中の電子のエネルギー状態を求めるのに次のような仮定をする．(1) 多数の電子が存在するが電子間の相互作用などは無視し，1個の電子が結晶中にあるものとして電子状態を求め，それに N 個の電子をつめる (1電子近似)．つまり，シュレーディンガーの方程式

$$\left[-\frac{\hbar^2}{2m}\left(\frac{\partial^2}{\partial x^2}+\frac{\partial^2}{\partial y^2}+\frac{\partial^2}{\partial z^2}\right)+V(x,y,z)\right]\Psi = \mathcal{E}\Psi \tag{3.1}$$

を解けばよいと仮定する．(2) 電気伝導に寄与する電子は図3.1(a) のポテンシャルの山よりも高いエネルギーをもったもので，その電子の受けるポテンシャルは，比較的滑らかと仮定してもよい近似であることが想像されるので図3.2(a) のように簡単化する．さらに図3.2(b) のように近似できるものと仮定する．このような近似法をゾンマーフェルト (Sommerfeld) のモデルとよぶ．(3) 金属中の電子は，高温にしたり高電界を印加したりしないかぎり容易に外部にとり出せないという事実から，図3.2(b) のような井戸型ポテンシャルは相当深いものと考えられる．つまり，$x<0$, $x>L$ の領域では波動関数は0となっているものと考えられる．そこで，ポテンシャルの基準を $0 \leq x \leq L$ で $V(x) = 0$ とおき，$x<0$, $x>L$ で $V(x)$ は無限大であると仮定する．金属内部の電子に対する x 軸方向のシュレーディンガー方程式は，式 (3.1) より

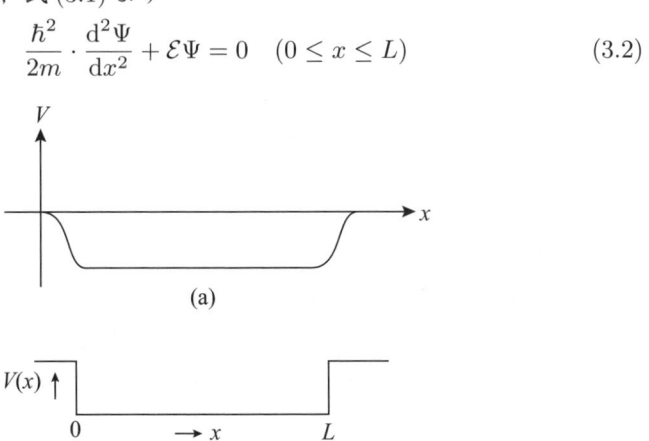

$$\frac{\hbar^2}{2m}\cdot\frac{\mathrm{d}^2\Psi}{\mathrm{d}x^2}+\mathcal{E}\Psi = 0 \quad (0 \leq x \leq L) \tag{3.2}$$

図 **3.2** ゾンマーフェルトのモデルにおける井戸型ポテンシャル

となり，この解は

$$\Psi_n = A \sin k_x x + B \cos k_x x \tag{3.3}$$

で与えられる．はじめの仮定により，$x=0$ で $\Psi_n = 0$ でなければならないから $B=0$ となる．さらに，$x=L$ で $\Psi_n = 0$ でなければならないから

$$k_n = \frac{\pi}{L} n \quad (n=1,2,3,\cdots) \tag{3.4}$$

となる．つまり

$$\Psi_n = A \sin\left(\frac{n\pi}{L} x\right) \tag{3.5}$$

式 (3.5) を $n=1,2,3$ に対して図示すると図 3.3 のようになる．$n=1,2,3,\cdots$ となるにつれ節の数が $0,1,2,\cdots$ と増える．またエネルギー $\mathcal{E}$ も n の関数となり，式 (3.5) を式 (3.2) に代入すれば

$$\mathcal{E}_n = \frac{\hbar^2}{2m} k_n^2 = \frac{\hbar^2}{2m} \left(\frac{\pi}{L}\right) n^2 \left(= \frac{n^2 h^2}{8mL^2}\right) \tag{3.6}$$

のように整数値 n に依存する飛び飛びの値をとることになる．その様子を模式的

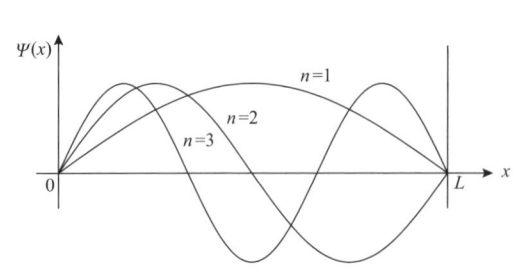

図 3.3　1 次元井戸型ポテンシャルに対する電子の波動関数

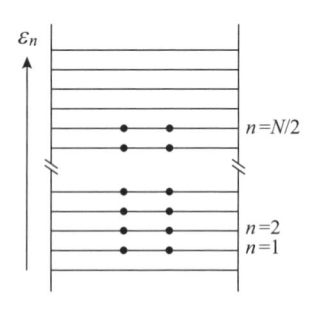

図 3.4　電子はパウリの排他律に従い，低い準位から 2 個ずつ占有する．

に描くと図 3.4 のようになる．パウリの排他律により 1 つのエネルギー準位にはスピンを考慮して 2 個の電子しか入りえない．電子の占有確率は 1.7 節で述べたようにフェルミ・ディラックの統計にしたがう．簡単のため絶対零度の場合を考えると，N 個の電子 (偶数とする) は $n=1,2,\cdots,N/2$ の準位までつまっており $n=N/2$ に対するエネルギー準位がフェルミエネルギーに相当することになる．

以上は 1 次元の場合で，これを 3 次元に拡張するのは比較的容易である．1 辺の長さが L の立方体を考え，$x=0, x=L; y=0, y=L; z=0, z=L$ で

$V(x,y,z)$ は無限大となるものとすると

$$\frac{\hbar^2}{2m}\left(\frac{\partial^2}{\partial x^2}+\frac{\partial^2}{\partial y^2}+\frac{\partial^2}{\partial z^2}\right)\Psi+\mathcal{E}\Psi=0 \tag{3.7}$$

より式 (3.5) を導いたときと同じような手続きにより

$$\Psi=A\sin\left(\frac{n_x\pi}{L}x\right)\sin\left(\frac{n_y\pi}{L}y\right)\sin\left(\frac{n_z\pi}{L}z\right) \quad (n_x,n_y,n_z=1,2,3,\cdots) \tag{3.8}$$

が得られる．この式を式 (3.7) に代入すればエネルギー $\mathcal{E}$ は

$$\mathcal{E}=\frac{\hbar^2}{2m}\left(\frac{\pi}{L}\right)^2(n_x^2+n_y^2+n_z^2) \quad (n_x,n_y,n_z=1,2,3,\cdots) \tag{3.9}$$

で与えられる．

上の方法では波動関数は図 3.3 あるいは式 (3.5), (3.8) のように定在波となる．結晶には多数の原子 ($\sim 10^{22}$ 個/cm^3) が存在するので，このような場合には次に述べるような**周期的境界条件** (cyclic boundary condition) を用いた方が便利である．図 3.5 のような 1 次元の場合を考えると，N 番目の原子の次は 1 番目の原子になると考え，それをつないだ鎖状の格子を考える．結晶の長さを L とするとき，この周期的境界条件によれば，電子に対するポテンシャルや波動関数は x なる点と $x+L$ なる点では同じになる．このような性質を表す波動関数は式 (3.8) の代わりに

$$\Psi(x,y,z)=Ae^{i(k_xx+k_yy+k_zz)}\equiv Ae^{i\boldsymbol{k}\cdot\boldsymbol{r}} \tag{3.10}$$

とおけば

$$\Psi(x+L,y,z)=\Psi(x,y+L,z)=\Psi(x,y,z+L)=\Psi(x,y,z) \tag{3.11}$$

より k_x, k_y, k_z は次の関係を満たさなければならない．

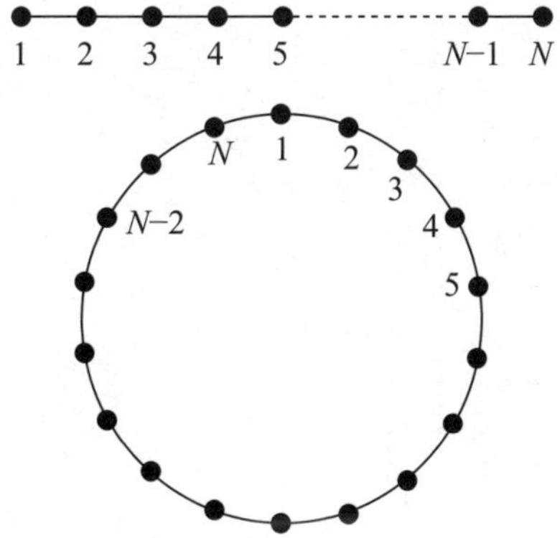

図 3.5 周期的境界条件

$$k_x = \frac{2\pi}{L} n_x, \quad k_y = \frac{2\pi}{L} n_y, \quad k_z = \frac{2\pi}{L} n_z, \qquad (3.12)$$

$$(n_x, n_y, n_z = 0, \pm 1, \pm 2, \pm 3, \cdots)$$

式 (3.4) と式 (3.12) での因子 2 の違いは境界条件のとり方によるもので，n_x, n_y, n_z のとりうる値に注意すればどちらを用いても以下の計算結果は同じになる．ここではより一般性のある周期的境界条件を用いた結果について考えることにする．式 (3.10) と (3.12) を式 (3.7) に代入すれば

$$\mathcal{E} = \frac{\hbar^2}{2m}(k_x^2 + k_y^2 + k_z^2) \equiv \frac{\hbar^2 k^2}{2m} = \frac{\hbar^2}{2m}\left(\frac{2\pi}{L}\right)^2 (n_x^2 + n_y^2 + n_z^2) \qquad (3.13)$$

となる．体積を V とすると $V = L^3$ であるから電子のエネルギーは

$$\mathcal{E} = \frac{h^2}{2mV^{2/3}}(n_x^2 + n_y^2 + n_z^2) \qquad (3.14)$$

で与えられる．絶対零度では結晶内の電子は，エネルギー $\mathcal{E}$ の低い準位から，つまり整数の組 (n_x, n_y, n_z) で決まる $n^2 = n_x^2 + n_y^2 + n_z^2$ の小さい順につまり，最高でフェルミエネルギー $\mathcal{E}_\mathrm{F}(0)$ までつまっている．それより上の準位は空となっている．絶対零度で電子が占める最高のエネルギー準位，つまりフェルミエネルギー $\mathcal{E}_\mathrm{F}(0)$ は

$$\mathcal{E} = \frac{\hbar^2}{2m}\left(\frac{2\pi}{L}\right)^2 (n_x^2 + n_y^2 + n_z^2) \leq \mathcal{E}_\mathrm{F}(0) \qquad (3.15)$$

を満たすような (n_x, n_y, n_z) の組を考え，その組の数が $N/2$ となったときのエネルギー準位として求めることができる．ここに $N/2$ となったのは 1 つの (n_x, n_y, n_z) の組にスピンの異なる 2 つの電子が入りうるからである．いま，n_x, n_y, n_z の

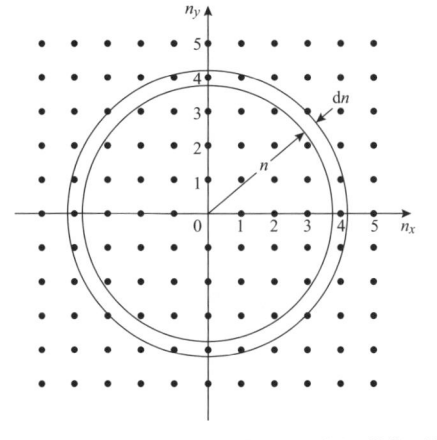

$$n = |k|\frac{L}{2\pi}, \quad n + \mathrm{d}n = |k + \mathrm{d}k|\frac{L}{2\pi}$$

図 **3.6** 電子の状態の数

3.1 自由電子モデル

表 3.1 自由電子モデルより計算した絶対零度におけるフェルミエネルギー $\mathcal{E}_\mathrm{F}(0)$, フェルミ温度 T_F とフェルミ速度 v_F

	Li	Na	K	Rb	Cs	Cu	Ag	Au
$\mathcal{E}_\mathrm{F}(0)$ [eV]	4.75	3.24	2.12	1.86	1.59	7.02	5.50	5.53
T_F [$\times 10^3$ K]	55.1	37.6	24.6	21.6	18.4	81.5	63.8	64.1
v_F [$\times 10^6$ m/s]	1.29	1.07	0.86	0.81	0.75	1.57	1.39	1.39
N/V [$\times 10^{28}$ m^{-3}]	4.70	2.65	1.40	1.15	0.91	8.45	5.85	5.90

直交座標系を考え整数 (n_x, n_y, n_z) のつくる点の数を求めてみる．図 3.6 は 2 次元の空間 (n_x, n_y) を例にとって示してあるが，これを 3 次元に拡張すれば点の数は $N/2$ が非常に大きい数なので

$$n_\mathrm{F} = (n_x^2 + n_y^2 + n_z^2)^{1/2} = \sqrt{\left(\frac{2m}{\hbar^2}\right)\left(\frac{L}{2\pi}\right)^2 \mathcal{E}_\mathrm{F}(0)} \tag{3.16}$$

を半径とする球の体積に等しいと考えられる．したがって

$$\frac{N}{2} = \frac{4}{3}\pi n_\mathrm{F}^3 = \frac{4\pi}{3}\left[\frac{2m}{\hbar^2}\left(\frac{L}{2\pi}\right)^2 \mathcal{E}_\mathrm{F}(0)\right]^{3/2} = \frac{V}{6\pi^2}\left[\frac{2m}{\hbar^2}\mathcal{E}_\mathrm{F}(0)\right]^{3/2} \tag{3.17}$$

となり，これより絶対零度におけるフェルミエネルギー $\mathcal{E}_\mathrm{F}(0)$ は

$$\mathcal{E}_\mathrm{F}(0) = \left(\frac{3}{8\pi}\right)^{2/3}\frac{\hbar^2}{2m}\left(\frac{2\pi}{L}\right)^2 N^{2/3} = \frac{\hbar^2}{2m}(3\pi^2)^{2/3}\left(\frac{N}{V}\right)^{2/3} \tag{3.18}$$

となる．ここに $V = L^3$ は体積である．1 原子あたり 1 個の電子を出していると仮定すれば N/V は単位体積あたりの原子数となり，上式を用いて $\mathcal{E}_\mathrm{F}(0)$ を計算することができる．いくつかの金属について計算した結果をまとめると表 3.1 のようになり，$\mathcal{E}_\mathrm{F}(0)$ はおよそ数 eV となっている．表 3.1 に示してあるフェルミ温度 T_F とフェルミ速度 v_F は

$$k_\mathrm{B} T_\mathrm{F} = \frac{1}{2}m v_\mathrm{F}^2 = \mathcal{E}_\mathrm{F}(0) \tag{3.19}$$

で定義される量である．T_F は縮退温度とよばれることもある．

まったく同様にして，エネルギーが 0 から $\mathcal{E}$ までの間にある準位の数は，式 (3.17) において $\mathcal{E}_\mathrm{F}(0)$ を $\mathcal{E}$ とおいて求まり，次のようになる．

$$\frac{V}{6\pi^2}\left[\frac{2m}{\hbar^2}\mathcal{E}\right]^{3/2}$$

したがって，体積 V 内でエネルギーが $\mathcal{E}$ と $\mathcal{E} + \mathrm{d}\mathcal{E}$ の間にある状態の数 $N(\mathcal{E})\mathrm{d}\mathcal{E}$ は，上式を $\mathcal{E}$ について微分して

$$N(\mathcal{E})\mathrm{d}\mathcal{E} = \frac{V}{4\pi^2}\left(\frac{2m}{\hbar^2}\right)^{3/2}\sqrt{\mathcal{E}}\,\mathrm{d}\mathcal{E} \tag{3.20}$$

となる．あるいは単位体積あたりの状態の数を $g(\mathcal{E})\mathrm{d}\mathcal{E}$ とすると次のようになる．

$$g(\mathcal{E})\mathrm{d}\mathcal{E} = \frac{N(\mathcal{E})}{V}\mathrm{d}\mathcal{E} = \frac{1}{4\pi^2}\left(\frac{2m}{\hbar^2}\right)^{3/2}\sqrt{\mathcal{E}}\,\mathrm{d}\mathcal{E} \tag{3.21}$$

一般に，電子がエネルギー $\mathcal{E}$ の準位を占める確率は第1章で述べたように，フェルミ分布関数 $f(\mathcal{E})$ で与えられるから，エネルギー $\mathcal{E}$ と $\mathcal{E}+\mathrm{d}\mathcal{E}$ の間にある電子の密度はスピンも考慮して

$$\frac{2}{V}f(\mathcal{E})N(\mathcal{E})\mathrm{d}\mathcal{E} = 2f(\mathcal{E})g(\mathcal{E})\mathrm{d}\mathcal{E} = \frac{1}{2\pi^2}\left(\frac{2m}{\hbar^2}\right)^{3/2}\sqrt{\mathcal{E}}f(\mathcal{E})\,\mathrm{d}\mathcal{E} \tag{3.22}$$

で与えられる．絶対零度では $0 \leq \mathcal{E} < \mathcal{E}_\mathrm{F}(0)$ で $f(\mathcal{E}) = 1$，$\mathcal{E} > \mathcal{E}_\mathrm{F}(0)$ で $f(\mathcal{E}) = 0$ となるから，式 (3.22) を $0 \sim \mathcal{E}_\mathrm{F}(0)$ の領域で積分すれば N/V が求まり，式 (3.17) の結果と一致することが確かめられる．このようにして定義した $N(\mathcal{E})$ や $g(\mathcal{E})$ のことを**状態密度** (density of states) とよぶ．

式 (3.21) を用いると，金属の電子密度は絶対零度におけるフェルミエネルギー $\mathcal{E}_\mathrm{F}(0)$ で (スピン因子2を考慮して)

$$n = \int_0^{\mathcal{E}_\mathrm{F}(0)} 2g(\mathcal{E})\mathrm{d}\mathcal{E} = \frac{1}{3\pi^2}\left[\frac{2m}{\hbar^2}\mathcal{E}_\mathrm{F}(0)\right]^{3/2} \tag{3.23}$$

として与えられ，任意の温度 T では式 (1.65) を用い

$$n = \int_0^\infty 2f(\mathcal{E})g(\mathcal{E})\mathrm{d}\mathcal{E} = \frac{(2m)^{3/2}}{2\pi^2\hbar^3}\int_0^\infty \frac{\sqrt{\mathcal{E}}}{\mathrm{e}^{(\mathcal{E}-\mathcal{E}_\mathrm{F})/k_\mathrm{B}T}+1}\mathrm{d}\mathcal{E} \tag{3.24a}$$

となる．この式より温度 T におけるフェルミエネルギー $\mathcal{E}_\mathrm{F}$ は次のようになる[1]．

$$\mathcal{E}_\mathrm{F} = \mathcal{E}_\mathrm{F}(0)\left[1 - \frac{\pi^2}{12}\left\{\frac{k_\mathrm{B}T}{\mathcal{E}_\mathrm{F}(0)}\right\}^2 + \cdots\right] \tag{3.24b}$$

また電子の平均エネルギーは次のようになる．

$$\langle\mathcal{E}\rangle = \frac{1}{n}\int_0^\infty 2\mathcal{E}f(\mathcal{E})g(\mathcal{E})\mathrm{d}\mathcal{E} = \frac{3}{5}\mathcal{E}_\mathrm{F}(0)\left[1 + \frac{5\pi^2}{12}\left\{\frac{k_\mathrm{B}T}{\mathcal{E}_\mathrm{F}(0)}\right\}^2 + \cdots\right] \tag{3.25}$$

3.2 ブロッホの定理

電子に対するハミルトニアンには，式 (3.1) で与えられるようにポテンシャル $V(x,y,z)$ を含んでいる．このポテンシャルは，格子原子の周期関数であることはすでに述べた通りである．このハミルトニアンの周期性から電子の波動関数 Ψ

---

[1] 浜口智尋：固体物性 (下)(丸善) p.348 を参照．

も位相因子を除いて周期関数となる．簡単のため x 方向に並んだ 1 次元格子を考えその周期を a とする．ポテンシャルエネルギーは $V(x+a) = V(x)$，あるいは一般に整数 l に対して $V(x+la) = V(x)$ となり，波動関数も $\Psi(x+a) = C\Psi(x)$ とならなければならない．こに C は位相因子で，第 1 章で述べたように電子の波動関数は $|\Psi|^2 \mathrm{d}^2 \boldsymbol{r}$ が存在確率であると定義しているので，$C = \mathrm{e}^{\mathrm{i}\theta}$ なる位相因子だけの不確定さがあることによる．x 方向に N 個の原子が並んでいる場合，

$$\Psi(x+a) = C\Psi(x)$$

$$\Psi(x+2a) = C\Psi(x+a) = C^2 \Psi(x)$$

$$\vdots$$

$$\Psi(x+Na) = C^N \Psi(x) \equiv \Psi(x) \tag{3.26}$$

であるから (最後の関係は周期的境界条件による)

$$C^N = 1 \tag{3.27}$$

あるいは C は 1 の N 乗根の 1 つ

$$C = \exp\left(\frac{2\pi \mathrm{i} n_x}{N}\right), \quad n_x = 1, 2, 3, \cdots, N \tag{3.28a}$$

で与えられる．そこで

$$C = \exp\left(\frac{2\pi \mathrm{i} n_x}{Na} x\right) \equiv \exp(\mathrm{i} k_x x) \tag{3.28b}$$

$$k_x = \frac{2\pi}{Na} n_x = \frac{2\pi}{L} n_x \tag{3.28c}$$

とおけば ($L = Na$ に注意)，$x = Na$ に対して $\exp(\mathrm{i} k_x Na) = \exp(2\pi \mathrm{i} n_x) = C^N \equiv 1$ となるので，

$$\Psi_{k_x}(x) = \mathrm{e}^{\mathrm{i} k_x x} u_{k_x}(x) \tag{3.29}$$

とおけることがわかる．ただし $u_{k_x}(x)$ は格子間隔 a を周期とする関数で

$$u_{k_x}(x+a) = u_{k_x}(x) \tag{3.30}$$

である．周期ポテンシャル中の波動関数が，式 (3.29) と式 (3.30) のように表せることをブロッホ (Bloch) の定理とよぶ．また，式 (3.29) をブロッホ関数とよぶ．3 次元の場合の結果は，式 (3.29) で $k_x = (2\pi/a)(n_x/N)$ の $1/a$ が逆格子 $\boldsymbol{a}^*$ に対応していることに注意すれば，まったく同様にして

$$\Psi_{\boldsymbol{k}}(\boldsymbol{r}) = \exp(\mathrm{i}\boldsymbol{k}\cdot\boldsymbol{r}) u_{\boldsymbol{k}}(\boldsymbol{r}) \tag{3.31a}$$

$$u_{\boldsymbol{k}}(\boldsymbol{r} + l\boldsymbol{a} + m\boldsymbol{b} + n\boldsymbol{c}) = u_{\boldsymbol{k}}(\boldsymbol{r}) \tag{3.31b}$$

$$\boldsymbol{k} = \frac{2\pi}{N}(n_x \boldsymbol{a}^* + n_y \boldsymbol{b}^* + n_z \boldsymbol{c}^*) \quad (n_x, n_y, n_z \text{は整数}) \tag{3.31c}$$

であることがわかる．ここに a^*, b^*, c^* は次式で与えられる逆格子である．

$$a^* = \frac{b \times c}{a \cdot (b \times c)}, \quad b^* = \frac{c \times a}{a \cdot (b \times c)}, \quad c^* = \frac{a \times b}{a \cdot (b \times c)} \tag{3.32}$$

逆格子 a^*, b^*, c^* でつくられるベクトル $G = 2\pi(n_x a^* + n_y b^* + n_z c^*)$ を逆格子ベクトルとよぶことがある．$u_k(r)$ は格子の基本ベクトル a, b, c の周期関数であるので，$u_k(r)$ は G を用いてフーリエ展開することができる [*2]．たとえば，1次元格子では $G = 2\pi n/a$ であるから次のようにフーリエ展開できる．

$$u(x) = \sum_{n=-\infty}^{+\infty} A_n \exp\left(-\frac{2\pi i n x}{a}\right) \tag{3.33}$$

3.3 エネルギー帯構造

3.3.1 ほとんど自由な電子による近似

3.1 節で述べた自由電子モデルに改良を加えて結晶中の電子のエネルギー状態を求める方法を考えてみる．この場合にも電子のエネルギーはポテンシャルエネルギーよりも大きいと考える．この近似方法を**ほとんど自由な電子による近似**とよぶ．簡単のため1次元の場合について述べる．ポテンシャルエネルギーを $V(x)$ とすると，シュレーディンガーの方程式は

$$\left[-\frac{\hbar^2}{2m}\frac{d^2}{dx^2} + V(x) - \mathcal{E}\right]\Psi(x) = 0 \tag{3.34}$$

となる．$V(x)$ は格子間隔 a の周期関数であるから，その平均値を

$$V_0 = \frac{1}{a}\int_0^a V(x)dx \tag{3.35}$$

で定義し，電子のエネルギーを V_0 を基準にして測ることにする．つまり，以下の計算で V_0 を 0 とおく．式 (3.34) を解くのに，前節の結果つまりブロッホ関数の式 (3.29) と式 (3.33) を用いる．つまり

$$\Psi(x) = u(x)\exp(ikx) = \sum_{n=-\infty}^{+\infty} A_n \exp\left[i\left(k - \frac{2\pi}{a}n\right)x\right]$$

$$\equiv \sum_{n=-\infty}^{+\infty} A_n \exp(ik_n x) \tag{3.36}$$

[*2] C. Hamaguchi "*Basic Semiconductor Physics*", (Springer) Chapter 1, Appendix A, および浜口智尋：半導体物理 (朝倉書店) 第 1 章および付録 A を参照．

3.3 エネルギー帯構造

を用いる.ここに k_n は次式で与えられる.

$$k_n = k - \frac{2\pi}{a}n \tag{3.37}$$

式 (3.36) を式 (3.34) に代入し,求めた結果の両辺に $\exp(-\mathrm{i}kx)$ をかけると

$$\sum_{n=-\infty}^{+\infty}\left[-\frac{\hbar^2}{2m}k_n^2 + (\mathcal{E}-V)\right]A_n \mathrm{e}^{-2\pi \mathrm{i} nx/a} = 0 \tag{3.38}$$

となる.

仮定により,周期ポテンシャル $V(x)$ は,電子のエネルギー $\mathcal{E}$ に比べ十分に小さいから,波動関数は 3.1 節で求めた自由電子による式 (3.10),つまり $\Psi(x) = A\exp(\mathrm{i}kx)$ に近いはずである.これと式 (3.36) を比較すれば明らかなように,フーリエ展開の $n=0$ の項の寄与が大きく $n=0$ 以外の項からの寄与は非常に小さいことが予想される.そこで式 (3.38) において $V(x)A_n$ のうち $V(x)A_0$ のみを残し,$V(x)A_n$ $(n \neq 0)$ は無視することにする.その結果,式 (3.38) は次のようになる.

$$\sum_{n=-\infty}^{\infty}\left[-\frac{\hbar^2}{2m}k_n^2 + \mathcal{E}\right]A_0 \mathrm{e}^{-2\pi \mathrm{i} nx/a} = A_0 V(x) \tag{3.39}$$

この両辺に $\exp(2\pi \mathrm{i} mx/a)$ をかけ,0 から a まで積分すると左辺の和は $n=m$ のときのみ 0 でないから (問題 (3.2) 参照)

$$\left[-\frac{\hbar^2}{2m}k_m^2 + \mathcal{E}\right]aA_m = A_0 \int_0^a V(x)\mathrm{e}^{2\pi \mathrm{i} mx/a}\mathrm{d}x \equiv A_0 a V_m \tag{3.40}$$

が得られる.ここに V_m は $V(x)$ のフーリエ係数で次のように定義した.

$$V_m = \frac{1}{a}\int_0^a V(x)\mathrm{e}^{2\pi \mathrm{i} mx/a}\mathrm{d}x \tag{3.41}$$

式 (3.40) で $m=0$ とおけば,ただちに

$$\mathcal{E} = \frac{\hbar^2 k^2}{2m} + V_0 \tag{3.42}$$

を得る.はじめの仮定により,$V(x)$ の平均値 V_0 は式 (3.35) で与えられ 0 としたので,結局第 1 次近似としての電子のエネルギーは,3.1 節の結果の式 (3.13) とまったく同じになる.このエネルギーを $\mathcal{E}_0$ とおくことにすると

$$\mathcal{E}_0 = \frac{\hbar^2 k^2}{2m} \tag{3.43}$$

となる.いま,

$$\mathcal{E}_n = \frac{\hbar^2 k_n^2}{2m} = \frac{\hbar^2}{2m}\left(k - \frac{2\pi}{a}n\right)^2 \tag{3.44}$$

と定義することにすると，上式は式 (3.43) の関係も満たしていることになる．

次に，式 (3.40) の添字 m を n に書き換えると

$$\left[\mathcal{E} - \frac{\hbar^2 k_n^2}{2m}\right] A_n = A_0 V_n$$

となる．この式の $\mathcal{E}$ に式 (3.43) の $\mathcal{E}_0$ を代入し，式 (3.44) の関係を用いると，A_n は

$$A_n = \frac{2m V_n A_0}{\hbar^2} \cdot \frac{1}{k^2 - k_n^2} = \frac{A_0 V_n}{\mathcal{E}_0 - \mathcal{E}_n} \tag{3.45}$$

で与えられる．はじめの仮定では $A_n \ll A_0$ $(n \neq 0)$ であった．ところが上式によれば，$k_n^2 = k^2$，つまり k の値が $n\pi/a$ $(n = \pm 1, \pm 2, \pm 3, \cdots)$ に近くなると A_n は発散し，はじめの仮定があてはまらなくなる．したがって，上のような計算結果つまり，式 (3.42) や式 (3.43) の結果は $k = n\pi/a$ の近くでは近似がよくないことになる．このような場合には，A_n の項を無視できないのでこの項を残し

$$\Psi(x) = \exp(\mathrm{i}kx) [A_0 + A_n \exp(-2\pi \mathrm{i} n x/a)] \tag{3.46a}$$

$$= A_0 \exp(\mathrm{i}kx) + A_n \exp(\mathrm{i}k_n x) \tag{3.46b}$$

とおき，他の項を無視すればより良い近似となるであろうことが予想される．この式を式 (3.34) に代入すると次式がえられる．

$$A_0 \mathrm{e}^{\mathrm{i}kx}\left[\frac{\hbar^2 k^2}{2m} + V(x) - \mathcal{E}\right] + A_n \mathrm{e}^{\mathrm{i}k_n x}\left[\frac{\hbar^2 k_n^2}{2m} + V(x) - \mathcal{E}\right] = 0 \tag{3.47}$$

この両辺に $\mathrm{e}^{-\mathrm{i}kx}$ をかけて 0 から a まで積分すると $(V_0 = 0)$

$$A_0 a \left[\frac{\hbar^2 k^2}{2m} - \mathcal{E}\right] + A_n \int_0^a V(x) \mathrm{e}^{-2\pi \mathrm{i} n x/a} \mathrm{d}x = 0 \tag{3.48a}$$

つまり

$$A_0(\mathcal{E} - \mathcal{E}_0) - A_n V_n^* = 0 \tag{3.48b}$$

となる．ここに V_n^* は V_n の複素共役量である．同様にして，式 (3.47) の両辺に $\mathrm{e}^{-\mathrm{i}k_n x}$ をかけ 0 から a まで積分すると次式がえられる．

$$-A_0 V_n + A_n(\mathcal{E} - \mathcal{E}_n) = 0 \tag{3.49}$$

式 (3.48b) と式 (3.49) は係数 A_0 と A_n を未知数とする同次連立方程式となるから，A_0 と A_n がともに 0 でない解をもつためには，

$$\begin{vmatrix} \mathcal{E} - \mathcal{E}_0 & -V_n^* \\ -V_n & \mathcal{E} - \mathcal{E}_n \end{vmatrix} = 0 \tag{3.50}$$

が成立しなければならない．つまり，

$$(\mathcal{E} - \mathcal{E}_0)(\mathcal{E} - \mathcal{E}_n) - |V_n|^2 = 0 \tag{3.51}$$

これより次式が得られる．

$$\mathcal{E} = \frac{1}{2}\left[(\mathcal{E}_0 + \mathcal{E}_n) \pm \sqrt{(\mathcal{E}_0 - \mathcal{E}_n)^2 + 4|V_n|^2}\right] \tag{3.52}$$

式 (3.42), (3.43) より明らかなように, $k \fallingdotseq n\pi/a$ のとき $\mathcal{E}_0 \fallingdotseq \mathcal{E}_n$ となり, 式 (3.45) より A_n ($n \neq 0$) が大きくなる．しかし，k が $n\pi/a$ に近い値でなければ, $|\mathcal{E}_0 - \mathcal{E}_n|$ はあまり小さくなく, ポテンシャルの高次のフーリエ係数 $|V_n|$ よりも大きく $|\mathcal{E}_0 - \mathcal{E}_n| \gg |V_n|$ と考えられるので, 式 (3.52) の根号の中を展開することにより次式で与えられる．

$$\mathcal{E} = \frac{1}{2}\left[(\mathcal{E}_0 + \mathcal{E}_n) \pm \left(|\mathcal{E}_0 - \mathcal{E}_n| + \frac{2|V_n|^2}{|\mathcal{E}_0 - \mathcal{E}_n|} - \cdots\right)\right] \tag{3.53}$$

この場合, つまり k が $n\pi/a$ に近い値でなければ $A_n(n \neq 0)$ からの寄与は小さく, 式 (3.43) の結果のように $\mathcal{E} \fallingdotseq \mathcal{E}_0 = \hbar^2 k^2/2m$ となるはずであるから, 上式の展開の第 1 項までを考えると, 波数ベクトル k の範囲によって正, 負の符号のとり方を決めることができる．$n > 0$ の場合を考えると, $\mathcal{E}_0 < \mathcal{E}_n$ つまり $k < n\pi/a$ のときには式 (3.53) の負符号をとれば $\mathcal{E} \fallingdotseq \mathcal{E}_0$ となり $\mathcal{E}_0 > \mathcal{E}_n$ つまり $k > n\pi/a$ のときには正符号をとれば $\mathcal{E} \fallingdotseq \mathcal{E}_0$ となる．これより

$$\left. \begin{array}{ll} k < \frac{n\pi}{a}: & \mathcal{E} = \frac{1}{2}\left[(\mathcal{E}_0 + \mathcal{E}_n) - \sqrt{(\mathcal{E}_0 - \mathcal{E}_n)^2 + 4|V_n|^2}\right] \quad (\mathcal{E}_0 < \mathcal{E}_n) \\ k > \frac{n\pi}{a}: & \mathcal{E} = \frac{1}{2}\left[(\mathcal{E}_0 + \mathcal{E}_n) + \sqrt{(\mathcal{E}_0 - \mathcal{E}_n)^2 + 4|V_n|^2}\right] \quad (\mathcal{E}_0 > \mathcal{E}_n) \end{array} \right\} \tag{3.54}$$

となることがわかる．したがって, $k \fallingdotseq n\pi/a$ (つまり $\mathcal{E}_0 \fallingdotseq \mathcal{E}_n$) のとき

$$\begin{aligned} k \leq n\pi/a: & \quad \mathcal{E} \fallingdotseq \mathcal{E}_0 - |V_n| \\ k \geq n\pi/a: & \quad \mathcal{E} \fallingdotseq \mathcal{E}_0 + |V_n| \end{aligned} \tag{3.55}$$

となり, $k = n\pi/a$ ($\mathcal{E}_0 = \mathcal{E}_n$) で, エネルギーに

$$\Delta \mathcal{E} = 2|V_n| \tag{3.56}$$

だけの飛びが生ずる．

これらの結果を考慮して, エネルギー $\mathcal{E}$ を波数ベクトル k の関数として描くと図 3.7(a) のようになる．この図で点線は $V_n = 0$ ($A_n = 0, n \neq 0$) と仮定した場合の曲線で $\mathcal{E} = \hbar^2 k^2/2m$ に相当している．また同図 (b) は第 1 ブリルアン領域に還元して示したものである[*3]．図に示されているように $(\hbar^2 k^2/2m) \cdot (n\pi/a)^2 \pm |V_n|$

[*3] 還元領域法については, 浜口智尋：半導体物理 (朝倉書店) 1.3 節, 1.4 節, C. Hamaguchi; "*Basic Semiconductor Physics*", (Springer) Section 1.3, 1.4 を参照

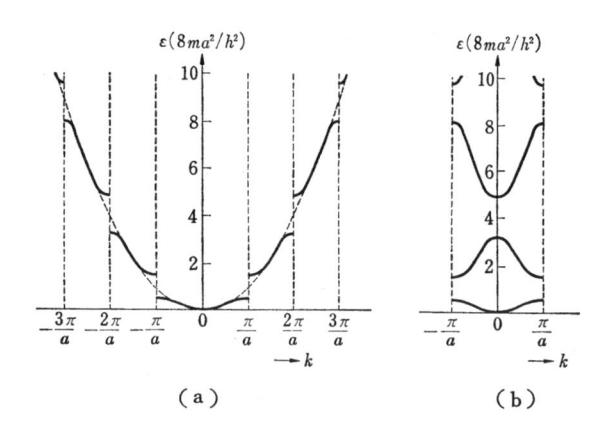

図 3.7 (a) ほとんど自由な電子による近似から求めた電子のエネルギー帯構造, (b) 還元領域で示したエネルギー帯構造

の間にはエネルギー準位が存在せず,このエネルギーの間には電子が存在しえないので,この領域を**禁止帯** (forbidden band) あるいは**禁止領域** (forbidden region) とよぶ. $k = n\pi/a$ は波長 λ が $2\pi/\lambda = k$ の関係にあると考えれば $n\lambda = 2a$ となりブラッグの反射条件をみたしており,このような電子 (の波) は結晶で全反射を受け結晶中に入りえないので,このようなエネルギーをもった電子は結晶内で存在しえないわけである. 図のようなエネルギー ε を波数ベクトル k で表した図を**エネルギー帯構造** (energy band structure) とよぶ.

3.3.2 ブリルアン領域とエネルギー帯構造

式 (3.32) のすぐ下で述べたように,式 (3.31a), (3.31b) に現れる周期関数 $u_{\boldsymbol{k}}(\boldsymbol{r})$ は,逆格子ベクトル $\boldsymbol{G}$ で展開することができ $u_{\boldsymbol{k}}(\boldsymbol{r}) = \sum_{\boldsymbol{G}} A(\boldsymbol{G}) \exp(\mathrm{i}\boldsymbol{G} \cdot \boldsymbol{r})$ と表すことができる. これを用いて上で行った計算を 3 次元に拡張すると,エネルギーに飛びの現れるのは,

$$k^2 = (\boldsymbol{k} + \boldsymbol{G})^2 \quad \text{または} \quad 2\boldsymbol{k} \cdot \boldsymbol{G} + G^2 = 0 \tag{3.57}$$

のときである. ここに $\boldsymbol{G}$ は (n_x, n_y, n_z) を整数とすると次式で与えられる.

$$\boldsymbol{G} = 2\pi(n_x \boldsymbol{a}^* + n_y \boldsymbol{b}^* + n_z \boldsymbol{c}^*) \tag{3.58}$$

式 (3.57) はブリルアン領域を決定する. 例題として格子間隔 a の 2 次元正方格子を考えてみよう. この逆格子ベクトルは直交する x, y 方向の単位ベクトルを $\boldsymbol{e}_x$, $\boldsymbol{e}_y$ とすると

3.3 エネルギー帯構造

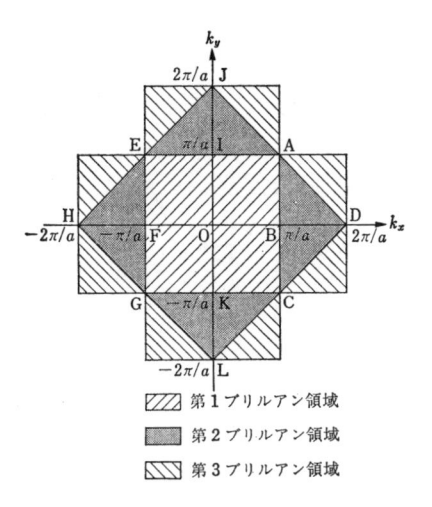

図 3.8 2次元正方格子のブリルアン領域

$$\boldsymbol{G} = \frac{2\pi}{a}(n_x \boldsymbol{e}_x + n_y \boldsymbol{e}_y) \tag{3.59}$$

となる．ここに $n_x, n_y = 0, \pm 1, \pm 2, \pm 3, \cdots$ である．これを式 (3.57) に代入すれば次式を得る．

$$n_x k_x + n_y k_y = \left(\frac{\pi}{a}\right)(n_x^2 + n_y^2) \tag{3.60}$$

第1ブリルアン領域は，上式より

$$\left.\begin{array}{l} n_x = \pm 1,\; n_y = 0;\quad k_x = \pm \pi/a \\ n_x = 0,\; n_y = \pm 1;\quad k_y = \pm \pi/a \end{array}\right\} \tag{3.61}$$

として求まる．次に第2ブリルアン領域は

$$n_x = \pm 1,\; n_y = \pm 1;\; \pm k_x \pm k_y = 2\pi/a \tag{3.62}$$

より決定され，第3ブリルアン領域は

$$\left.\begin{array}{l} n_x = \pm 2,\; n_y = 0:\quad k_x = \pm 2\pi/a \\ n_x = 0,\; n_y = \pm 2;\quad k_y = \pm 2\pi/a \end{array}\right\} \tag{3.63}$$

より決定されるもののうち，第1ブリルアン領域に還元されるものである[*4]．これらを図示すると図3.8のようになる．図3.9は面心立方格子と体心立方格子の第1ブリルアン領域を示したもので，エネルギー帯構造の解析によく使われる記

[*4] 浜口智尋：半導体物理 (朝倉書店)1.4 節, C. Hamaguchi: *"Basic Semiconductor Physics"*, (Springer) Section 1.4 を参照．

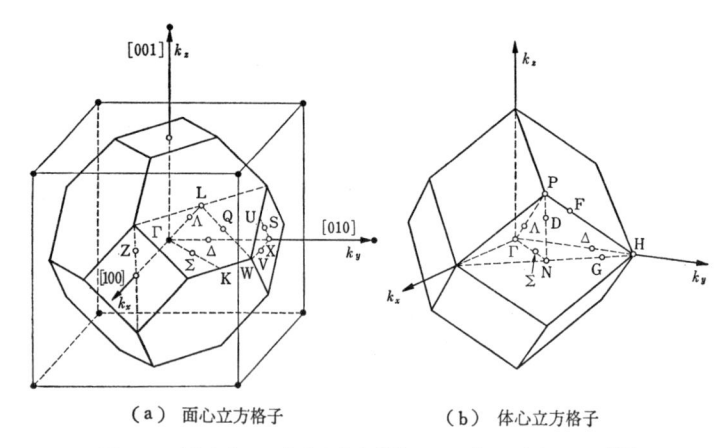

図 3.9 面心立方 (a) と体心立方構造 (b) の第 1 ブリルアン領域

号が合わせて示してある.

一般の結晶における電子のエネルギー帯構造の計算は複雑で種々の近似法が提案されている. 代表的な方法としてよく用いられるのは, (1) 経験的擬ポテンシャル法 (empirical pseudopotential method), (2) $\bm{k}\cdot\bm{p}$ 摂動法 ($\bm{k}\cdot\bm{p}$ perturbation method), (3) 強結合法 (tight-binding method) などである [*5].

3.3.3 自由電子帯と擬ポテンシャル法

エネルギー帯構造を計算する方法はいくつかあるが, 擬ポテンシャル法もしくは $\bm{k}\cdot\bm{p}$ 摂動法で計算した半導体のエネルギー帯構造を図 3.10(b)〜(d) に示す [*6]. また, これらの出発点である, 無格子帯 (empty band) または自由電子帯 (free electron band) を図 3.10(a) に示す. これはポテンシャルを $V(\bm{r})=0$ とおき, 第 1 ブリルアン領域での $\mathcal{E}$ を $\bm{k}$ の関数として求めることにより得られる.

次のシュレーディンガーの方程式を考える.

$$\left[-\frac{\hbar^2}{2m}\nabla^2+V(\bm{r})\right]\Psi(\bm{r})=\mathcal{E}\Psi(\bm{r}) \tag{3.64}$$

結晶の基本並進ベクトルを $\bm{a},\bm{b},\bm{c}$ として, 並進ベクトルを

$$\bm{R}=l_1\bm{a}+l_2\bm{b}+l_3\bm{c} \quad (l_1,l_2,l_3=0,\pm 1,\pm 2,\cdots) \tag{3.65}$$

[*5] これらの計算法については浜口智尋:半導体物理 (朝倉書店) 第 1 章, C. Hamaguchi: "*Basic Semiconductor Physics*", (Springer) Chapter 1 に詳しく述べてある. これらを参考にすれば PC を用いて容易に計算することができる

[*6] エネルギー帯構造の計算方法については, C. Hamaguchi: "*Basic Semiconductor Physics*", (Springer, 2010) に詳しく述べられている.

と表すと,原子のつくるポテンシャル $V(\bm{r})$ は, $V(\bm{r}+\bm{R})=V(\bm{r})$ を満たすので,フーリエ級数展開を用いて表すことができる.

$$V(\bm{r}) = \sum_{\bm{G}} V(\bm{G})\,\mathrm{e}^{\mathrm{i}\bm{G}\cdot\bm{r}} \tag{3.66}$$

逆格子ベクトル $\bm{G}$ は,逆格子 $\bm{a}^*, \bm{b}^*, \bm{c}^*$ を用いて,

$$\bm{G} = 2\pi(n_1\bm{a}^* + n_2\bm{b}^* + n_3\bm{c}^*) \quad (n_1, n_2, n_3 = 0, \pm1, \pm2, \cdots) \tag{3.67}$$

で与えられる.例えば,面心立方格子の場合,

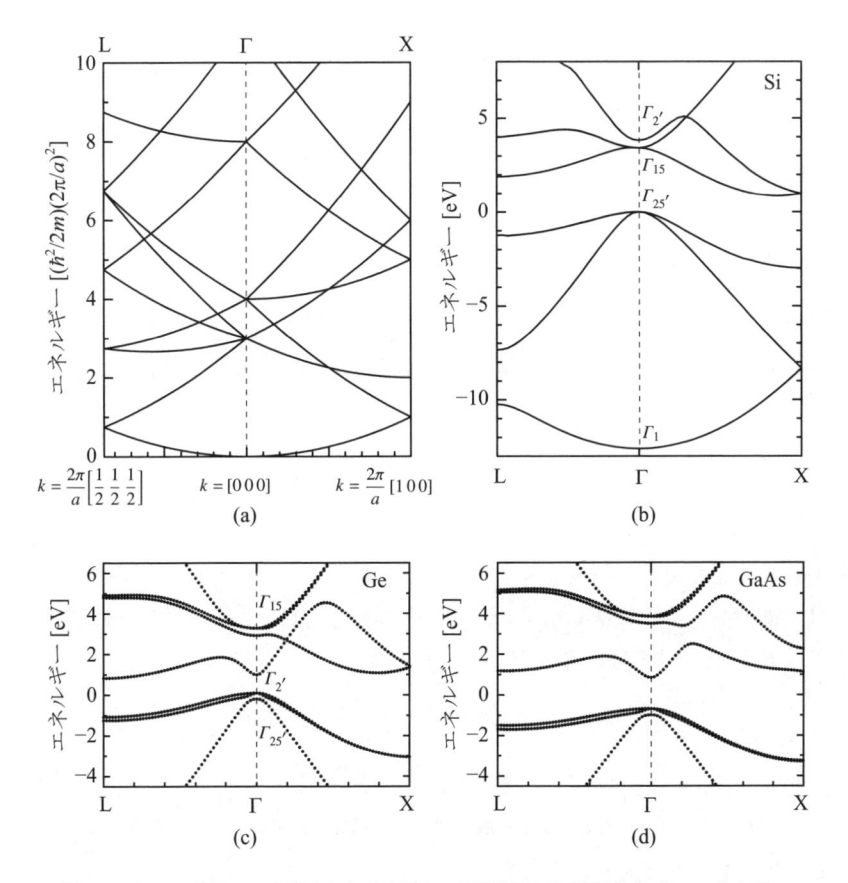

図 3.10 (a) $V(\bm{r})=0$ と仮定したダイヤモンド型結晶の自由電子バンド.エネルギーは $(\hbar^2/2m)(2\pi/a)^2$ の単位でプロットしたもの.(b) 擬ポテンシャル法で求めた Si のエネルギー帯構造.(c) Ge と (d) GaAs の伝導帯の底および価電子帯頂上付近のエネルギー帯構造を示した (計算結果は $T=0$ における値).

$$\boldsymbol{a} = \frac{a}{2}(1,1,0), \qquad \boldsymbol{b} = \frac{a}{2}(0,1,1), \qquad \boldsymbol{c} = \frac{a}{2}(1,0,1) \tag{3.68}$$

$$\boldsymbol{a}^* = \frac{1}{a}(1,1,-1), \qquad \boldsymbol{b}^* = \frac{1}{a}(-1,1,1), \qquad \boldsymbol{c}^* = \frac{1}{a}(1,-1,1) \tag{3.69}$$

である(問題(3.3)).一方,ブロッホの定理より,波動関数$\Psi(\boldsymbol{r})$は周期関数$u_{\boldsymbol{k}}(\boldsymbol{r})$と平面波$\mathrm{e}^{\mathrm{i}\boldsymbol{k}\cdot\boldsymbol{r}}$の積で表せ,さらに,周期関数は$u_{\boldsymbol{k}}(\boldsymbol{r}) = \sum_{\boldsymbol{G}} u(\boldsymbol{G})\mathrm{e}^{\mathrm{i}\boldsymbol{G}\cdot\boldsymbol{r}}$のようにフーリエ級数展開できるので,

$$\Psi(\boldsymbol{r}) = \sum_{\boldsymbol{G}} u(\boldsymbol{G})\,\mathrm{e}^{\mathrm{i}(\boldsymbol{G}+\boldsymbol{k})\cdot\boldsymbol{r}} \tag{3.70}$$

と表せる.この関係を波動方程式(3.66)に代入し,得られた式の両辺に$\mathrm{e}^{-\mathrm{i}\boldsymbol{G}'\cdot\boldsymbol{r}}$をかけて,単位胞で積分すると,

$$E_0(\boldsymbol{k}+\boldsymbol{G})\,u(\boldsymbol{G}) + \sum_{\boldsymbol{G}'} V(\boldsymbol{G}-\boldsymbol{G}')\,u(\boldsymbol{G}') = \mathcal{E}\,u(\boldsymbol{G}) \tag{3.71}$$

が得られる.ここで,$E_0(\boldsymbol{k}) = \hbar^2 k^2/2m$とおいた.いま,逆格子ベクトル$\boldsymbol{G}$を長さの短い順に並べ,

$$\boldsymbol{G}_1,\ \boldsymbol{G}_2,\ \boldsymbol{G}_3,\ \cdots \tag{3.72}$$

のように順番に番号をつけ,$u_j = u(\boldsymbol{G}_j)$と略記すると,式(3.71)は,

$$\begin{bmatrix} E_0(\boldsymbol{k}+\boldsymbol{G}_1) & V(\boldsymbol{G}_1-\boldsymbol{G}_2) & \cdots & V(\boldsymbol{G}_1-\boldsymbol{G}_j) & \cdots \\ V(\boldsymbol{G}_2-\boldsymbol{G}_1) & E_0(\boldsymbol{k}+\boldsymbol{G}_2) & \cdots & V(\boldsymbol{G}_2-\boldsymbol{G}_j) & \cdots \\ \vdots & \vdots & & \vdots & \\ V(\boldsymbol{G}_j-\boldsymbol{G}_1) & V(\boldsymbol{G}_j-\boldsymbol{G}_2) & \cdots & E_0(\boldsymbol{k}+\boldsymbol{G}_j) & \cdots \\ \vdots & \vdots & & \vdots & \end{bmatrix} \begin{bmatrix} u_1 \\ u_2 \\ \vdots \\ u_j \\ \vdots \end{bmatrix} = \mathcal{E} \begin{bmatrix} u_1 \\ u_2 \\ \vdots \\ u_j \\ \vdots \end{bmatrix} \tag{3.73}$$

と表せる.この固有値問題を解くことによりエネルギー固有値$\mathcal{E}$が得られる.

自由電子モデルでは結晶格子の周期性のみ残し,$V(\boldsymbol{r}) = 0$とおくので,エネルギー$\mathcal{E}(\boldsymbol{k})$と波動関数$\Psi(\boldsymbol{r})$は

$$\mathcal{E}(\boldsymbol{k}) = E_0(\boldsymbol{k}+\boldsymbol{G}) = \frac{\hbar^2}{2m}(\boldsymbol{k}+\boldsymbol{G})^2 \tag{3.74}$$

$$\Psi(\boldsymbol{r}) = \frac{1}{\sqrt{\Omega}}\exp(\mathrm{i}(\boldsymbol{k}+\boldsymbol{G})\cdot\boldsymbol{r}) \tag{3.75}$$

となる(Ωは規格化する領域の体積).いま,面心立方格子の逆格子ベクトルを,長さの短いものからいくつかあげると

$$\boldsymbol{G}(0) = [0,0,0],\ \boldsymbol{G}(3) = [\pm 1, \pm 1, \pm 1],\ \boldsymbol{G}(4) = [\pm 2, 0, 0],$$
$$\boldsymbol{G}(8) = [\pm 2, \pm 2, 0],\ \cdots$$

である (問題 (3.4)). ここで, $2\pi/a$ を単位に $\boldsymbol{G}$ を測った. また, $\boldsymbol{G}(0)$, $\boldsymbol{G}(3)$ などの丸カッコ内の数値は, 角カッコ内の 3 個の数字 ($[l, m, n]$) の 2 乗和 $L^2 \equiv l^2 + m^2 + n^2$ を意味している. したがって, ブリルアン領域の $\langle 100 \rangle$ 方向の自由電子バンドは次のようになる.

$\boldsymbol{G}(0):\ \mathcal{E} = k_x^2$

$\boldsymbol{G}(3):\ \mathcal{E} = \begin{cases} (k_x - 1)^2 + 2 & \text{(四重縮退)} \\ (k_x + 1)^2 + 2 & \text{(四重縮退)} \end{cases}$

$\boldsymbol{G}(4):\ \mathcal{E} = \begin{cases} k_x^2 + 4 & \text{(四重縮退)} \\ (k_x - 2)^2 & \text{(縮退なし)} \\ (k_x + 2)^2 & \text{(縮退なし)} \end{cases}$

ここで, 波数は $2\pi/a$ を単位に, エネルギーは $(\hbar^2/2m)(2\pi/a)^2$ を単位に測った. まったく同様にして $\langle 111 \rangle$ 方向に対しても次のようなバンドが得られる.

$\boldsymbol{G}(0): \mathcal{E} = k_x^2 + k_y^2 + k_z^2 \equiv k_{111}^2$

$\boldsymbol{G}(3): \mathcal{E} = (k_x \pm 1)^2 + (k_y \pm 1)^2 + (k_z \pm 1)^2$

(4 本で, エネルギーの高い方から, 縮退なし, 三重縮退, 三重縮退, 縮退なし)

$\boldsymbol{G}(4): \mathcal{E} = \begin{cases} (k_x \pm 2)^2 + k_y^2 + k_z^2 & \text{(二重縮退)} \\ k_x^2 + (k_y \pm 2)^2 + k_z^2 & \text{(二重縮退)} \\ k_x^2 + k_y^2 + (k_z \pm 2)^2 & \text{(二重縮退)} \end{cases}$

$k_x^2 + k_y^2 + k_z^2 = k_{111}^2$, $k_x = k_y = k_z = k_{111}/\sqrt{3}$ である. これらの曲線と $\boldsymbol{G}(8) = [2, 2, 0]$ 及び $\boldsymbol{G}(11) = [3, 1, 1]$ を含めプロットしたのが図 3.10(a) である.

結晶ポテンシャル $V(\boldsymbol{r})$ は, 原子核付近で非常に深く, 空間的に激しく変化している. しかし, 原子核付近の深いところには内殻電子が存在しており, 価電子帯の頂上や伝導体の底の状態を構成する外殻の電子が感じる実効的なポテンシャルは浅く, 空間的な変化も緩やかであると考えられる. 擬ポテンシャル法では, 実際の原子ポテンシャル $V(\boldsymbol{r})$ を用いて内殻状態まで含めて計算するかわりに, 外殻状態のみに注目して, 外殻電子が感じる実効的なポテンシャル (擬ポテンシャル) $V_\text{ps}(\boldsymbol{r})$ を用いてバンド計算をする. 空間的に緩やかに変化するポテンシャルに対しては, 式 (3.73) において, 高い空間周波数成分の寄与を打ち切り, 有限次元の固有値問題を解いても大きな誤差は生じない. 例えば, Si や GaAs などの半導体の場合, $L^2 \leq 11$ のフーリエ成分のみで擬ポテンシャルを精度良く表現できることが知られている. そのようにして計算した結果が図 3.10(b) である. ほと

んど自由な電子による近似では $|V_n|$ でエネルギーに飛びができることを示したが,図 3.10(a) と (b) を比較すれば,その様子が明確にわかる.

3.4 金属,半導体,絶縁体の区別

金属 (導体),絶縁体の区別はもともと電気をよく通すか通さないか,つまり導電率 σ あるいは抵抗率 $\rho = 1/\sigma$ の大小によってなされたものである.その目安として,$\rho = 10^{-8} \sim 10^{-5}\,\Omega\cdot\mathrm{m}$ のものは通常金属とよばれ,$\rho \geq 10^{16}\,\Omega\cdot\mathrm{m}$ のものを絶縁体とよぶことがある.半導体 (semiconductor) はその名の通り,抵抗率が金属と絶縁体の中間に位置するもので $\rho = 10^{-5} \sim 10^{10}\,\Omega\cdot\mathrm{m}$ の物質をさす.この分類法はあくまでも巨視的なもので,物性論の立場から微視的にとらえると,その物質のエネルギー帯の違いに起因しているものと結論できる.3.3 節で得られたエネルギー帯において,電子がある許容帯を全部占めており禁止帯をはさんで 1 つ上の許容帯には電子が全然存在しないとすれば,電気伝導に寄与する電子が存在しないために電気抵抗が非常に大きく絶縁体となる.これは,電子で完全につまった許容帯では,電界で電子を加速してもパウリの排他律を考えると,電子がその状態をかえるべき準位がないために,結局電流が流れえないわけである.しばしばわずかの電流が観測されるが,これは不純物によるものか,あるいは充満帯から熱的に上の許容帯に励起された電子によるものである.

電子がエネルギー帯の一部だけを満たしている場合には,電界によって電子の分布が変化し,電流が流れる.たとえば,フェルミ準位が許容帯の中にある場合には,動きうる電子の数が十分に多く電流はよく流れ,通常金属とよばれるものはこれに相当する.また,半導体は禁止帯の幅があまり大きくない場合で,通常フェルミ準位は禁止帯中央にあるか (真性半導体),フェルミ準位のすぐ上の許容帯 (伝導帯, conduction band) にある程度の伝導電子が存在するか (n 形半導体),あるいはフェルミ準位のすぐ下の許容帯の頂上近くまで電子がつまっていて頂上部分のわずかの準位が空になっている物質 (p 型半導体) であろうことが想像される.これらの様子をエネルギー帯で模式的に示すと図 3.11 のようになる.

1 価の金属の例として Na($2s^2 2p^6 3s^1$) を考えてみよう.この原子では 3s 軌道の電子が許容帯を形成するものと考えられる.N 個の原子から成る Na 金属では 1 原子あたり 1 個の 3s 軌道電子を供給するが,スピンを考慮すると 3s 軌道に起因する許容帯は $2N$ 個の準位があるから,結局図 3.11(b) に示したように半分だけ電子で満たされており,**導体**になるものと考えられる.一方,イオン結晶である NaCl

3.4 金属，半導体，絶縁体の区別

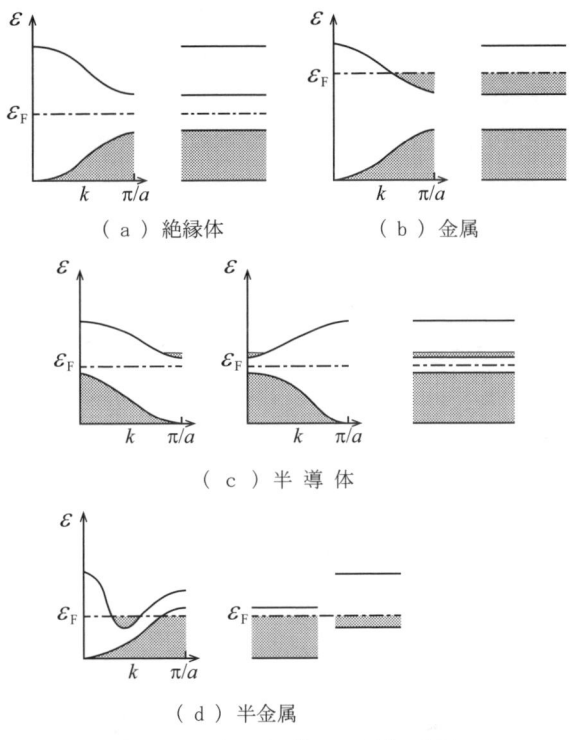

(a) 絶縁体

(b) 金属

(c) 半導体

(d) 半金属

図 3.11 エネルギー帯による固体の分類

では，Na の 3s 軌道の 1 個の価電子は Cl($3s^23p^5$) に移り 3p 軌道電子となっている．3p 状態は三重縮退をしておりスピンを考慮すると許容帯は $3 \times 2N = 6N$ 個の準位となる．3p 軌道電子は Cl の 3p 電子 5 個と Na の 3s からきた電子 1 個の合計 6 個あることを考えると全体で $6N$ 個となり，ちょうど許容帯を全部満たしてしまう．したがって図 3.11(a) の場合に相当し**絶縁体**となることがわかる．

一方，Si ($3s^23p^2$)，Ge ($4s^24p^2$) や Sn ($5s^25p^2$) では 1 個の原子は 4 個の価電子をもっている．これらの結晶はダイヤモンド型構造をしており，単位胞には 2 個の原子があるから，N 個の単位胞からなる結晶では $8N$ 個の価電子が存在する．この価電子の軌道関数は 1 つの s 軌道と 3 つの p 軌道の混成軌道となり，結晶状態では 4 つのバンド (overlapping band) を形成し (通常価電子帯 (valence band) とよばれる)，その許容準位は全体で $8N$ 個となるから，すべての準位が価電子で満たされてしまう．したがって，絶縁体になるものと考えられる．実際に絶対零度近傍では，これらの物質は絶縁体の性質を示す．ところが，これらの原子はそ

れぞれの p 軌道関数よりも上に, s 状態や d 状態のつくるエネルギー帯 (伝導帯) が価電子帯よりもエネルギーが $\mathcal{E}_\mathrm{G}$ (禁止帯幅, forbidden energy gap) だけ高いところに存在し, $\mathcal{E}_\mathrm{G}$ があまり大きくないために, 価電子帯から伝導帯に電子が熱的に励起されて伝導電子が存在するため, 室温近辺で絶縁体と金属の中間の導電率を有し**半導体**となっている.

金属, 半導体, 絶縁体のほかに, Bi, Sb や As などのように半金属とよばれ金属と半導体の中間の導電率を有する物質がある. これは図 3.11(d) のようにバンドがエネルギー的に重なっているもので, 上のバンドの電子数と下のバンドの空準位数 (後に述べる正孔の数) とが等しいという特徴をもち, **半金属** (semimetal) とよばれる.

3.5 有 効 質 量

第 1 章で述べたように, 電子の粒子性と波動性を結びつけるものとして式 (1.3a), (1.3b) に示されるドゥ・ブローイーの関係 $\mathcal{E} = \hbar\omega$, $\bm{p} = \hbar\bm{k}$ がある. ここに粒子性を表す量は, エネルギー $\mathcal{E}$ と運動量 $\bm{p}$ で, 波動性を表す量は角周波数 ω と波数ベクトル $\bm{k}$ である. 結晶中の電子の波動関数は, 周期ポテンシャルの性質により $\bm{k} = \bm{k}' + \bm{G}$ ($\bm{G}$: 逆格子ベクトル) の $\bm{k}$ と $\bm{k}'$ ではまったく等価になるので [*7)] 位相速度 $\omega/|\bm{k}|$ を考えると等価な $\bm{k}$ と $\bm{k}'$ で異なる位相速度をもつことになり, 結局 $\omega/|\bm{k}|$ は結晶中では意味をもたなくなる. ところが群速度 $\bm{v}_\mathrm{g} = \mathrm{d}\omega/\mathrm{d}\bm{k}$ を考えると, $\bm{k}$ でも $\bm{k}'$ でも同じになり都合のよいことがわかる. 群速度は次のように考えると理解しやすい.

平面波を重ね合わせると波束ができるが, それには多数の ω と $\bm{k}$ をもった波を考えなければならない. 簡単のため, 角周波数と波数ベクトルがわずかだけ異なる $\omega \pm \mathrm{d}\omega$, $k \pm \mathrm{d}k$ の 2 つの平面波, $\Psi_\pm = A\exp\{\mathrm{i}[(k \pm \mathrm{d}k)x - (\omega \pm \mathrm{d}\omega)t]\}$ を重ね合わせることを考える.

$$\Psi = \Psi_+ + \Psi_- = 2A\cos(\mathrm{d}k \cdot x - \mathrm{d}\omega \cdot t)\exp\{\mathrm{i}(kx - \omega t)\}$$

となるが, $\omega \gg \mathrm{d}\omega$, $k \gg \mathrm{d}k$ であるから因子 $2A\cos(\mathrm{d}k \cdot x - \mathrm{d}\omega \cdot t)$ はゆっくり変化する波を表し, 図 3.12 のように早く振動する波 $\exp\{\mathrm{i}(kx - \omega t)\}$ を振幅変調したような形となっている. このとき振幅最大の点は, 時刻 t では $\mathrm{d}k \cdot x - \mathrm{d}\omega \cdot t = 0$

[*7)] 浜口智尋: 半導体物理 (朝倉書店) 1.4 節, C. Hamaguchi: "*Basic Semiconductor Physics*", (Springer) Section 1.4 を参照.

3.5 有効質量

$2A\cos(\mathrm{d}k\cdot x - \mathrm{d}\omega\cdot t)$

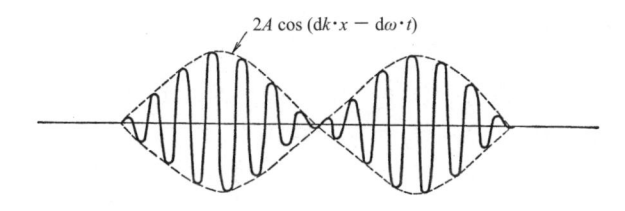

図 3.12 平面波の重ね合わせ

で与えられる場所 x であるが，時刻 t' では x は x' となり $\mathrm{d}k\cdot x' - \mathrm{d}\omega\cdot t' = 0$ を満たしているので

$$\frac{x'-x}{t'-t} = \frac{\mathrm{d}\omega}{\mathrm{d}k} \equiv v_\mathrm{g} \tag{3.76}$$

つまり，振幅最大の位置 (波束の中心) は**群速度** (group velocity) $v_\mathrm{g} = \mathrm{d}\omega/\mathrm{d}k$ で移動する．式 (1.3a), (1.3b) と式 (3.76) を用いて結晶中の電子に対して次の関係が成立するものと考える．

$$v_\mathrm{g} = \frac{\mathrm{d}\omega}{\mathrm{d}k} = \frac{1}{\hbar}\frac{\mathrm{d}\mathcal{E}}{\mathrm{d}k} \quad\text{または}\quad \boldsymbol{v}_\mathrm{g} = \frac{1}{\hbar}\mathrm{grad}_{\boldsymbol{k}}\mathcal{E} = \frac{1}{\hbar}\nabla_{\boldsymbol{k}}\mathcal{E} \tag{3.77}$$

次に，外力 $\boldsymbol{F}$ が電子に作用したとき微小時間 $\mathrm{d}t$ の間にこの電子になされる仕事 $\mathrm{d}\mathcal{E}$ は

$$\mathrm{d}\mathcal{E} = (\boldsymbol{F}\cdot\boldsymbol{v}_\mathrm{g})\mathrm{d}t \tag{3.78}$$

となる．ところが式 (3.77) を用いると

$$\mathrm{d}\mathcal{E} = \left(\frac{\mathrm{d}\mathcal{E}}{\mathrm{d}\boldsymbol{k}}\right)\cdot\mathrm{d}\boldsymbol{k} = \hbar\boldsymbol{v}_\mathrm{g}\cdot\mathrm{d}\boldsymbol{k} \tag{3.79}$$

であるから $(\mathrm{d}\mathcal{E}/\mathrm{d}\boldsymbol{k} = \nabla_{\boldsymbol{k}}\mathcal{E})$，式 (3.78) と式 (3.79) を比較すれば次の関係が成立する．

$$\hbar\mathrm{d}\boldsymbol{k} = \boldsymbol{F}\cdot\mathrm{d}t \quad\text{または}\quad \hbar\frac{\mathrm{d}\boldsymbol{k}}{\mathrm{d}t} = \boldsymbol{F} \tag{3.80}$$

この関係は，結晶中の電子に外力 $\boldsymbol{F}$ が作用したとき，その波数ベクトル $\boldsymbol{k}$ の時間変化を与える式で非常に重要なものである．波数ベクトル $\boldsymbol{k}$ をもつ結晶中の電子に対して $\hbar\boldsymbol{k} = \boldsymbol{p}_\mathrm{c}$ を**結晶運動量** (crystal momentum) と定義するが，$\mathrm{d}\boldsymbol{p}_\mathrm{c}/\mathrm{d}t = \boldsymbol{F}$ となることからニュートンの運動方程式に対応している．$\boldsymbol{k}$ には先に述べたように逆格子ベクトル $\boldsymbol{G}$ の不確定さがあり p_c にも $\hbar\boldsymbol{G}$ の不確定さがある．式 (3.77) のはじめの式を時間 t について微分すると

$$\frac{\mathrm{d}v_\mathrm{g}}{\mathrm{d}t} = \frac{1}{\hbar}\frac{\mathrm{d}^2\mathcal{E}}{\mathrm{d}k\mathrm{d}t} = \frac{1}{\hbar}\frac{\mathrm{d}^2\mathcal{E}}{\mathrm{d}k^2}\frac{\mathrm{d}k}{\mathrm{d}t} \tag{3.81}$$

となるから，これに式 (3.80) を用いると

$$\frac{dv_g}{dt} = \frac{1}{\hbar^2}\frac{d^2\mathcal{E}}{dk^2}F \tag{3.82}$$

となり，群速度を古典力学の質点の速度と対応させれば，上の式は $dv/dt = F/m$ なる運動方程式に対応するので，$\hbar^2/(d^2\mathcal{E}/dk^2)$ はあたかも質量のごとき作用をしていることがわかる．そこで，これを**有効質量** (effective mass) とよび，m^* で表すと結晶中の電子の運動は，

$$\frac{dv_g}{dt} = \frac{1}{m^*}F \tag{3.83}$$

$$\frac{1}{m^*} = \frac{1}{\hbar^2}\frac{d^2\mathcal{E}}{dk^2} \tag{3.84}$$

で与えられる．したがって，この有効質量を用いれば結晶中の電子の運動は，古典力学の質点系の運動と同様に扱うことができる．一般に $\boldsymbol{v}_g$, $\boldsymbol{F}$ をベクトルとして扱うと

$$\frac{d\boldsymbol{v}_g}{dt} = \left(\frac{1}{\boldsymbol{m}^*}\right)\boldsymbol{F} = \frac{1}{\hbar^2}\mathrm{grad}_{\boldsymbol{k}}(\boldsymbol{F}\cdot\mathrm{grad}_{\boldsymbol{k}}\mathcal{E}) \tag{3.85}$$

となり，有効質量 m^* はテンソル量となり，**逆有効質量テンソル** $(1/\boldsymbol{m}^*)$ の ij 成分は

$$\left(\frac{1}{m^*}\right)_{ij} = \frac{1}{\hbar^2}\frac{d^2\mathcal{E}}{dk_i dk_j} \tag{3.86}$$

で与えられる．電子がスカラー有効質量 m^* をもてば，式 (3.84) より

$$\mathcal{E} = \mathcal{E}_0 + \frac{\hbar^2 k^2}{2m^*} \tag{3.87}$$

と書けることがわかる．あるいは逆に伝導帯の底が $\mathcal{E} = \mathcal{E}_0$ のところにあり，式 (3.87) のようにエネルギー $\mathcal{E}$ と k の関係が与えられておれば，式 (3.84) を用いて有効質量は m^* となることがわかる．III–V 族化合物の InSb や GaAs では，この式 (3.87) がよくあてはまることが知られている．単一の有効質量 m^* を用いて表すことができない場合でも，伝導帯の底近傍では，その底からエネルギーと波数ベクトルを測り，

$$\mathcal{E} = \frac{\hbar^2}{2m_t}(k_x^2 + k_y^2) + \frac{\hbar^2}{2m_l}k_z^2 \quad \text{または} \quad \mathcal{E} = \frac{\hbar^2 k_x^2}{2m_x} + \frac{\hbar^2 k_y^2}{2m_y} + \frac{\hbar^2 k_z^2}{2m_z} \tag{3.88}$$

のように表すことができる場合がある．Ge や Si では上式のはじめの方の式がよい近似を与える．

3.6 正孔の概念

はじめに述べたように，完全に電子でつまった許容帯では電流が流れない．電

3.6 正孔の概念

流が流れるためには，電子が部分的につまったエネルギー帯がなければならない．いま，あるエネルギー帯がほとんど電子でつまっていて，その頂上近くの一部のみが電子がつまっていないような場合を考える．はじめに，簡単のため波数ベクトル k' に対する状態の電子が1個欠けているものとする．このときの全電流密度は $k = k'$ 以外のあらゆる電子の和を考え，

$$J = \frac{1}{V} \sum_{k \neq k'} (-e) v(k) \tag{3.89}$$

となる．もしも k' の状態にも電子がつまっておれば，電子が完全につまったエネルギー帯となり，先に述べた理由で電流は0となるから

$$\frac{1}{V} \left\{ \sum_{k \neq k'} (-e) v(k) + (-e) v(k') \right\} = \frac{1}{V} \sum_{k} (-e) v(k) = 0 \tag{3.90}$$

なる関係が成立するので，これを式 (3.89) に用いると次式が得られる．

$$J = \frac{1}{V} \{-(-e) v(k')\} = \frac{1}{V} (+e) v(k') \tag{3.91}$$

この式をみると，電流密度 J は $+e$ の電荷をもった粒子が $v(k')$ の速度で動いたとき流れる電流密度に等しいと考えることができる．つまり，ほとんど電子でつまったエネルギー帯では，電子のぬけた穴は速度 $\hbar^{-1} \nabla_k \mathcal{E}$ で動く正電荷をもった粒子としてあつかえることを意味している．このようなことから，電子のぬけた穴を**正孔** (positive hole あるいは単に hole) とよぶ．また，1つ以上の波数ベクトル k の状態の電子がぬけている，つまり多数の正孔が存在する場合には次のようになる（和は存在する正孔の波数ベクトルに関してとる）．

$$J = \frac{+e}{V} \sum_{k} v(k) \tag{3.92}$$

ここで，式 (3.92) に現れたような和を積分に置き換える方法について考える．式 (3.12) より k_x と $k_x + dk_x$ の間にある準位の数を求めてみる．k_x が dk_x だけ変化したとき準位の数が n_x から dn_x だけ変化するものとすれば，$k_x = (2\pi/L) n_x$ であるから

$$k_x + dk_x = \frac{2\pi}{L}(n_x + dn_x), \quad dn_x = \frac{L}{2\pi} dk_x \tag{3.93}$$

つまり，k_x と $k_x + dk_x$ の間には $(L/2\pi) dk_x$ の準位があり k 空間の要素 $d^3 k = dk_x dk_y dk_z$ にある準位の数 $N(k) d^3 k = N(k) dk_x dk_y dk_z$ は

$$N(k) d^3 k = N(k_x, k_y, k_z) dk_x dk_y dk_z = \left(\frac{L}{2\pi}\right)^3 dk_x dk_y dk_z = \frac{V}{(2\pi)^3} d^3 k \tag{3.94}$$

となる．電子のエネルギー $\mathcal{E}(\boldsymbol{k})$ は波数ベクトルが決まれば決まり，またそのエネルギー準位を電子が占める確率はフェルミ統計によりエネルギー $\mathcal{E}$ が与えられれば決まる．したがって $\boldsymbol{k}$ と $\boldsymbol{k}+\mathrm{d}\boldsymbol{k}$ の空間を占める電子の数はスピンを考慮して $2f(\boldsymbol{k})N(\boldsymbol{k})\mathrm{d}^3\boldsymbol{k} = (V/4\pi^3)f(\boldsymbol{k})\mathrm{d}^3\boldsymbol{k}$ となり，電子による電流密度は

$$\boldsymbol{J}_\mathrm{e} = -\frac{e}{4\pi^3}\int f(\boldsymbol{k})\boldsymbol{v}(\boldsymbol{k})\mathrm{d}^3\boldsymbol{k} \tag{3.95}$$

となる．一方，正孔に対しては電子のいない確率 f_h つまり

$$f_\mathrm{h}(\boldsymbol{k}) = 1 - f(\boldsymbol{k}) \tag{3.96}$$

を用いると，

$$\boldsymbol{J}_\mathrm{h} = \frac{+e}{4\pi^3}\int [1-f(\boldsymbol{k})]\,\boldsymbol{v}(\boldsymbol{k})\mathrm{d}^3\boldsymbol{k} \tag{3.97}$$

となる．ここに $f(\boldsymbol{k})$ は $\boldsymbol{k}$ の状態を電子が占める確率，つまりフェルミ統計で与えられる．

3.7 電 気 伝 導

3.5 節の結果によれば結晶中の電子の運動は有効質量 m^* を考えれば古典論の取扱いが可能となる．有効質量 m^* をもった電子が熱平衡状態にありマクスウェル・ボルツマン統計に従うものとすると，その平均速度 (熱速度) v_th は次のようになる．

$$\frac{1}{2}m^*v_\mathrm{th}^2 = \frac{1}{2}m^*\langle v^2\rangle = \frac{1}{2}m^*(\langle v_x^2\rangle + \langle v_y^2\rangle + \langle v_z^2\rangle) \tag{3.98}$$

ここに，$\langle\ \rangle$ は平均値を表す．このとき等分配の法則 (第 1 章の問題 (1.9)) が成り立つので，$\frac{1}{2}m^*\langle v_x^2\rangle = \frac{1}{2}m^*\langle v_y^2\rangle = \frac{1}{2}m^*\langle v_z^2\rangle = \frac{1}{2}k_\mathrm{B}T$ (T：格子温度) となり，

$$v_\mathrm{th} = \sqrt{\frac{3k_\mathrm{B}T}{m^*}} \tag{3.99}$$

なる関係がある．また金属のようにフェルミ準位 $\mathcal{E}_\mathrm{F}$ が伝導帯の中にあれば，パウリの排他律から，フェルミエネルギー付近のエネルギーをもつ電子しか電気伝導に寄与しないので，次式で与えられるフェルミ速度 v_F やフェルミ温度 T_F を定義すると便利である．

$$\frac{1}{2}m^*v_\mathrm{F}^2 = \mathcal{E}_\mathrm{F} = k_\mathrm{B}T_\mathrm{F} \tag{3.100}$$

電子はこのような大きさの速度 v_th や v_F をもって結晶中を乱雑にブラウン運動をしており，その速度の x, y, z 方向成分の平均値は $\langle v_x\rangle = \langle v_y\rangle = \langle v_z\rangle = 0$ と

なり，結局，$\langle \boldsymbol{v} \rangle = 0$ となる．したがって，電子の密度を n としたときの電流密度は $\boldsymbol{J} = n(-e)\langle \boldsymbol{v} \rangle = 0$ となる．つまり，電流は外部電界などが存在しなければ 0 である (図 3.13(a))．このようなブラウン運動は電子が衝突し散乱されるからで，衝突の相手は主に原子の格子振動や不純物である．このような熱運動をしている電子に外力 $\boldsymbol{F}$ として電界 $\boldsymbol{E}$ が作用すると ($\boldsymbol{F} = -e\boldsymbol{E}$)，図 3.13(b) のように電子は乱雑な運動をしながら電界と反対方向に流れ，平均として電界と反対方向の電子の速度が現れる．式 (3.83) にこの外力を代入すると

$$m^* \frac{d\boldsymbol{v}}{dt} = -e\boldsymbol{E} \tag{3.101}$$

なる関係が得られる．$t = 0$ の瞬間に電界 $\boldsymbol{E}$ が印加されたものとすると，式 (3.101) より

$$\boldsymbol{v}(t) = \boldsymbol{v}(0) - \frac{eE}{m^*} t \tag{3.102}$$

となる．ここに $\boldsymbol{v}(0)$ は電界が印加されていないときの $t=0$ における速度で，はじめに述べたようにブラウン運動の速度に対応し，その平均値は

$$\langle \boldsymbol{v}(0) \rangle = 0 \tag{3.103}$$

である．電子の速度は電界が印加されると電界と反対方向に毎秒 eE/m^* の割合で増加する．しかしこの電子は種々の散乱相手と衝突し，運動量を失う．衝突はランダムに起こり，ある電子に関して，衝突と衝突の間の平均時間 (衝突時間) を τ とする．電界を印加してから十分時間がたったある時刻に，多数の電子からなる系において，最後の衝突から今までに自由走行した時間の平均を求めると τ となる．したがって，電子の平均速度は

$$\langle \boldsymbol{v} \rangle = -\frac{e\tau}{m^*} \boldsymbol{E} \equiv -\mu \boldsymbol{E} \tag{3.104}$$

$$\mu = \frac{e\tau}{m^*} \tag{3.105}$$

となる．ここに μ は**移動度** (mobility) とよばれ，単位電界が印加されたときの電子の平均速度を与える．このとき，電子は図 3.13(b) に示したように衝突をくり返しながら，式 (3.104) で与えられる平均速度で電界と反対方向に流されていく．このようなことから，この電子の運動を**ドリフト運動**とよび，速度 $\langle \boldsymbol{v} \rangle$ のことを**ドリフト速度** (drift velocity) とよぶ．

結晶中の電子は，電界により加速され，衝突によって電界から得た運動量を失うという過程をくり返す．この様子を図 3.14 に示した．このような過程を考慮すると，電子の平均速度の時間的変化を次のように書くことができる (以下 $\boldsymbol{E}$ は交

(a) $\langle v \rangle = 0$, $\langle v^2 \rangle^{1/2} = v_{\text{th}}$ (b) $\langle v \rangle = v_{\text{d}}$, $\langle v^2 \rangle^{1/2} \fallingdotseq v_{\text{th}}$

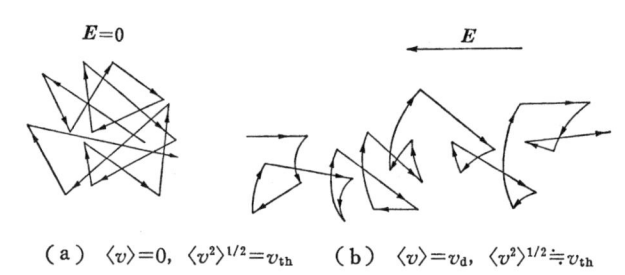

図 3.13 ブラウン運動とドリフト運動

流電界でもよい).

$$m^* \frac{\mathrm{d}\langle \boldsymbol{v} \rangle}{\mathrm{d}t} = -e\boldsymbol{E} - \frac{m^*\langle \boldsymbol{v} \rangle}{\tau} \tag{3.106}$$

上式の右辺第 1 項は単位時間に電界からもらう運動量の割合を，第 2 項は単位時間に散乱によって得る運動量の割合を表している．定常状態では $\mathrm{d}\langle v \rangle/\mathrm{d}t = 0$ であるから式 (3.104) となることは明らかである．

次に，定常状態に達して電子が平均速度 $\langle \boldsymbol{v} \rangle_0$ を得た後，$t = 0$ の瞬間に電界を 0 にしたとする．平均速度の時間変化は，式 (3.106) において $\boldsymbol{E} = 0$ とおき

$$\langle \boldsymbol{v}(t) \rangle = \langle \boldsymbol{v} \rangle_0 \exp(-t/\tau) \tag{3.107}$$

となる．これは電界からもらった平均速度 $\langle \boldsymbol{v} \rangle_0 = -e\boldsymbol{E}\tau/m^*$ を散乱によって失い，長い時間の後には $(t = \infty)$ $\langle \boldsymbol{v} \rangle = 0$ なるブラウン運動の状態にもどることを意味している．式 (3.107) は緩和関数の形となっており，時定数 τ は衝突あるいは散乱の緩和時間 (relaxation time) とよばれる (2.4.3 項参照．式 (2.87) と同じ形をしている).

単位体積中に n 個の電子があれば，上に求めた平均速度を用い電流密度は

$$\boldsymbol{J} = n(-e)\langle \boldsymbol{v} \rangle = \frac{ne^2\tau}{m^*}\boldsymbol{E} = ne\mu\boldsymbol{E} \equiv \sigma\boldsymbol{E} \tag{3.108}$$

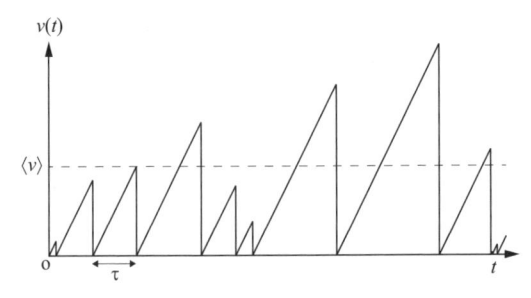

図 3.14 電子の衝突とドリフト速度

となりオームの法則が導かれる．ここに σ は導電率で抵抗率 ρ との間に

$$\sigma = \frac{1}{\rho} = \frac{ne^2\tau}{m^*} = ne\mu \tag{3.109}$$

の関係がある．一般に，電子と正孔が同時に存在する場合にはそれぞれの密度を n, p, 有効質量を m_{e}^*, m_{h}^*, 緩和時間を τ_{e}, τ_{h} とするとドリフト速度はそれぞれ

$$\langle \boldsymbol{v}_{\mathrm{e}} \rangle = -\frac{e\tau_{\mathrm{e}}}{m_{\mathrm{e}}^*} \boldsymbol{E} = -\mu_{\mathrm{e}} \boldsymbol{E} \tag{3.110a}$$

$$\langle \boldsymbol{v}_{\mathrm{h}} \rangle = +\frac{e\tau_{\mathrm{h}}}{m_{\mathrm{h}}^*} \boldsymbol{E} = +\mu_{\mathrm{h}} \boldsymbol{E} \tag{3.110b}$$

となる．ここに μ_{e}, μ_{h} は電子と正孔の移動度である．このときの全電流密度は

$$\boldsymbol{J} = n(-e)\langle \boldsymbol{v}_{\mathrm{e}} \rangle + pe\langle \boldsymbol{v}_{\mathrm{h}} \rangle = \left(\frac{ne^2\tau_{\mathrm{e}}}{m_{\mathrm{e}}^*} + \frac{pe^2\tau_{\mathrm{h}}}{m_{\mathrm{h}}^*} \right) \boldsymbol{E}$$

$$= (ne\mu_{\mathrm{e}} + pe\mu_{\mathrm{h}})\boldsymbol{E} \tag{3.111}$$

で与えられる．

3.8 マッティーセンの法則

電子が衝突と衝突の間に走る平均距離を**平均自由行程** (mean free path) とよぶ．前節で述べたように，電子は熱速度 v_{th} でブラウン運動をしており，電界が印加されると，このブラウン運動に重畳してドリフト運動が起こる．金属の場合には熱速度の代わりにフェルミ速度 v_{F} を考えればよい．通常の条件の下では $v_{\mathrm{d}}/v_{\mathrm{F}} \ll 1$, $v_{\mathrm{d}}/v_{\mathrm{th}} \ll 1$ が成立するので電子は衝突と衝突の間はフェルミ速度 v_{F} あるいは熱速度 v_{th} で運動しているものと考えられる．このとき平均自由行程は

$$l = \tau v_{\mathrm{F}} \quad \text{または} \quad l = \tau v_{\mathrm{th}} \tag{3.112}$$

となる．そこで，式 (3.18), 式 (3.19), 式 (3.109) を用い $m^* = m$ と仮定して，表 3.1 と $0°$ C における導電率の値から τ と l を計算すると表 3.2 のようになる．

たとえば，Ag では $\mathcal{E}_{\mathrm{F}}(0) = 5.5\,\mathrm{eV}$ であるから $v_{\mathrm{F}} = 1.4 \times 10^6\,\mathrm{m/s}$ となる．$0°\mathrm{C}$ における導電率 $\sigma = 6.2 \times 10^7\,\Omega^{-1}\cdot\mathrm{m}^{-1}$ を式 (3.109) に代入すると $\tau = 3.8 \times 10^{-14}\,\mathrm{s}$ が求まり，電子の平均自由行程は $l = 52.4 \times 10^{-9}\,\mathrm{m} = 52.4\,\mathrm{nm}$ となる．つまり，電子は衝突と衝突の間に $52.4\,\mathrm{nm}$ 走り，原子間隔 $a = 0.256\,\mathrm{nm}$ の約 200 倍に相当している．したがって，電子が静止した格子原子に衝突していると考えるのは不合理である．衝突相手の散乱断面積を σ_{t} とし，その散乱体の密度を N_{s} とすると

表 3.2 代表的な金属の $0°C$ における導電率から計算した衝突の緩和時間と平均自由行程

金属	原子あたりの電子数	フェルミ速度 v_F $[\times 10^6 \text{ m/s}]$	導電率 σ $[\times 10^7 /\Omega \cdot \text{m}]$	緩和時間 τ $[\times 10^{-15} \text{ s}]$	平均自由行程 l $[\times 10^{-9} \text{ m}]$
Li	1	1.29	1.07	8.1	10.4
Na	1	1.07	2.11	28.3	30.2
K	1	0.86	1.39	35.2	30.4
Cu	1	1.57	5.88	24.7	38.8
Ag	1	1.39	6.21	37.7	52.4
Au	1	1.39	4.55	27.4	38.2

$$\frac{1}{l} = N_s \sigma_t \quad \text{つまり} \quad l = \frac{1}{N_s \sigma_t} \tag{3.113}$$

の関係がある (問題 (3.8) とその解答を参照). そこで, 電子が Ag^+ に弾性衝突を行うとして Ag^+ のイオン半径を $r \fallingdotseq 0.1$ nm 程度とすれば $\sigma_t = \pi r^2 \sim 3 \times 10^{-20} \text{ m}^2$ となる. これを用いると $l = 1/(N_s \sigma_t) = a^2/\sigma_t \sim 5 \times 10^{-10}$ m $= 0.5$ nm となり, 導電率から計算した値の約 $1/100$ となり不合理であることがわかる.

電子の散乱相手には種々のものが考えられるが, そのうちもっとも重要なものは, 格子原子の熱振動による平衡位置からのずれと, 結晶内に混在するイオン化した不純物である. 格子振動による電子の散乱の厳密な取扱いは専門書[*8]にゆずるが, 定性的には次のように考えれば理解しやすい. 質量 M の各原子の平衡位置からのずれを ξ とすると, 全エネルギーは

$$\mathcal{E} = \frac{M}{2}\left(\frac{d\xi}{dt}\right)^2 + \frac{1}{2}k_0\xi^2 \tag{3.114}$$

となる. そこで等分配の法則を考えると 1 自由度あたりの平均エネルギーは $k_B T/2$ つまり

$$\langle \mathcal{E} \rangle = \frac{M}{2}\left\langle \left(\frac{d\xi}{dt}\right)^2 \right\rangle + \frac{1}{2}k_0\langle \xi^2 \rangle = \frac{1}{2}k_B T + \frac{1}{2}k_B T \tag{3.115}$$

となるから $\langle \xi^2 \rangle = k_B T/k_0 \ (= k_B T/M\omega_0^2, \ \omega_0^2 = k_0/M)$ となる. したがって散乱断面積は $\sigma_t \fallingdotseq \pi \langle \xi^2 \rangle = (\pi/k_0)k_B T$ となり

$$l = \frac{k_0}{N_s \pi k_B T} \tag{3.116}$$

が得られる. これより

$$\tau = \frac{l}{v_F} = \frac{k_0}{\pi N_s v_F k_B T} \equiv AT^{-1} \tag{3.117}$$

[*8] 浜口智尋: 半導体物理 (朝倉書店) 第 6 章, C. Hamaguchi: "*Basic Semiconductor Physics*", (Springer) Chapter 6 を参照.

となる.ここに $A = k_0/(\pi N_s v_F k_B)$ は物質定数である.これを式 (3.109) に代入すると

$$\rho = \frac{m^*}{ne^2}\frac{1}{\tau} = \frac{m^*}{ne^2 A}T \tag{3.118}$$

となり,電気抵抗は絶対温度に比例するというよく知られた法則を導くことができる.この法則は仮定により等分配の法則が成立する高温領域であてはまるものである.さらに,他の散乱原因が存在する場合には散乱確率 $1/\tau$ に関して

$$\frac{1}{\tau} = \sum_i \frac{1}{\tau_i} \tag{3.119}$$

の和の法則が成立するので,格子振動と不純物イオンによる散乱の緩和時間をそれぞれ,τ_L,τ_I とすると

$$\rho = \frac{m^*}{ne^2}\frac{1}{\tau} = \frac{m^*}{ne^2}\left(\frac{1}{\tau_I} + \frac{1}{\tau_L}\right) \tag{3.120}$$

となるので,τ_L に式 (3.117) の結果を用いると

$$\rho = \frac{m^*}{ne^2}\left(\frac{1}{\tau_I} + \frac{1}{\tau_L}\right) = \rho_I(1 + \alpha T) \tag{3.121}$$

が得られる.ここに $\rho_I = m^*/(ne^2\tau_I)$ で $\alpha = \tau_I/A$ である.$1/\tau_I$ は不純物イオンの数 N_I に比例するので ρ_I は N_I に比例する.式 (3.121) の関係はマッティーセンの法則 (Matthiessen's law) として知られており,α は金属の温度係数としてよく用いられるものである.一例として Cu-Ni 合金の ρ と T の関係を図 3.15 に示す.

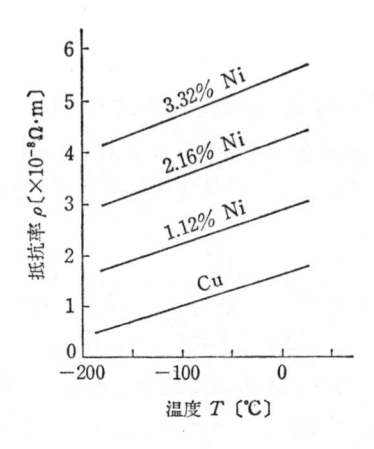

図 3.15 Cu および Cu-Ni 合金の抵抗率の温度変化

3.9 熱 伝 導

固体中に温度こう配があると，そのこう配と反対方向にエネルギーの流れ(熱流)が生ずる．温度こう配を dT/dx で表したとき，熱流 W_x は

$$W_x = -K \cdot \frac{dT}{dx} \tag{3.122}$$

となり，比例定数 K は**熱伝導率** (thermal conductivity) とよばれる．W_x を $[W/m^2]$，dT/dx を $[K/m]$ で表すと K は $[W/m \cdot K]$ となる．通常の温度領域では絶縁体よりも金属の方がはるかに大きな熱伝導率を有することは経験によってよく知られている．これは伝導電子が熱伝導を支配していて，絶縁体では格子振動によってわずかの熱流が生ずるのみであると考えれば理解される．表 3.3 はいくつかの物質についての室温における熱伝導率を示したものである．

表 3.3 室温における熱伝導率

物 質	K [W/m·K]	物 質	K [W/m·K]
Ag	462	石 英 ($\parallel c$ 軸)	12.6
Cu	385	($\perp c$ 軸)	6.7
Al	209	カーボン	4.2
Fe	67	ガラス (窓)	1.0
Ni	54	マイカ ($\perp$ へき開面)	0.75
コンスタンタン (60 Cu, 40 Ni)	22.5		

いま金属を考え，伝導電子による熱伝導を求めてみよう．x 軸方向の温度こう配 dT/dx がある場合，電子の平均エネルギーも x の関数となる．$x = 0$ における電子の平均エネルギーを $\mathcal{E}(0)$ とし，$x = \Delta x$ の面における電子の平均エネルギー $\mathcal{E}(\Delta x)$ は

$$\mathcal{E}(\Delta x) = \mathcal{E}(0) + \frac{d\mathcal{E}}{dx}\Delta x = \mathcal{E}(0) + \frac{d\mathcal{E}}{dT}\frac{dT}{dx}\Delta x \tag{3.123}$$

で与えられる．熱流 W_x は伝導電子が単位時間にこの $x = 0$ の面を通過することによって運ぶ正味のエネルギーを計算すれば求まる．x 方向の速度 v_{x_i} をもった電子の密度を n_i とすると，平面 $x = 0$ の単位面積を通過する電子の数は $n_i v_{x_i}$ である．いま，$x = -\Delta x_i$ の点で最後に衝突を受けた後，$x = 0$ の面を x 方向に流れる熱流は式 (3.123) より

$$W_x = \sum_i \left[\mathcal{E}(0) - \frac{d\mathcal{E}}{dT}\frac{dT}{dx}\Delta x_i \right] v_{x_i} \tag{3.124}$$

で与えられる．ここで $\sum_i$ は単位体積中のすべての電子についての和を意味する．上式の右辺第1項の和は，$\pm x$ 方向の速度をもった電子が同数ずつ存在することから0となるので

$$W_x = -\sum_i \frac{d\mathcal{E}}{dT}\frac{dT}{dx} v_{x_i} \Delta x_i = -n\frac{d\mathcal{E}}{dT}\frac{dT}{dx}\langle v_x \Delta x \rangle \tag{3.125}$$

となる．ここに n は単位体積中の電子密度で $\langle v_x \Delta x \rangle$ は $v_x \Delta x$ の平均値を表している．Δx は上の仮定から平均自由行程 l に対応していることがわかる．電子の運動は3次元的であるから，図3.16を参考にすれば $\Delta x = l\cos\theta$ となり，式(3.125)は次のように書ける．

$$W_x = -n\frac{d\mathcal{E}}{dT}\frac{dT}{dx}\langle v\cos\theta \cdot l\cos\theta \rangle = -\frac{1}{3}n\frac{d\mathcal{E}}{dT}\frac{dT}{dx}\langle vl \rangle \tag{3.126}$$

ここに

$$\langle \cos^2\theta \rangle = \frac{\int_0^\pi \cos^2\theta \sin\theta d\theta}{\int_0^\pi \sin\theta d\theta} = \frac{1}{3} \tag{3.127}$$

なる関係を用いた．

金属の場合．v はフェルミ速度 v_F として，l はフェルミ速度をもった電子の平均自由行程と考えることができるので，結局

$$W_x = -\frac{1}{3}n\frac{d\mathcal{E}}{dT}\frac{dT}{dx}v_F l \tag{3.128}$$

となる．一方，$d\mathcal{E}/dT$ は金属の電子比熱で，式(3.25)より求まり，これを用いると

$$W_x = -\frac{1}{3}\frac{n\pi^2 k_B^2 T\tau}{m^*}\frac{dT}{dx} \equiv -K\frac{dT}{dx} \tag{3.129}$$

$$K = \frac{1}{3}\frac{n\pi^2 k_B^2 T\tau}{m^*} \tag{3.130}$$

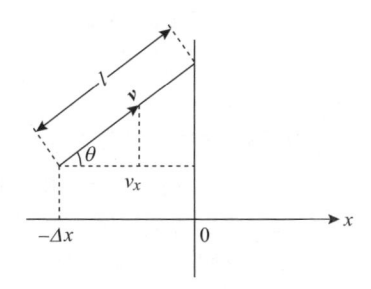

図 3.16 x 方向と角 θ をなす方向に平均自由行程 l の電子の x 方向の平均自由行程

となる．たとえばAgを考え $T = 300$ K, $n = 5.9 \times 10^{28}$ m^{-3}, $\tau = 3.8 \times 10^{-14}$ s, $m^* = m$ とすると $K = 455$ W/m·K となり，表3.3とかなりよい一致を示す．

導電率 σ の大きい金属では熱伝導率 K も大きいが，これは一般に成立し次のように証明される．σ に対して式(3.109)を用いると，式(3.130)より

$$\frac{K}{\sigma} = \frac{\pi^2}{3}\frac{k_B^2}{e^2}T \quad \text{または} \quad \frac{K}{\sigma T} = \frac{\pi^2}{3}\frac{k_B^2}{e^2} \equiv L \tag{3.131}$$

となり，$K/\sigma T$ は定数 $L = 2.44 \times 10^{-8}$ W·Ω/K^2 となる．これをヴィーデマン・フランツの法則(Wiedemann–Franz law)とよび，L をローレンツ(Lorenz)数とよぶ．この法則は表3.4に示すように種々の金属における実験で確かめられている．

表 3.4 金属におけるローレンツ数 L の実測値 (10^{-8} W·Ω/K^2)

金属	0°C	100°C	金属	0°C	100°C
Ag	2.31	2.37	Pb	2.47	2.56
Au	2.35	2.40	Pt	2.51	2.60
Cu	2.23	2.33	Sn	2.52	2.49
Cd	2.42	2.43	W	3.04	3.20
Mo	2.61	2.79	Zn	2.31	2.33

3.10 超 伝 導

ある種の金属の電気抵抗は極低温(約20Kより低温)になると突然0になる．この現象を最初に見出したのはカメルリン・オンネス(Kamerlingh Onnes)で，彼は1911年水銀(Hg)の抵抗を4.2K近辺で測定していて，図3.17のように非常に狭い温度範囲で突然電気抵抗が0に変化するのを見出した．このような現象を通常の電気伝導(常伝導)の状態から臨界温度(転移温度)T_cで超伝導の状態に**相転移**したといい，超伝導体を流れる電流を**超伝導電流**とよぶことがある．超伝導電流は3.7～3.8節で述べたオームの法則にしたがう電流の極限ではなく，まったく別の状態での電気伝導機構によるものであり，後で述べるように磁気的な性質と密接な関係がある．超伝導体を外部磁界中におきその磁界強度を増していくと，ある**臨界磁界**で常伝導状態になる．超伝導を示す金属の臨界温度 T_c と臨界磁界 H_c をまとめたのが表3.5である．もちろん，この表以外にももっと低温になると超伝導を示す物質もあり，ある種の半導体では約0.01Kで超伝導を示すことも報告されている．また，比較的臨界温度の高いものとしては金属間化合物が

あり，代表的なものを表3.6にあげた．さらに，1980年代に発見された銅酸化物超伝導体は，転移温度が液体窒素温度 (77 K) を超え，高温超伝導体とよばれる．

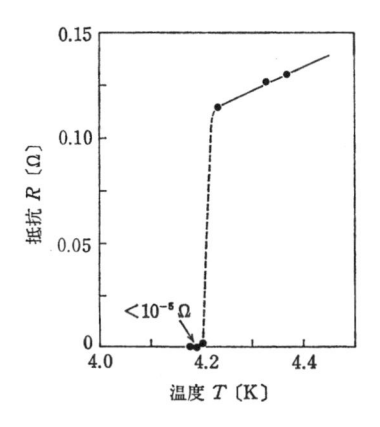

図 3.17 カメルリン・オンネスによる水銀の抵抗 − 温度の関係

表 3.5 金属元素の臨界温度 T_c と臨界磁界 H_c

元素	T_c [K]	H_c [10^{-4} T]	元素	T_c [K]	H_c [10^{-4} T]
Al	1.180	105	La (fcc)	6.00	1100
Ti	0.39	100	Ta	4.483	830
V	5.38	1420	W	0.012	1.07
Zn	0.875	53	Re	1.698	198
Ga	1.091	51	Os	0.655	65
Zr	0.546	47	Ir	0.13	19
Nb	9.20	1980	Hg(α)	4.153	412
Mo	0.92	96	Tl	2.39	171
Tc	7.77	1410	Pb	7.193	803
Ru	0.51	70	Th	1.368	1.62
Cd	0.56	30	Pa	1.4	
In	3.404	293	U(α)	0.68	
Sn(W)	3.722	309			

　超伝導を示すリング状をした導体を，臨界温度よりも高い温度にして磁界中におき T_c 以下に冷却した後，磁界を急に切ると誘導起電力によってはじめの磁束を保つような電流がリングに流れる．この電流は半永久的に流れ，その減衰時定数は測定より 100 年以上続くと予想されている．このようなことから，この電流を永久電流とよぶ．

　超伝導体を弱磁界中におくと，図 3.18 に示すように内部の磁束は 0 となる．こ

表 3.6 超伝導を示す化合物の臨界温度 T_c

化 合 物	T_c [K]	化 合 物	T_c [K]
Nb_3Sn	18.05	V_3Ga	16.5
$Nb_3(Al_{0.8}Ge_{0.2})$	20.9	V_3Si	17.1
Nb_3Al	17.5	UCo	1.70
Nb_3Au	11.5	La_3In	10.4
NbN	16.0	Ti_3Co	3.44
MoN	12.0		

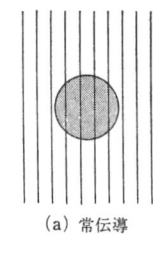

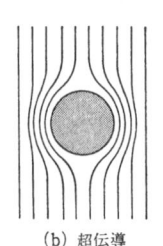

図 3.18 常伝導球と超伝導球における磁束分布

れは磁性のところで述べるように磁束 B と磁界 H および磁化 M の間の式を使って

$$B = \mu_0(H + M) \tag{3.132}$$

の関係があるので,

$$B = 0, \quad M = -H \tag{3.133}$$

の関係を満たしており,磁化ベクトル M が印加磁界と反対方向を向いているので反磁性的であり,完全反磁性体のようにふるまっていることになる.これをマイスナー効果 (Meissner effect) とよぶ.

3.10.1 第一種超伝導体

超伝導を示す円筒形の試料をその軸方向が外部磁界と平行になるようにおき,臨界温度以下に保って外部磁界を増していくと,臨界磁界以下では式 (3.133) の関係が成立し,臨界磁界以上では常伝導体となるので,外部磁界と磁化 M との間には図 3.19 のような関係が成立する.このような形の磁化曲線を示す物質を**第一種超伝導体**とよぶ.この種の超伝導体では H_c の温度依存性は次の式でよく近似される.

$$H_c(T) = H_0 \left\{ 1 - \left(\frac{T}{T_c}\right)^2 \right\} \tag{3.134}$$

$\mu_0 H_0$ は 10^{-2}〜10^{-1} T (10^2〜10^3 G) であり，大きな磁界を得ることができないので磁界発生用のコイルとしては適さない．元素超伝導体の多くはこれに属する．

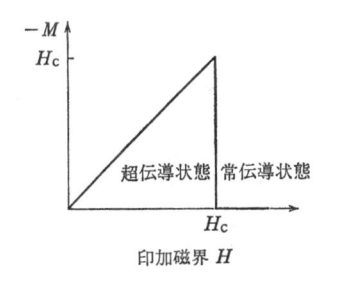

図 3.19　第一種超伝導体の磁界–磁化曲線．完全反磁性 (マイスナー効果) を示す．

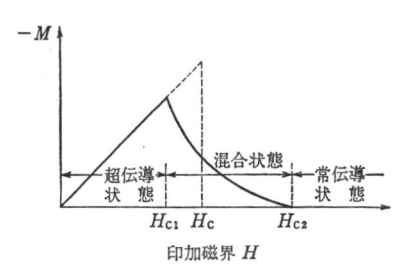

図 3.20　第二種超伝導体の磁化曲線

3.10.2　第二種超伝導体

Nb や V あるいは多くの化合物超伝導体における超伝導状態の磁化曲線を調べると，図 3.20 に示すように熱力学的な臨界磁界 H_c よりも低い第一臨界磁界 H_{c1} で磁束は試料内に侵入しはじめ，H_c よりも高い第二臨界磁界 H_{c2} で侵入が完了し正常伝導状態へと相転移する．このような物質を**第二種超伝導体**とよぶ．磁界が H_{c1} と H_{c2} の間にあるとき試料は**混合状態**にあるといわれ，磁束はうず糸とよばれる形で侵入している．うず糸とは，磁界に平行な半径 10^{-8} m 以下の円筒状の領域が正常伝導状態になっており，そこにいくらかの磁束が侵入し，これをとりまいて環状電流が流れている状態のことをよぶ．H_{c2} は試料によっては H_c の 100 倍にもなるので磁界発生用超伝導材料として用いられる．第二種超伝導体の臨界磁界の温度依存性を図示すると図 3.21 のようになる．

いくつかの超伝導元素についての臨界磁界の温度依存性 $H_c(T)$ を図 3.22(a) に，また高い臨界磁界を有する超伝導化合物の第二臨界磁界の温度依存性 H_{c2} を図 3.22(b) に示す．

3.10.3　ロンドン方程式

マイスナー効果を現象論的に説明するロンドン方程式について述べる．電界 $\boldsymbol{E}$ の下で超伝導電子の運動は式 (3.106) の衝突の項を取り除き

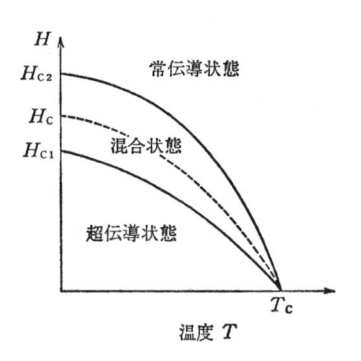

図 3.21　第二種超伝導体における臨界磁界の温度依存性

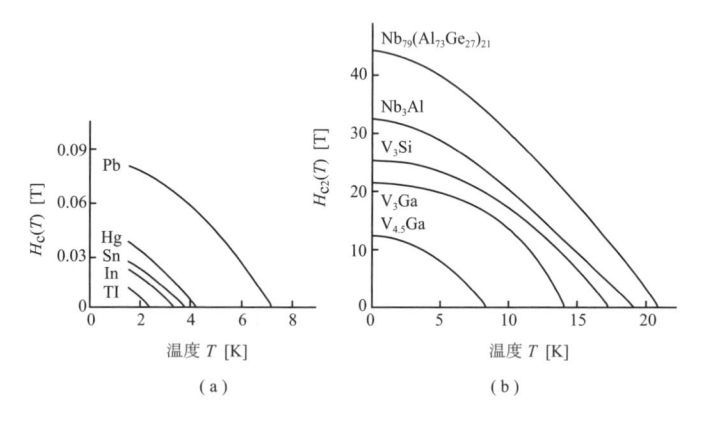

図 3.22　超伝導元素の臨界磁界の温度依存性 (a)．高磁界超伝導体の第二臨界磁界の温度依存性 (b)

$$m\dot{\boldsymbol{v}} = -e\boldsymbol{E} \tag{3.135}$$

となる ($\dot{\boldsymbol{v}} = \mathrm{d}\boldsymbol{v}/\mathrm{d}t$)．電流密度 $\boldsymbol{J}$ は $\boldsymbol{J} = n(-e)\boldsymbol{v}$ で与えられるから

$$\dot{\boldsymbol{J}} = -ne\dot{\boldsymbol{v}} = \frac{ne^2}{m}\boldsymbol{E} \tag{3.136}$$

となる (超伝導体では電流はこのように時間とともに増大するわけでないから $\boldsymbol{E}$ は 0 であるが便宜上この式が使えるものとする)．マクスウェルの方程式より $\nabla \times \boldsymbol{E} = -\partial \boldsymbol{B}/\partial t$ を用いると

$$\nabla \times \dot{\boldsymbol{J}} = \frac{ne^2}{m}\nabla \times \boldsymbol{E} = -\frac{ne^2}{m}\dot{\boldsymbol{B}} = -\frac{ne^2}{m}\nabla \times \dot{\boldsymbol{A}} \tag{3.137}$$

となる．ここに $\boldsymbol{A}$ はベクトルポテンシャルで $\nabla \times \boldsymbol{A} = \boldsymbol{B}$ なる関係を用いた．これより

$$\frac{\partial}{\partial t}\nabla \times \left(\boldsymbol{J} + \frac{ne^2}{m}\boldsymbol{A}\right) = 0 \tag{3.138}$$

つまり

$$\boldsymbol{J} = -\frac{1}{\mu_0 \Lambda^2}\boldsymbol{A}, \quad \Lambda^2 = \frac{m}{ne^2\mu_0} \tag{3.139}$$

を得る．ここにに μ_0 は真空の透磁率である．式 (3.139) をロンドン方程式 (London equation) とよぶ．マクスウェルの式より

$$\nabla \times \boldsymbol{B} = \mu_0 \boldsymbol{J} \tag{3.140}$$

で，$\nabla \times (\nabla \times \boldsymbol{B}) = \nabla(\nabla \cdot \boldsymbol{B}) - \nabla^2 \boldsymbol{B} = -\nabla^2 \boldsymbol{B}$ であるから，式 (3.139)，(3.140) より

$$\nabla^2 \boldsymbol{B} = \frac{1}{\Lambda^2}\boldsymbol{B} \tag{3.141}$$

となる．超伝導体の表面が yz 面にあり $x < 0$ の領域は真空であるとする．磁界は z 方向を向いているものとすると，その大きさは x の関数となり $x \to \infty$ で有限の解をもつためには式 (3.141) の解は次のようになる．

$$B_z(x) = B_z(0)\exp(-x/\Lambda) \tag{3.142}$$

$B_z(0)$ は超伝導体表面の磁束で，超伝導体の表面からおよそ距離 Λ くらい内部に入ると磁束密度はほぼ $1/e$ になってしまうことを表しており，Λ は**磁束侵入長**を表している．このようにロンドン方程式を用いるとマイスナー効果がうまく説明される．電子密度として金属内の電子密度 $n \fallingdotseq 10^{28}\,\mathrm{m}^{-3}$ を用いると Λ は $10^{-7} \sim 10^{-8}\,\mathrm{m}$ となる．

3.10.4 BCS 理論

3.1 節で述べたように，相互作用がない金属中の電子は，絶対零度で，フェルミエネルギー ε_F まで完全につまった基底状態となっている．電子間に相互作用がなければ励起状態は図 3.23 のようにフェルミ面内の電子を取り出し (フェルミ面内に正孔をつくり) フェルミ面外に電子をつくることによって得られる．この励起状態のとり方は多数あり，$T \neq 0$ ではこの電子状態は統計的なゆらぎをともなっていることになる．クーパー (Cooper) は，電子間に格子振動に起因する弱い引力ポテンシャル $-V$ が働く場合，電子は全運動量が 0 となるような対をつくって基底状態を形成するとして超伝導を説明することを試みた (図 3.24)．フェルミエネルギー付近の $\hbar\omega$ 程度の幅に存在する，波数ベクトル $\boldsymbol{k}$，スピン上向きの $\boldsymbol{k}\uparrow$ なる電子と，波数ベクトル $-\boldsymbol{k}$，スピン下向きの $-\boldsymbol{k}\downarrow$ の電子対が束縛状

態をつくっているものとする. このような電子対を**クーパー対** (Cooper pair) とよぶことがある. クーパーによれば, このクーパー対の結合エネルギー $\mathcal{E}_B$ は

$$\mathcal{E}_B \fallingdotseq \hbar\omega \exp\left[-\frac{1}{\rho(\mathcal{E}_F)V}\right] \quad (\rho(\mathcal{E}_F)V \ll 1) \tag{3.143}$$

となる. ここに $\rho(\mathcal{E}_F)$ はフェルミ面での電子の状態密度である. $\mathcal{E}_B$ を $k_B T_c$ 程度と考え, デバイ温度 θ_D ($k_B \theta_D = \hbar\omega$) を用いると

$$T_c = \theta_D \exp\left[-\frac{1}{\rho(\mathcal{E}_F)V}\right] \tag{3.144}$$

なる関係が成立する. もしクーパーの考えが正しければ, 原子の質量を M として, 式 (1.57), (1.58) より $\hbar\omega = k_B \theta_D \propto M^{-1/2}$ なる関係が成立するから, 式 (3.144) より

$$T_c M^{1/2} = 一定 \tag{3.145}$$

の関係が得られる. これは超伝導体の同位体効果として観測されている. たとえば, 水銀 (Hg) の同位体を用いると, 元素質量 M を原子量単位で 199.5 から 203.4 まで変化させることができ, これに応じて臨界温度 T_c は 4.185 K から 4.146 K まで変化し, 図 3.25 のように, 式 (3.145) の関係でよく表される.

上のような結果は, 超伝導状態では, 格子振動つまり電子と格子振動の間の相互作用が重要な働きをしていることを意味しているものと考えられる. この問題に解決を与えたのは Bardeen, Cooper と Schrieffer で通常 **BCS 理論**とよばれる [*9]. BCS 理論によれば超伝導は格子振動に起因する電子間の弱い引力相互作用によって起こる. 電子は $-e$ の電荷をもっているから, 電子間にはクーロン反

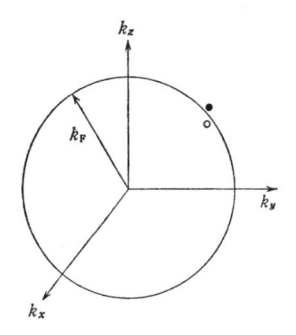

図 **3.23** フェルミ面近傍における電子の励起 (電子間相互作用なし)

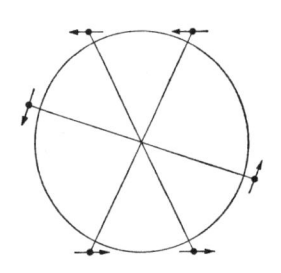

図 **3.24** クーパー対 (フォノンを介して対間で散乱される)

[*9] J. Bardeen, L. N. Cooper, and J. R. Schrieffer: Phys. Rev., **108**, 1175(1957).

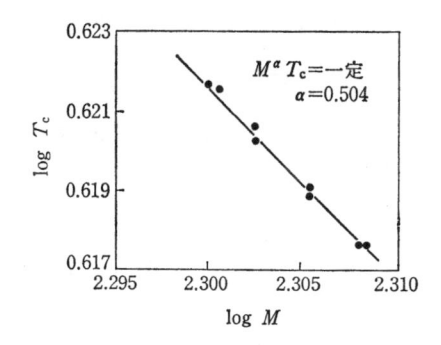

図 3.25 Hg の同位体効果

発力が作用し，この作用は，正常および超伝導状態のどちらの場合にも存在する．ある電子の放出したフォノン (格子振動を量子化したもの) を別の電子が吸収したとすると，この2個の電子はフォノンを介して互いに運動量を交換することになる．このようにして2個の電子はフォノンを介して相互作用するが，フェルミ面付近の電子対に対してこの力が引力となり，クーロン反発力より強くなると，差し引き電子間に弱い引力が作用し電子対ができ，超伝導状態が実現される．これがBCS理論の本質である．

BCS状態では $k\uparrow$ の状態が占められておれば $-k\downarrow$ も必ず占められており．$k'\uparrow$ が空であれば．$-k'\downarrow$ も空である．フォノンを介した相互作用において，フォノンは中間状態として現れるだけであるので，相互作用の始状態と終状態はフォノンのない状態でもよい．そのため．$T=0$ でもこの相互作用は存在する．$T=0$ の超伝導状態では，フェルミ面近傍のすべての電子は対をつくって基底状態になっている．したがって，この対をこわして正常伝導の単一の電子をつくるには有限のエネルギー $2\Delta_0$ が必要である．つまり，基底状態と $2\Delta_0$ の間にはエネルギー状態がなく，禁止帯が存在することになる．これを**超伝導ギャップ**とよぶことがある．超伝導の様々な性質は，この超伝導ギャップによって説明される．BCS理

表 3.7 超伝導を示す元素の $T=0$ におけるエネルギーギャップ

元 素	$2\Delta_0(0)$ [10^{-4}eV]	$2\Delta(0)/k_B T_c$	元 素	$2\Delta_0(0)$ [10^{-4}eV]	$2\Delta(0)/k_B T_c$
Al	3.4	3.3	In	10.5	3.6
V	16.0	3.4	Sn(W)	11.5	3.5
Zn	2.4	3.2	La(fcc)	19	3.7
Ga	3.3	3.5	Ta	14	3.60
Nb	30.5	3.80	Hg(α)	16.5	4.6
Mo	2.7	3.4	Tl	7.35	3.57
Cd	1.5	3.2	Pb	27.3	4.38

論によれば $T=0$ における超伝導ギャップの半分 $\Delta_0(0)$ は

$$\Delta_0(0) \fallingdotseq \hbar\omega \exp\left[-\frac{1}{\rho(\mathcal{E}_{\mathrm{F}})V}\right] \tag{3.146}$$

で与えられる．ここに V は電子－格子振動相互作用の強さを表す量である．また臨界温度 T_{c} は

$$k_{\mathrm{B}}T_{\mathrm{c}} = 1.14\hbar\omega \exp\left[-\frac{1}{\rho(\mathcal{E}_{\mathrm{F}})V}\right] \tag{3.147}$$

となり，超伝導ギャップ $2\Delta_0(0)$ と臨界温度との間には

$$2\Delta_0(0) = 3.52 k_{\mathrm{B}} T_{\mathrm{c}} \tag{3.148}$$

なる関係が成立する．$T_{\mathrm{c}} \fallingdotseq 1\,\mathrm{K}$ のとき，$2\Delta_0$ は $10^{-4}\,\mathrm{eV}$ 程度の値となり，フェルミエネルギーの数 eV に比べれば非常に小さい．$2\Delta_0$ の値を表 3.7 に示した．

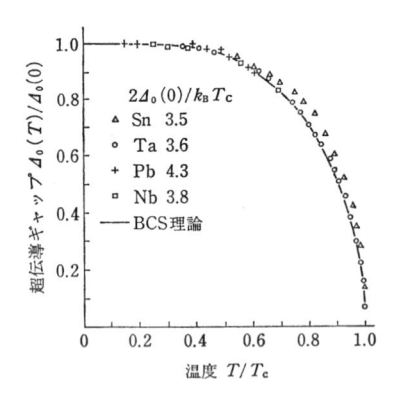

図 3.26 超伝導ギャップの温度依存性

超伝導ギャップは温度の関数となり，図 3.26 のように，$T=0$ から温度が上昇するにつれ減少し，$T=T_{\mathrm{c}}$ で 0 となり超伝導は消え正常伝導状態へと相転移する．図には比較のため実験で求めた Δ_0 の温度依存性を Sn, Ta, Pb, Nb について示してある．

超伝導体の状態密度 $\rho_{\mathrm{s}}(\mathcal{E})$ は $|\mathcal{E}| < \Delta_0$ では 0 で，$|\mathcal{E}| > \Delta_0$ では

$$\rho_{\mathrm{s}}(\mathcal{E}) = \frac{\rho(\mathcal{E}_{\mathrm{F}})|\mathcal{E}|}{(\mathcal{E}^2 - \Delta_0^2)^{1/2}} \tag{3.149}$$

で与えられる．ここに $\rho(\mathcal{E}_{\mathrm{F}})$ は正常伝導状態におけるフェルミ面での状態密度である．これを図示すれば図 3.27 のようになり，フェルミ準位の上下に Δ_0 のエネルギー禁止帯をもつ．この禁止帯は，格子振動と電子の相互作用により電子対を

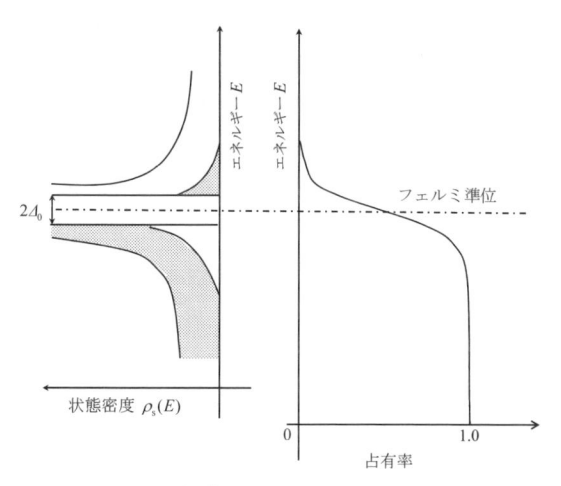

図 3.27 超伝導体のエネルギー帯図と電子分布

つくることによってできたものである．超伝導状態は，電子がクーパー対をつくることに起因している．この場合のクーパー対を表す波動関数は時刻 t，平均位置 $\boldsymbol{r} = (\boldsymbol{r}_1 + \boldsymbol{r}_2)/2$ に対して

$$\Psi(\boldsymbol{r}, t) = \Psi_0 \exp(\mathrm{i}\theta) \tag{3.150}$$

と書ける．ここに Ψ_0 は電子対波動関数の振幅を表し，θ は電子対波動関数の位相を表すもの ($\boldsymbol{r}$ の関数) で，超伝導状態を記述するのに重要な因子である．ベクトルポテンシャル $\boldsymbol{A}$ がある場合の一般化した速度は，$\boldsymbol{v} = (\boldsymbol{p} - q\boldsymbol{A})/m$ となるが[*10]，電子対をつくっているので $q = -2e$ と考えるべきである．この結果，超伝導電子の速度 $\boldsymbol{v}_\mathrm{s}$ は次のようになる．

$$\boldsymbol{v}_\mathrm{s} = \langle \Psi | \boldsymbol{v} | \Psi \rangle = \frac{1}{m}(\hbar \nabla \theta - q\boldsymbol{A}) \tag{3.151}$$

したがって，電流密度 $\boldsymbol{J}_\mathrm{s}$ は，電子密度を n_s として

$$\boldsymbol{J}_\mathrm{s} = n_\mathrm{s} q \boldsymbol{v}_\mathrm{s} = \frac{n_\mathrm{s} q}{m}(\hbar \nabla \theta - q\boldsymbol{A}) \tag{3.152}$$

となり，θ が一様であれば $\nabla \theta = 0$ となり，$\boldsymbol{v}_\mathrm{s}$ は $\boldsymbol{A}$ に比例し，先に求めたロンドンの式 (3.139) が導かれる．超伝導リングを考え，ストークスの定理を用いると

$$\oint_C \boldsymbol{A} \cdot \mathrm{d}\boldsymbol{l} = \int_C (\nabla \times \boldsymbol{A}) \cdot \mathrm{d}\boldsymbol{s} = \int_C \boldsymbol{B} \cdot \mathrm{d}\boldsymbol{s} = \Phi \tag{3.153}$$

が成立するが，リングを 1 周する積分では

[*10] 浜口智尋：固体物性 (上)(丸善)p.247，式 (7.244)，($q = -e$)

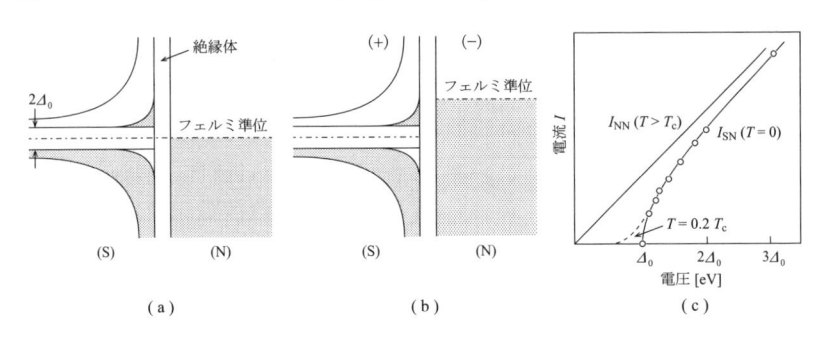

図 3.28　超伝導体 (S)，絶縁体と常伝導金属 (N) のエネルギー帯図とその電流–電圧特性

$$\oint \nabla \theta \cdot d\boldsymbol{l} = 2\pi n \quad (n：整数) \tag{3.154}$$

が成り立たなければならない[*11]．これらの関係を用いると

$$2\pi \hbar n = q\Phi \tag{3.155}$$

あるいは，磁束 Φ は

$$\Phi = \frac{2\pi \hbar}{q}n = \frac{\pi \hbar}{e}n = \Phi_0 n \tag{3.156}$$

のように量子化される．これを**磁束の量子化**とよび，$\Phi_0 = \pi\hbar/e \fallingdotseq 2.07 \times 10^{-15}\,\mathrm{Wb\cdot m^2}$ $(2.07 \times 10^{-7}\,\mathrm{G\cdot cm^2})$ の整数倍に量子化される．この磁束を磁束量子あるいはフラクソイド (fluxoid) とよぶ．

3.10.5　トンネル効果

超伝導は，電子–格子相互作用による電子間の引力が，クーロン力に勝って電子対をつくり，エネルギーギャップ $2\Delta_0$ をつくることによって現れるものである．このエネルギーギャップの存在を実験的に調べるには，赤外 (マイクロ波) 吸収かトンネル効果が用いられる．後者では，超伝導体の上に数 nm 程度の厚さの酸化膜 (絶縁層) をつけ，この上に真空蒸着によって異種の超伝導体または常伝導体をつけた素子をつくり，これを臨界温度以下に下げて，電流–電圧特性を調べる．超伝導体–絶縁体–常伝導体構造のエネルギー帯を図 3.28(a) に，(b) はこれにバイアス V を印加したとき，(c) にはこのときの電流電圧特性を示す．$V = 0$ のときには常伝導体のフェルミエネルギー付近の電子に対応するエネルギー準位が超伝導体にはないので電流は流れない．$V > \Delta_0/e$ となると，常伝導体のフェ

[*11]　電子が閉じた軌道に沿って運動しているとき $\int \boldsymbol{p}\cdot d\boldsymbol{l} = nh$ $(\boldsymbol{p} = \hbar\nabla\theta)$ となるから．

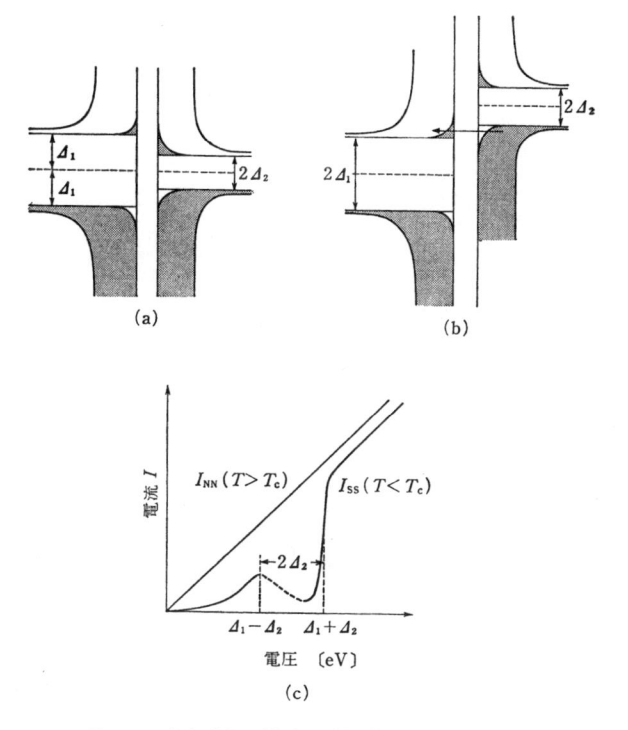

図 3.29 超伝導体−絶縁体−超伝導体のトンネル効果

ルミ準位付近の電子は薄い絶縁膜を通して超伝導体にトンネルして電流が流れる．超伝導ギャップ Δ_1 と Δ_2 ($\Delta_1 > \Delta_2$) の異なる 2 種の超伝導体からなるトンネル接合では，図 3.29 のように 2 段階のトンネル電流が流れ，$V = (\Delta_1 - \Delta_2)/e$ と $(\Delta_1 + \Delta_2)/e$ の間で負性抵抗が現れる．これらの実験から各種超伝導体のギャップを測定することができる．

3.10.6 ジョセフソン効果

上のトンネル効果の素子をつくるとき，十分な注意をはらって薄い絶縁層をつくると，一方の超伝導体から他方の超伝導体へ，超伝導電子対のトンネル現象に関係したトンネル電流が流れる．外部回路を通して電流を流すと，接合を流れる電流がある値 J_s 以下での接合には電圧が現れず，

$$J = J_s \sin \Delta\theta \tag{3.157}$$

のジョセフソン電流が流れる．これを図示すると，図 3.30 のような形となる．これを直流ジョセフソン効果とよぶ．ここに $\Delta\theta$ は 2 つの超伝導体における電子対

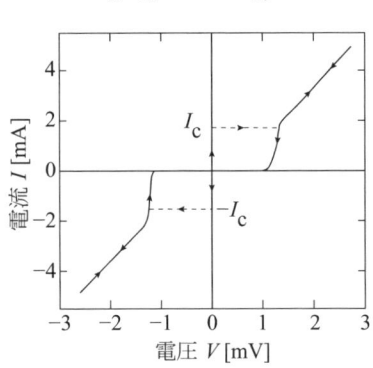

図 3.30 直流ジョセフソン効果

の位相 (式 (3.150)) の差である.

電流が臨界値 J_s を越えると図 3.30 の電流に交流電流が発生し，その振動数は電圧に比例し $2eV/\hbar$ で与えられる．つまり電流は

$$J = J_s \sin\left(\Delta\theta - \frac{2eV}{\hbar}t\right) \tag{3.158}$$

となる．ここに，$2e/\hbar = 483.6\,\text{THz/V}$ である．これを交流ジョセフソン効果とよぶ．

このようなジョセフソン接合を用いる素子の 1 つに**超伝導量子干渉素子** (**SQUID**, superconducting quantum interference device) があり，微小な磁場を測定するのに利用される.

問　題

(3.1) 1 原子あたり 1 個の伝導電子を出す金属がある．この金属の原子密度を $2 \times 10^{28}\,\text{m}^{-3}$ とするとき，自由電子モデルを用いて，(1) フェルミエネルギー $\mathcal{E}_F(0)$，(2) フェルミ温度 T_F と (3) フェルミ速度 v_F を求めよ．

(3.2) 関数 $f_m(x) = e^{2\pi i m x/a}$, $f_n^*(x) = e^{-2\pi i n x/a}$ に対して次の関係の成立することを証明せよ．ただし，m と n は整数である.

$$\frac{1}{a}\int_0^a f_m(x) f_n^*(x) \mathrm{d}x = \delta_{m,n} \equiv \begin{cases} 1 & (m = n) \\ 0 & (m \neq n) \end{cases}$$

(3.3) 面心立方格子の基本ベクトル $\boldsymbol{a}$, $\boldsymbol{b}$, $\boldsymbol{c}$ は x, y, z 方向の単位ベクトルを $\boldsymbol{e}_x$, $\boldsymbol{e}_y$, $\boldsymbol{e}_z$ として次のように与えられる.

$$\boldsymbol{a} = \frac{a}{2}(\boldsymbol{e}_x + \boldsymbol{e}_y), \quad \boldsymbol{b} = \frac{a}{2}(\boldsymbol{e}_y + \boldsymbol{e}_z), \quad \boldsymbol{c} = \frac{a}{2}(\boldsymbol{e}_z + \boldsymbol{e}_x)$$

この基本ベクトルのつくる体積 Ω は次式のようになる.

$$\Omega = \boldsymbol{a}\cdot(\boldsymbol{b}\times\boldsymbol{c}) = \left(\frac{a}{2}\right)^3 (\boldsymbol{e}_x+\boldsymbol{e}_y)[(\boldsymbol{e}_y+\boldsymbol{e}_z)\times(\boldsymbol{e}_z+\boldsymbol{e}_x)] = 2\left(\frac{a}{2}\right)^3 = \frac{1}{4}a^3$$

これを用いて面心立方体の逆格子ベクトル $\boldsymbol{a}^*$, $\boldsymbol{b}^*$, $\boldsymbol{c}^*$ を求めよ．

(3.4)　問題 (3.3) の結果を用いて，逆格子ベクトル $\boldsymbol{G}$ の小さいものをいくつか示せ．

(3.5)　エネルギー帯構造を用いて，金属，半導体，絶縁体の区別を簡単に説明せよ．

(3.6)　自由電子のエネルギーは $\mathcal{E} = \frac{1}{2}mv^2$ で与えられる．これに波動性を仮定すると位相速度は v に等しくはならないが，群速度は v に等しくなることを示せ．

(3.7)　室温における導電率が $6.67\times 10^7\,\mathrm{S/m}$ の一様な銀線がある．伝導電子密度を $5.8\times 10^{28}\,\mathrm{m}^{-3}$ として，移動度 μ と緩和時間 τ を求めよ．この銀線に $1\,\mathrm{V/cm}$ の電界を印加したときのドリフト速度を求めよ．またドリフト速度とフェルミ速度の比はどれくらいになるか．

(3.8)　衝突相手の散乱断面積を σ_t とし，その散乱体の密度を N_s とすると，電子が単位面積を通して単位距離進む間に，衝突する割合が，式 (3.113) つまり $1/l = N_\mathrm{s}\sigma_\mathrm{t}$ となることを示せ．

(3.9)　銀 (Ag) の 300 K における導電率は，$\sigma = 6.67\times 10^7\,\mathrm{S/m}$ である．またカンタル線 (Fe, Cr, Al の合金) の導電率は $\sigma = 7.1\times 10^5\,\mathrm{S/m}$ である．これら2つの物質の室温における熱伝導率はおよそいくらとなるか．

(3.10)　Al, Nb, In, Hg と Pb の超伝導転移温度 T_c は，それぞれ 1.18, 9.20, 3.40, 4.15 と 7.19 K である．これらの物質の超伝導ギャップを見積もれ．

4

半　導　体

4.1　真性半導体の電子統計

　IV 族元素に属する Ge や Si の単結晶はダイヤモンド型結晶構造をしており，各原子の価電子は最近接原子の 4 個と共有結合をしている．その様子を平面的に描くと図 4.1(a) のようになる．図中の黒丸は価電子を表したもので，1 つの Ge に注目するとまわりの 8 個の価電子で閉殻構造を形成しており，これ以上電子をつめることはできない．この状態の電子は価電子帯を形成し，絶対零度では満ちたバンドになっている．禁止帯をへだててその上に空の伝導帯が存在し，その様子が図 4.1(b) に示してある．温度が上昇するにつれ，価電子帯から伝導帯に伝導電子が励起され，価電子帯の正孔とともに電気伝導に寄与する．このような場合には伝導電子と同数の正孔がつくられており，このような半導体を**真性半導体** (intrinsic semiconductor) とよぶ．また，伝導電子と正孔はともに電気伝導の担い手となることから，これらを**キャリア** (carrier) または**担体**とよぶ．図 4.1(a) に示したように，$h\nu \geq \mathcal{E}_G$ の振動数 ν をもった光がこの半導体に入射すれば共有結合を切って，伝導電子と正孔をつくる．この様子をエネルギー帯図で示すと図 4.1(b) のようになっている．半導体の性質はその禁止帯幅に依存するところが多い．Ge では $\mathcal{E}_G = 0.67\,\mathrm{eV}$，Si では $\mathcal{E}_G = 1.1\,\mathrm{eV}$ であるが，伝導帯の底と価電子帯の頂上とが同じ波数ベクトル $\boldsymbol{k}$ のところにはなく，光の吸収と同時にフォノンの吸収や放出をともなって伝導電子と正孔を励起する．このような過程を**間接遷移**とよび，これに相当する禁止帯幅を間接ギャップとよぶ．一方，同じ $\boldsymbol{k}$ ベクトルのところに伝導帯の底と価電子帯の頂上のあるような半導体を**直接ギャップ半導体**とよぶ．これらをまとめたのが表 4.1 である．

　伝導帯の底のエネルギーを $\mathcal{E}_c$ とし伝導電子の有効質量を m_e，価電子帯の頂上

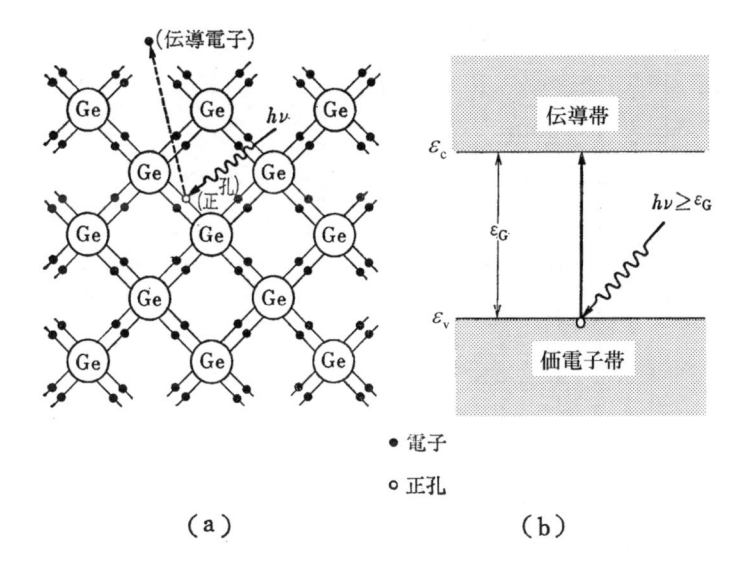

図 4.1 (a) 価電子結合をした Ge 結晶を平面で示したもので，光励起で結合が切れて伝導電子と正孔が生成される．(b) Ge のエネルギー帯の伝導帯と価電子帯を示し，光励起 ($h\nu \geq \mathcal{E}_G$) で価電子帯の電子を伝導帯に，正孔を価電子帯につくる．

を $\mathcal{E}_v$ とし正孔の有効質量を m_h とすれば，電子と正孔のエネルギーはそれぞれ

$$\mathcal{E} = \mathcal{E}_c + \frac{\hbar^2 k^2}{2m_e}, \quad \mathcal{E} = \mathcal{E}_v - \frac{\hbar^2 k^2}{2m_h} \tag{4.1}$$

と書ける．ここに

$$\mathcal{E}_c - \mathcal{E}_v = \mathcal{E}_G \tag{4.2}$$

である．この伝導帯と価電子帯の $\mathcal{E}$ と $\mathcal{E}+d\mathcal{E}$ の間の状態密度 $g_n(\mathcal{E})d\mathcal{E}$ と $g_p(\mathcal{E})d\mathcal{E}$ は，式 (3.21) より次のようになる (スピン因子 2 を含んでいる)．

$$g_n(\mathcal{E})d\mathcal{E} = \frac{(2m_e)^{3/2}}{2\pi^2 \hbar^3} \sqrt{\mathcal{E} - \mathcal{E}_c} \, d\mathcal{E} \tag{4.3a}$$

$$g_p(\mathcal{E})d\mathcal{E} = \frac{(2m_h)^{3/2}}{2\pi^2 \hbar^3} \sqrt{\mathcal{E}_v - \mathcal{E}} \, d\mathcal{E} \tag{4.3b}$$

電子の占有確率 $f_n(\mathcal{E})$ は式 (1.65) で与えられ，正孔の占有確率は $f_p(\mathcal{E}) = 1 - f_n(\mathcal{E})$ であるから，伝導電子と正孔の密度を n と p とすれば

$$n = \int_{\mathcal{E}_c}^{\infty} g_n(\mathcal{E}) f_n(\mathcal{E}) d\mathcal{E} = \frac{(2m_e)^{3/2}}{2\pi^2 \hbar^3} \int_{\mathcal{E}_c}^{\infty} \frac{(\mathcal{E} - \mathcal{E}_c)^{1/2}}{1 + e^{(\mathcal{E} - \mathcal{E}_F)/k_B T}} d\mathcal{E} \tag{4.4a}$$

$$p = \int_{-\infty}^{\mathcal{E}_v} g_p(\mathcal{E}) f_p(\mathcal{E}) d\mathcal{E} = \frac{(2m_h)^{3/2}}{2\pi^2 \hbar^3} \int_{-\infty}^{\mathcal{E}_v} \frac{(\mathcal{E}_v - \mathcal{E})^{1/2}}{1 + e^{(\mathcal{E}_F - \mathcal{E})/k_B T}} d\mathcal{E} \tag{4.4b}$$

表 4.1 代表的な半導体の特性表 (タイプの記号は; D:直接ギャップ, I:間接ギャップ)

半導体	タイプ	禁止帯幅 [eV]		移動度 [cm²/V·s]		* 有効質量 m^*/m		誘電率
	I, D	300 K	0 K	電子	正孔	電子	正孔	
C	I	5.47	5.51	1800	1600	0.2	0.25	5.5
Ge	I (L)	0.803	0.89	3900	1600	1.6/0.082	0.04/0.3	16.0
Si	I (X)	1.12	1.16	1500	600	0.97/0.19	0.16/0.5	11.8
α–SiC	I	3	3.1	400	50	0.6	1.0	10.0
AlAs	I (X)	2.16	2.24			0.97/0.22	0.472/0.185	
AlSb	I (X)	1.63	1.696	200	420	1.357/0.123	0.357/0.132	14.4
AlN (WZ)	D	6.14	6.23			0.28/0.32		
AlN (ZB)	D	4.84	4.9			0.25	1.02/0.35	
AlP	I (X)	2.49	2.52	60	450	2.68/0.155	0.52/0.21	
GaAs	D	1.43	1.52	8500	400	0.068	0.35/0.09	13.1
GaP	I (X)	2.28	2.35	110	75	2.0/0.253	0.326/0.199	11.1
GaSb	D	0.67	0.812	5000	850	0.047	0.25/0.044	15.7
GaN (WZ)	D	3.434	3.507			0.2	0.54 ~ 1.2	
GaN (ZB)	D	3.24	3.299			0.15	0.855/0.240	
InSb	D	0.174	0.235	80000	1250	0.0135	0.263/0.0152	17.7
InAs	D	0.41	0.417	33000	460	0.026	0.333/0.027	14.6
InP	D	1.353	1.424	4600	150	0.0795	0.53/0.12	12.4
InN (WZ)	D	0.64	0.69			0.065	1.56/0.17	10.5
InN (ZB)	D		0.6			0.05	1.37/0.08	
CdS (WZ)	D	2.43	2.56	300	50	0.17	0.6	5.4
CdSe	D	1.7	1.85	800		0.13	0.45	10.0
ZnO	D	3.2		200	180	0.27		9.0
ZnS	D	3.6	3.7	165	5	1.1		5.2

* 電子の有効質量は縦方向と横方向有効質量の比 m_l/m_t で,正孔の有効質量は重い正孔と軽い正孔の質量比 m_{hh}/m_{lh} で示した.
S. M. Sze, *"Physics of Semiconductor Devices"*, (John Wiley & Sons, 1969) および I. Vurgaftman, J. R. Meyer and L. R. Ram-Mohan, *"Band parameters for III-V compound semiconductors and their alloys"*, J. Appl. Phys. **89** (2001) 5815. を参考にして作成した.

となる.通常の半導体ではフェルミ準位 $\mathcal{E}_F$ は禁止帯中にあり $f_n(\mathcal{E}) \ll 1$, $f_p(\mathcal{E}) \ll 1$ となり,式 (4.4a), (4.4b) の被積分関数の分母中の 1 は無視できる (フェルミ分布をボルツマン分布で近似できる).このときの積分は容易に実行でき

$$n = N_c \exp\left(-\frac{\mathcal{E}_c - \mathcal{E}_F}{k_B T}\right) \fallingdotseq N_c f_n(\mathcal{E}_c) \tag{4.5a}$$

$$p = N_v \exp\left(-\frac{\mathcal{E}_F - \mathcal{E}_v}{k_B T}\right) \fallingdotseq N_v f_n(\mathcal{E}_v) \tag{4.5b}$$

となる.ここに

$$N_c = 2\left(\frac{2\pi m_e k_B T}{h^2}\right)^{3/2}, \quad N_v = 2\left(\frac{2\pi m_h k_B T}{h^2}\right)^{3/2} \tag{4.6}$$

は伝導帯および価電子帯の有効状態密度とよばれる．$m_e = m_h = m$ とすると 300 K で $2.5 \times 10^{25}\,\mathrm{m}^{-3}$ である．Ge や Si のように伝導帯に複数のバレー (n_v 個とする) がある場合，式 (4.6) の N_c を n_v 倍する (Ge では $n_v = 4$，Si では $n_v = 6$ である)．また，伝導帯が式 (3.88) で与えられる場合には，状態密度質量 $m_e = (m_t^2 m_l)^{1/3}$ が用いられる．一方，価電子帯の縮退を考えると，重い正孔質量 m_{hh} と軽い正孔質量 m_{lh} を用いて，$m_h^{3/2} = m_{hh}^{3/2} + m_{lh}^{3/2}$ とおくべきである．式 (4.5a) の $\exp[-(\mathcal{E}_c - \mathcal{E}_F)/k_B T]$ は伝導帯の底 ($\mathcal{E} = \mathcal{E}_c$) におけるボルツマン因子を表しており，伝導電子の密度 n は伝導帯の底にあたかもエネルギー準位が N_c 個集中していると考えて求めたものと等価である．

式 (4.5a) と式 (4.5b) の積を求めると

$$np = N_c N_v \exp\left(-\frac{\mathcal{E}_c - \mathcal{E}_v}{k_B T}\right) = N_c N_v \exp\left(-\frac{\mathcal{E}_G}{k_B T}\right) \tag{4.7}$$

となる．つまり，積 np は m_e，m_h と $\mathcal{E}_G$ が決まれば温度 T のみの関数となることを表しており，**質量作用の法則** (law of mass action) とよばれる．この関係は，真性半導体のみならず次節で述べる不純物半導体でも成立する．真性半導体では電気的中性条件 $n = p = n_i$ が成り立つので，電子密度 n_i は

$$n_i = \sqrt{N_c N_v} \exp\left(-\frac{\mathcal{E}_G}{2k_B T}\right) = 2\left(\frac{2\pi k_B T}{h^2}\right)^{3/2} (m_e m_h)^{3/4} \exp\left(-\frac{\mathcal{E}_G}{2k_B T}\right) \tag{4.8}$$

となり，フェルミ準位 $\mathcal{E}_F$ は

$$\mathcal{E}_F = \frac{\mathcal{E}_c + \mathcal{E}_v}{2} + \frac{k_B T}{2}\log\left(\frac{N_v}{N_c}\right) = \frac{\mathcal{E}_c + \mathcal{E}_v}{2} + \frac{3k_B T}{4}\log\left(\frac{m_h}{m_e}\right) \tag{4.9}$$

となる．上式の第 1 項は通常第 2 項に比べ十分に大きいので，真性半導体ではフェルミ準位は禁止帯のほぼ中央に位置する．

4.2 不純物半導体

4.2.1 ドナーとアクセプタ

半導体に不純物を入れると，その導電率が不純物の量によって著しく影響を受ける．たとえば，Ge に少量のリン (P) を入れると，P 原子が Ge 原子に置きかわり図 4.2(a) のようになる．P は 5 個の価電子をもっており 4 個の価電子はまわりの Ge 原子と結合するが 1 個があまる．このあまった価電子は P イオンの $+e$ 電荷にクーロン引力でとらえられているが，共有結合した他の 4 個の価電子に比べその結合力はきわめて小さい．したがって，この余分の電子はわずかなエネルギー

$\Delta\mathcal{E}_\mathrm{D}$ をもらうと，束縛されていた不純物原子 P をはなれて伝導帯に上がり，伝導電子となって電気伝導にあずかる．その様子をエネルギー図で示すと図 4.2(b) のようになる．このように不純物から供給された負電荷の伝導電子が電気伝導を行う半導体を **n 型半導体**，その電子を供給する不純物を**ドナー** (donor) とよぶ．ドナーにとらえられた電子はちょうど水素原子のモデルによく似ているので，有効質量 m^* の電子が誘電率 $\kappa\epsilon_0$ の媒質中を運動していると考えると，式 (1.27) よりドナーのイオン化エネルギーは

$$\Delta\mathcal{E}_\mathrm{D} = \frac{m^* e^4}{2(4\pi\kappa\epsilon_0)^2 \hbar^2} = 13.6 \left(\frac{m^*}{m}\right)\left(\frac{1}{\kappa^2}\right) \text{[eV]} \tag{4.10}$$

となる．Ge を例にとり，$\kappa = 16$，$m^* = 0.25\,m$ とすると $\Delta\mathcal{E}_\mathrm{D} = 0.01\,\mathrm{eV}$ となる．つまり図 4.2 でドナーにとらえられた電子のエネルギー準位は Ge の伝導帯の下約 10 meV のところにある．室温の熱エネルギーは $k_\mathrm{B}T \simeq 0.025\,\mathrm{eV}$ であるから，この電子は室温付近では熱励起によってほとんど解離して伝導帯に存在していることになる．

反対に，Ge に 3 価の不純物 (たとえば In) を入れると，その原子が Ge 原子と置きかわるが，価電子を 3 個しかもたないため結合を完成させるにはまわりの Ge から価電子を 1 個とってこなければならない．この様子が図 4.2(c) に示してあり，Ge から価電子がぬけた状態は価電子帯の正孔に相当し，その正孔が負に帯電した In^- にとらえられてそのまわりを水素原子様の運動をしていると解釈することができる．In^- にとらえられた正孔はドナーの場合と同様に $\Delta\mathcal{E}_\mathrm{A}$ のエネルギーを与えると自由になり，価電子帯を動き電気伝導に寄与する正孔となる．この例のように 3 価の不純物は電子を受け取るので**アクセプタ** (acceptor) とよび，正孔によって主に電気伝導が支配される半導体を **p 型半導体**とよぶ．アクセプタのイオン化エネルギー $\Delta\mathcal{E}_\mathrm{A}$ もドナーと同様にして求められる．

半導体に不純物を添加することを**ドーピング** (doping) とよぶ．一般に V 族元素の P, As や Sb などは Ge や Si などの IV 族元素半導体ではドナーとして働き，III 族元素はアクセプタとして働く．各種のドナーとアクセプタのイオン化エネルギーを表 4.2 に示した．

表 4.2 Ge と Si のドナーおよびアクセプタのイオン化エネルギー [meV]

	ドナー (5 価不純物)				アクセプタ (3 価不純物)			
	P	As	Sb	Bi	B	Al	Ga	In
Ge	12.0	12.7	9.6	12.0	10.4	10.2	10.8	11.2
Si	44	49	39	69	45	57	65	160

4.2 不純物半導体

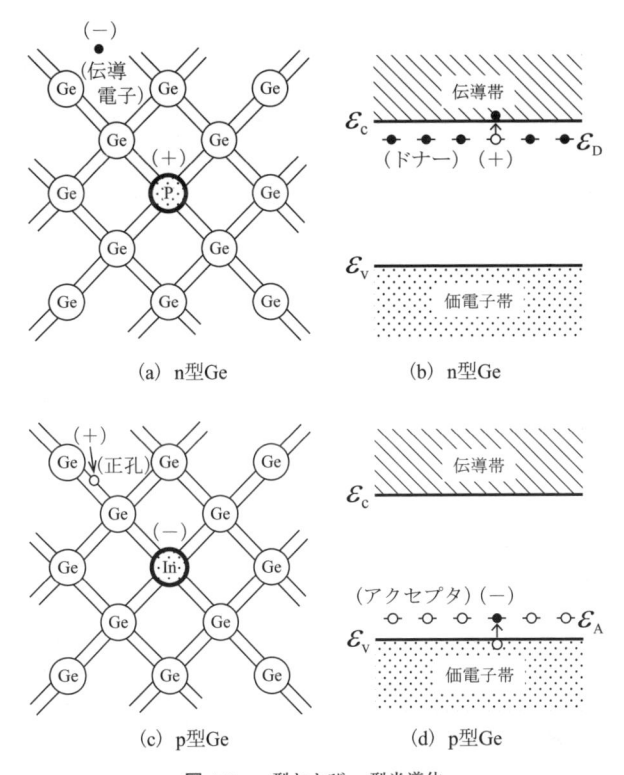

図 4.2 n 型および p 型半導体

4.2.2 n 型半導体の電子統計

ドナー密度 N_D とアクセプタ密度 N_A を有する半導体を考え，$N_D \gg N_A$ とする (図 4.3)．ドナーおよびアクセプタにとらえられた電子の密度をそれぞれ n_D，N_A^- とすると

$$n_D = N_D f_D(\mathcal{E}_D) = \frac{N_D}{\gamma_D \exp\{(\mathcal{E}_D - \mathcal{E}_F)/k_B T\} + 1} \tag{4.11}$$

$$N_A^- = N_A f_A(\mathcal{E}_A) = \frac{N_A}{\gamma_A \exp\{(\mathcal{E}_A - \mathcal{E}_F)/k_B T\} + 1} \tag{4.12}$$

となる．ここに $f_D(\mathcal{E}_D)$，$f_A(\mathcal{E}_A)$ は，それぞれドナーとアクセプタを電子が占有する確率で，係数 γ_D と γ_A はドナーとアクセプタの縮重因子[*1)]で通常 $\gamma_D = 1/2$，$\gamma_A = 2$ とおける．イオン化したドナー密度を N_D^+ とすると，

$$N_D^+ = N_D - n_D = N_D[1 - f_D(\mathcal{E}_D)] \tag{4.13}$$

[*1)] 浜口智尋：固体物性 (下)(丸善)p.358 を参照．たとえばドナーにスピンの異なる電子をつめようとすると局在性のため反発力が働く．1 個しか収容しえないことによる．

120   4. 半　導　体

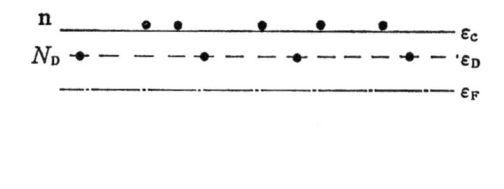

```
   n  ─────●──●─────●───●──●────── ε_c
  N_D ─●─ ─ ─●─ ─●─●─ ─ ─●─ ─●─ ─●─ ε_D
      ─────────────────────────── ε_F



  N_A       ─●─       ─●─       ─●─      ─●─  ε_A
      ───────────────────────────────────── ε_v
```

　　図 **4.3**　n 型半導体 ($N_D \gg N_A$) の電子分布．$N_A^- \fallingdotseq N_A$．電子をとらえたアクセプタは負に，電子のぬけたドナーは正に帯電している．

である．電気的中性条件より，電子の密度を n，正孔の密度を p とすると次式が成立する．

$$p + N_D^+ = n + N_A^- \tag{4.14}$$

　仮定により，n 型半導体で $N_D \gg N_A$ であるから，真性半導体 ($n \fallingdotseq p \gg N_D - N_A$) となるような高温領域をのぞいて $n \gg p$ なる関係が成立する．また，アクセプタ準位 $\mathcal{E}_A$ はドナー準位 $\mathcal{E}_D$ よりも低い位置にあるので，ドナーの電子の一部はアクセプタに落ちこみ，すべてのアクセプタ準位は負に帯電していると考えられる．つまり $N_A^- = N_A$ であるから，式 (4.14) は式 (4.13) を用い (p を無視し，$N_A^- = N_A$ とおく)

$$n + N_A = N_D^+ = N_D[1 - f_D(\mathcal{E}_D)] \tag{4.15a}$$

となる．これはまた

$$N_D - N_A - n = N_D f_D(\mathcal{E}_D) \tag{4.15b}$$

と書ける．そこで式 (4.15a) と式 (4.15b) の比をとると

$$\frac{n + N_A}{N_D - N_A - n} = \left[\frac{1}{f_D(\mathcal{E}_D)} - 1\right] = \gamma_D \exp\left(\frac{\mathcal{E}_D - \mathcal{E}_F}{k_B T}\right) \tag{4.16}$$

となる．この両辺に式 (4.5a) の辺々をかけると

$$\frac{n(n + N_A)}{N_D - N_A - n} = \gamma_D N_c \exp\left(-\frac{\mathcal{E}_c - \mathcal{E}_D}{k_B T}\right) \equiv \gamma_D N_c \exp\left(-\frac{\Delta \mathcal{E}_D}{k_B T}\right) \tag{4.17}$$

なる一般式が得られる．上式は真性領域 ($n \fallingdotseq p$) 以外で成立する．そこでこれを次のような温度領域に分けて考えてみる．

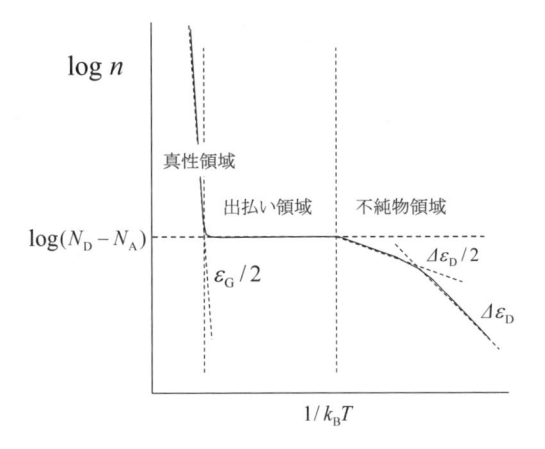

図 4.4 n 型半導体の電子密度 n の温度依存性. 低温ではドナーからの励起による不純物領域, ついでドナーの電子がアクセプタに落ちたもの以外全部が伝導帯に出払った状態となり, 高温では価電子帯から伝導帯に励起された電子と同数の価電子帯の正孔が支配する真性領域が現れる.

(1) 非常に低温のとき (不純物領域)：このとき伝導電子密度は 0 に近く $N_D \gg N_A \gg n$ が成立するから, 式 (4.17) の左辺は $nN_A/(N_D - N_A)$ と近似できる. したがって, $\gamma_D = 1/2$ とおき

$$n = \frac{N_D - N_A}{N_A} \cdot \frac{N_c}{2} \exp\left(-\frac{\Delta \mathcal{E}_D}{k_B T}\right) \tag{4.18}$$

となる. これより少し温度が上昇し n が N_A よりも多くなると

(2) 低温で $N_D \gg n \gg N_A$ のとき：このとき式 (4.17) の左辺は n^2/N_D となるから

$$n = \sqrt{\frac{N_c N_D}{2}} \exp\left(-\frac{\Delta \mathcal{E}_D}{2k_B T}\right) \tag{4.19}$$

となる. この領域は $N_D \gg N_A$ のときに見られ, $N_D \geq N_A$ のときには (1) から次の領域に移る.

(3) 高温となり $n \simeq (N_D - N_A)$ のとき (出払い領域)：温度が上昇すると, 式 (4.17) の右辺の指数関数は 1 に近づくから, 右辺はほぼ $N_c/2$ となる. 式 (4.17) の使える領域は $n \leq N_D - N_A$ で, $N_c \gg N_D$ であるから

$$\frac{n + N_A}{N_D - N_A - n} \fallingdotseq \frac{N_c}{2n} > \frac{N_c}{2N_D} \gg 1$$

なる関係が成立しなければならない. すなわち

$$n \fallingdotseq N_D - N_A \tag{4.20}$$

となる. これは, ドナーの電子のうちアクセプタへ落ちたものをのぞけばすべて

伝導帯に出払った状態になっているので，**出払い領域** (exhaustion range) または**飽和領域** (saturation range) とよばれる．また，$N_D \fallingdotseq N_A$ となれば，この出払い領域で伝導電子の密度は非常に小さくなる．この効果を**補償** (compensation) とよび，ドナー密度に近いアクセプタをドープすると，半導体の伝導電子を非常に少なくして絶縁体に近い状態が実現される．

(4) 高温で真性領域 ($n \fallingdotseq p$)　さらに高温になると $n > N_D - N_A$ となり，ドナーから供給した伝導電子以外に価電子帯から励起された電子が含まれるようになる．価電子帯からの励起が多くなり $n \gg N_D - N_A$ となると $n \fallingdotseq p$ となり真性領域が実現される．このときの電子密度は式 (4.8)

$$n = n_i = \sqrt{N_c N_v} \exp\left(-\frac{\mathcal{E}_G}{2k_B T}\right) \tag{4.21}$$

で与えられる．以上の結果をまとめると図 4.4 のようになる．

電子や正孔の密度はドープする不純物と温度に依存する．ドープした不純物がすべてイオン化した電子や正孔をつくるものとすると，電荷の中性条件から

$$p - n = N_A - N_D \tag{4.22}$$

が成り立つ．この式と質量作用の法則の式 (4.7) ($np = n_i^2$) を用いると，電子密度 n と正孔密度 p は

$$n = \frac{1}{2}\left[N_D - N_A + \sqrt{(N_D - N_A)^2 + 4n_i^2}\right] \tag{4.23a}$$

$$p = \frac{1}{2}\left[N_A - N_D + \sqrt{(N_A - N_D)^2 + 4n_i^2}\right] \tag{4.23b}$$

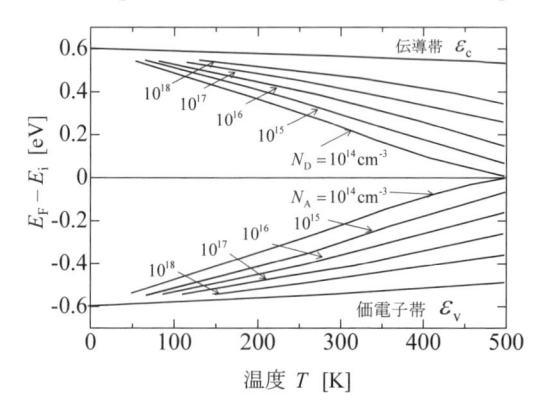

図 4.5　Si における種々の不純物密度に対するフェルミエネルギーの温度依存性で禁止帯幅の温度依存性が考慮されている．A. S. Grove, "*Physics and Technology of Semiconductor Devices*", John Wiley and Sons (1967) 参照．

となる．この式と式 (4.5a)，(4.5b)，(4.7) を用いて，電子密度と正孔密度を与えるフェルミエネルギー $\mathcal{E}_\mathrm{F}$ を温度の関数としてプロットすると図 4.5 となる．なおこの図ではエネルギー禁止帯幅 $\mathcal{E}_\mathrm{G}$ の温度依存性を表す，ヴァーシニ (Varshni) の関係[*2)]

$$\mathcal{E}_\mathrm{G}(T) = \mathcal{E}_\mathrm{G}(0) - \frac{\alpha T^2}{T+\beta} \tag{4.24}$$

が用いられている．

4.3 ホール効果

図 4.6 に示すように x 方向に一様な電流密度 J_x が流れており，これに z 方向の磁界 B_z を加える場合を考える．電子のドリフト速度を $\boldsymbol{v}$，電子の電荷を $-e$ とすると，この電子は磁界 $\boldsymbol{B}$ の中ではローレンツ力 $\boldsymbol{F} = -e\boldsymbol{v}\times\boldsymbol{B}$ を受けるから，これは y 方向に $F_y = -ev_x B_z$ なる力が作用することになる．その結果図 4.6(a) のように試料の y 方向の表面に電荷がたまり y 方向に電界 (ホール電界) E_y が発生する．このホール電界による力とローレンツ力がつり合ったとき $(F_y - eE_y = 0)$，定常状態に達する．$J_x = nev_x$ とすると，これよりホール電界は

$$E_y = \frac{F_y}{e} = -v_x B_z = -\frac{1}{ne} B_z J_x \equiv R_\mathrm{H} B_z J_x \tag{4.25}$$

となる．これをホール効果 (Hall effect) とよび，$R_\mathrm{H} = -1/ne$ はホール係数とよばれる．上の関係は次のようにしても求められる．式 (3.106) において外力 $-e\boldsymbol{E}$

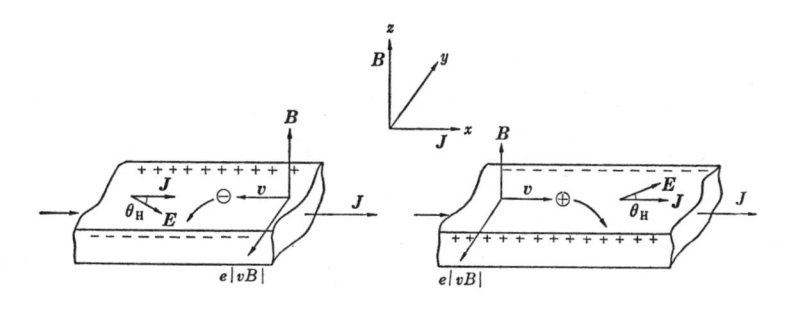

(a) 電子（n型半導体）   (b) 正孔（p型半導体）

図 **4.6** n 型および p 型半導体におけるホール効果

[*2)] Y. P. Varshni, "Temperature Dependence of the Energy Gap in Semiconductors", Physica **34**, 149–154 (1967).

の代わりに $-e(\boldsymbol{E} + \boldsymbol{v} \times \boldsymbol{B})$ を用いれば

$$m^* \frac{\mathrm{d}}{\mathrm{d}t}\boldsymbol{v} + \frac{m^*\boldsymbol{v}}{\tau} = -e(\boldsymbol{E} + \boldsymbol{v} \times \boldsymbol{B}) \tag{4.26}$$

となる.静電界を印加した場合を考えると,定常状態では $\mathrm{d}\boldsymbol{v}/\mathrm{d}t = 0$ となり

$$\boldsymbol{v} = -\frac{e\tau}{m^*}(\boldsymbol{E} + \boldsymbol{v} \times \boldsymbol{B}) \tag{4.27}$$

が得られる.磁界 $\boldsymbol{B}$ が z 方向を向いているものとすれば

$$v_x = -\frac{e\tau}{m^*}(E_x + v_y B_z) \tag{4.28a}$$

$$v_y = -\frac{e\tau}{m^*}(E_y - v_x B_z) \tag{4.28b}$$

が得られる.これを v_x と v_y について解くと次の関係が得られる.

$$v_x = -\frac{e}{m^*}\left\{\frac{\tau}{1+\omega_c^2\tau^2}E_x - \frac{\omega_c\tau^2}{1+\omega_c^2\tau^2}E_y\right\} \tag{4.29a}$$

$$v_y = -\frac{e}{m^*}\left\{\frac{\omega_c\tau^2}{1+\omega_c^2\tau^2}E_x + \frac{\tau}{1+\omega_c^2\tau^2}E_y\right\} \tag{4.29b}$$

$$\omega_c = \frac{eB_z}{m^*} \tag{4.29c}$$

となる. ω_c はサイクロトロン周波数とよばれる. $\omega_c\tau \gg 1$ の条件が満たされると,電子は磁界に垂直な面内を角周波数 ω_c で回転運動 (サイクロトロン運動) をするのでそのようによばれる (4.11.1 項を参照).電流密度は $\boldsymbol{J} = n(-e)\boldsymbol{v}$ で与えられるから次の関係式が得られる.

$$J_x = \frac{ne^2}{m^*}\left\{\frac{\tau}{1+\omega_c^2\tau^2}E_x - \frac{\omega_c\tau^2}{1+\omega_c^2\tau^2}E_y\right\} \tag{4.30a}$$

$$J_y = \frac{ne^2}{m^*}\left\{\frac{\omega_c\tau^2}{1+\omega_c^2\tau^2}E_x + \frac{\tau}{1+\omega_c^2\tau^2}E_y\right\} \tag{4.30b}$$

図 4.7 のような試料を用いて電流を x 方向に流し,磁界を z 方向に印加すると y 方向に電界 E_y が発生するが,ホール効果の実験では y 方向に電流を流さないので $J_y = 0$,つまり式 (4.30b) より

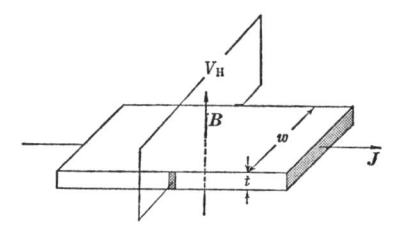

図 4.7 ホール効果の実験

$$E_y = -\omega_c \tau E_x = -\frac{e\tau}{m^*} B_z E_x = -\frac{1}{ne} B_z J_x \equiv R_H B_z J_x \tag{4.31a}$$

$$V_H = R_H \frac{I_x B_z}{t} \tag{4.31b}$$

$$R_H = \frac{t V_H}{I_x B_z} = -\frac{1}{ne} \tag{4.31c}$$

となり，式 (4.25) が導かれる．まったく同様にして p 型半導体で正孔の密度を p とするとホール係数 R_H は次のようになる (ホール電界の方向は図 4.6(b) 参照)．

$$R_H = +\frac{1}{pe} \tag{4.32}$$

一般に，ホール係数 R_H はキャリアの緩和時間 τ のエネルギー依存性や有効質量の異方性にもよるために

$$R_H = -\frac{r_H}{ne} \tag{4.33}$$

のように書かれ，r_H はホール係数の散乱因子とよばれることがある．半導体の導電率は式 (3.109) より $\sigma = ne\mu$ であるから

$$|R_H|\sigma = r_H \mu \equiv \mu_H \tag{4.34}$$

となり，この μ_H をホール移動度とよび，ドリフト移動度 μ とは因子 r_H 倍だけ異なるが，r_H はほぼ 1 に近い数なのでときには区別しない場合もある．

　図 4.8 は As をドープした n 型 Ge の (a) 抵抗率 ρ と (b) ホール係数 R_H の温度依存性である [*3]．ホール係数の測定値から式 (4.31c) を用いてキャリア密度を求めると，図 4.9(a) のようになる．たとえば，試料 55 を見ると 300〜33 K の温度領域で出払い領域となっており，これより $N_D - N_A \fallingdotseq 10^{19}\,\mathrm{m}^{-3}$ $(= 10^{13}\,\mathrm{cm}^{-3})$ と決定することができる．また低温におけるこう配から As ドナーのイオン化エネルギー ($\Delta\mathcal{E}_D = 12.7\,\mathrm{meV}$) を求めることができる．ホール移動度は $\mu_H = |R_H|\sigma = |R_H|/\rho$ となるので，図 4.8(a) と (b) より求まり，その結果は図 4.9(b) のようになる．純度のよい試料 (55, 79) ではほぼ $\mu \propto T^{-3/2}$ で表され，これは電子の散乱が音響フォノンに支配されていることを意味している．

4.4　移　動　度

　前節に述べたように，Ge における電子の移動度はほぼ $\mu \propto T^{-3/2}$ で表される．いま音響フォノンによる電子の散乱に対する平均自由行程を l_{ac} とし，電子の熱速

[*3]　P. P. Debye and E. M. Conwell: Phys. Rev., **93**, 693 (1954).

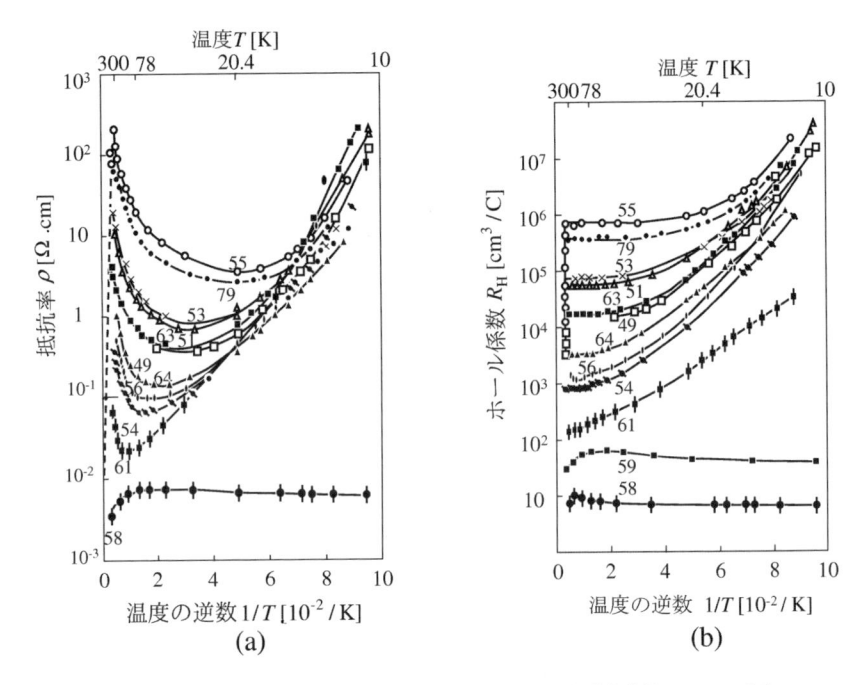

図 4.8 (a) As をドープした n 型 Ge における抵抗率 ρ の温度依存性，(b) As をドープした n 型 Ge におけるホール係数 R_H の温度依存性

度を v とすると，$\mathcal{E} = (1/2)m^* v^2$ であるから，この散乱に対する緩和時間 τ_ac は

$$\tau_\mathrm{ac} = \frac{l_\mathrm{ac}}{v} = \sqrt{\frac{m^*}{2}} l_\mathrm{ac} \mathcal{E}^{-1/2} \tag{4.35}$$

となる．電子のエネルギー分布関数がマクスウェル・ボルツマン統計に従うものとすると，平均の緩和時間は

$$\langle \tau_\mathrm{ac} \rangle = \frac{\int_0^\infty \tau_\mathrm{ac} \mathcal{E}^{3/2} \exp\left(-\dfrac{\mathcal{E}}{k_\mathrm{B} T}\right) d\mathcal{E}}{\int_0^\infty \mathcal{E}^{3/2} \exp\left(-\dfrac{\mathcal{E}}{k_\mathrm{B} T}\right) d\mathcal{E}} = \frac{4}{3} l_\mathrm{ac} \left(\frac{m^*}{2\pi k_\mathrm{B} T}\right)^{1/2} \tag{4.36}$$

となる [*4]．また，l_ac は式 (3.116) より $l_\mathrm{ac} \propto T^{-1}$ であるから

$$\mu_\mathrm{ac} = \frac{e \langle \tau_\mathrm{ac} \rangle}{m^*} = B T^{-3/2} \left(= \frac{2^{3/2} \pi^{1/2} e \hbar^4 \rho V_\mathrm{s}^2}{3 m^{*5/2} E_l^2} (k_\mathrm{B} T)^{-3/2} \right) \tag{4.37}$$

となる [*5]．B は物質定数でほとんど温度に依存しない．音響フォノンの散乱に

[*4] 浜口智尋：半導体物理 (朝倉書店) 第 6 章．C. Hamaguchi: "Basic Semiconductor Physics" (Springer 2010) Chapter 6 を参照．

[*5] 同書第 6 章参照

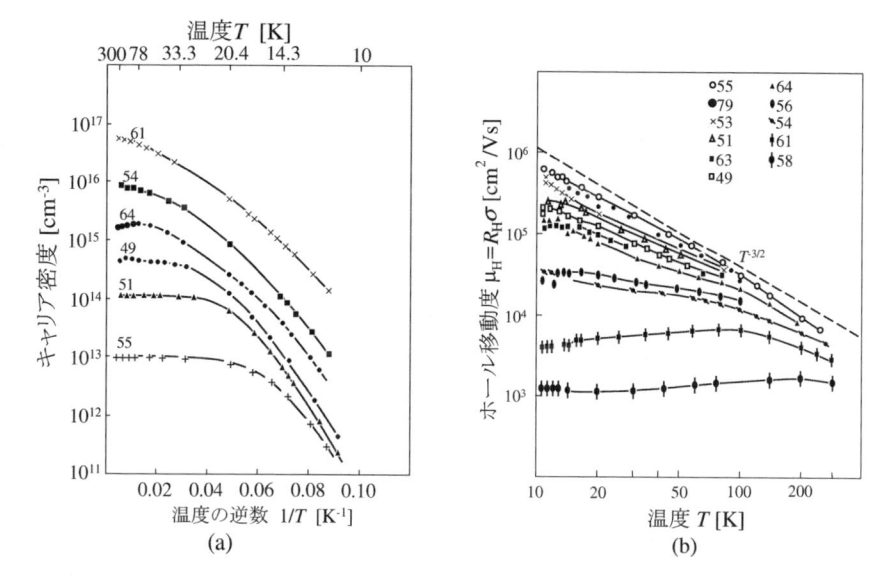

図 4.9 (a) As をドープした n 型 Ge におけるキャリア密度 n の温度依存性，(b) As をドープした n 型 Ge におけるホール移動度 $\mu_H = R_H/\rho$ の温度依存性

対する電子の移動度はこのように $T^{-3/2}$ に比例し，図 4.9(b) の結果とよく一致する．

イオン化したドナーやアクセプタが存在すると，電子にはクーロン力が作用するので，電子の運動方向が曲げられ，実質的には電界方向への平均自由行程が短くなる．この場合の散乱時間はほぼ $\tau_I = A_I v^3$ となり，次式が成り立つ[*6]．

$$\mu_I = \frac{8eA_I}{\sqrt{\pi} m^{*5/2}}(2k_B T)^{3/2}$$

$$= \frac{64\pi^{1/2}(\kappa\epsilon_0)^2}{N_I z^2 e^3 m^{*1/2}}(2k_B T)^{3/2}\left[\log\left(1+\frac{144(\pi\kappa\epsilon_0 k_B T)^2}{z^2 e^4 N_I^{2/3}}\right)\right]^{-1} \quad (4.38)$$

最後の式はコンウェル・ワイスコップ (Conwell–Weisskopf) の式とよばれる．

不純物散乱と音響フォノン散乱の両者が同時に存在する場合の緩和時間 τ は $1/\tau = 1/\tau_{ac} + 1/\tau_I$ となるが，近似的に $1/\langle\tau\rangle = 1/\langle\tau_{ac}\rangle + 1/\langle\tau_I\rangle$ が成立するものとすれば全体の移動度 μ は $D = 8eA_I(2k_B)^{3/2}/\sqrt{\pi} m^{*5/2}$ とおくと

$$\frac{1}{\mu} = \frac{1}{\mu_{ac}} + \frac{1}{\mu_I} = \frac{T^{3/2}}{B} + \frac{T^{-3/2}}{D} \quad (4.39)$$

となり，低温では不純物散乱が，高温では音響フォノン散乱が支配的となること

[*6] 同書第 6 章参照

がわかる.また,図 4.9(b) で不純物密度の高い試料では,低温で移動度が小さくなって $\mu \propto T^{-3/2}$ からずれているのは,不純物散乱によるものであることがわかる.

4.5 拡散とアインシュタインの関係

固体内にキャリアの密度こう配があると,密度の高いところから低いところへキャリアはブラウン運動しながら流れる.これを拡散とよぶ.x 方向に電子の密度こう配 $\partial n/\partial x$ がある場合,x 方向に垂直な単位面積を通って x 方向に単位時間あたり $-D_e(\partial n/\partial x)$ のキャリアが流れる.この係数 D_e を電子の拡散係数とよぶ.このとき流れる電流は**拡散電流**とよばれ,その電流密度は

$$J_e = eD_e \frac{\partial n}{\partial x} \tag{4.40}$$

で与えられる.電界が同時に存在する場合には,

$$J_e = ne\mu_e E_x + eD_e \frac{\partial n}{\partial x} \tag{4.41}$$

が成立する.

最初に,電界を印加しないで電子の密度こう配をつけた場合を考えると,電子は移動して定常状態で電流が流れなくなる.このとき拡散電流に抗するような電界が発生し

$$n\mu_e E_x = -D_e \frac{\partial n}{\partial x} \tag{4.42}$$

が成立する.この誘起電界に付随したポテンシャルを ϕ とすると,

$$E_x = -\frac{\partial \phi}{\partial x} \tag{4.43}$$

であるが,電子のポテンシャルエネルギーは $-e\phi$ であるのでボルツマン統計を用いると

$$n = n_0 \exp\left(\frac{e\phi}{k_B T}\right) \tag{4.44}$$

となる.この両辺を x で微分すると

$$\frac{\partial n}{\partial x} = \frac{e}{k_B T}\left(\frac{\partial \phi}{\partial x}\right)n \tag{4.45}$$

が得られるので,これと式 (4.42),(4.43) を用いると

$$D_e = \frac{k_B T}{e}\mu_e \tag{4.46}$$

が得られる.これをアインシュタインの関係式 (Einstein relation) とよぶ.

4.6 キャリアの寿命と再結合

平衡状態にある半導体に，フォトンエネルギーが禁止帯幅よりも大きい光を照射すると，電子や正孔の密度が変化する．余分につくられた電子と正孔の密度を Δn，Δp とすると，$\Delta n \neq \Delta p$ のときには空間電荷をつくり，それは誘電緩和時間 $\tau_\sigma = \kappa\epsilon_0/\sigma$ (σ：導電率，$\kappa\epsilon_0$：誘電率) で減衰するので，σ の大きい物質では $\Delta n = \Delta p$ が成立する．光照射によって余分につくられた電子や正孔は，図 4.10 に示すように直接再結合するものや不純物準位 (再結合中心) を介して再結合することによって減衰していく．

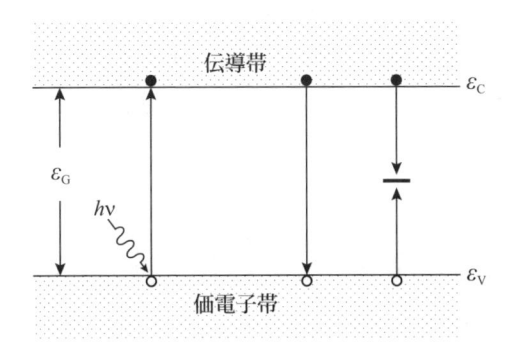

図 4.10 キャリアの生成と再結合

n 型半導体において，光照射によって単位時間に G 個の電子－正孔対がつくられるものとすると，つくられる Δn は多数キャリアとして存在する伝導電子の数に比べ少ないのであまり問題とならない．これに反し少数キャリアである余分の正孔のふるまいは重要である．余分につくられる正孔の密度を Δp とすると

$$\frac{\mathrm{d}}{\mathrm{d}t}\Delta p = G - \frac{\Delta p}{\tau_\mathrm{p}} \tag{4.47}$$

となる．ここに，$\Delta p/\tau_\mathrm{p}$ は再結合によって正孔が消滅していく割合を表す．定常状態では

$$G - \frac{\Delta p_0}{\tau_\mathrm{p}} = 0, \quad \Delta p_0 = G\tau_\mathrm{p} \tag{4.48}$$

つまり，光照射によってできる余分の正孔密度 Δp_0 は，G と τ_p の積に比例する．次に平衡状態になった後に光の照射を止めると，$G = 0$ となるから

$$\frac{d}{dt}\Delta p = -\frac{\Delta p}{\tau_p} \tag{4.49a}$$

$$\Delta p = \Delta p_0 \exp\left(-\frac{t}{\tau_p}\right) = G\tau_p \exp\left(-\frac{t}{\tau_p}\right) \tag{4.49b}$$

となる．この式より明らかなように，余分につくられた正孔密度 Δp_0 は光の照射を止めると時定数 τ_p で指数関数的に減衰していく．そこで τ_p のことを少数キャリアの寿命とよぶ．当然のことながら，この τ_p は先に述べた衝突の緩和時間 τ とはまったく別の物理量である．寿命 τ_p の測定に用いられる方法の1つに光電流の測定があり，その様子を図 4.11 に示す．図 4.11(a) に示すような光パルスを照射したとき，n 型半導体に流れる光電流 (正孔密度に比例する) を調べると図 4.11(b) のようになる．この減衰の様子から寿命 τ_p を決定できる．しかし，ときには図 4.11(c) のように，最初早い時定数で減衰したのち非常に遅い時定数で減衰するものがある．これは，禁止帯中の深い不純物準位にとらえられた電子や正孔が，再び伝導帯や価電子帯に励起されて最終的に再結合するのに，かなりの時間を要するためであると理解される．このように電子や正孔を捕獲する不純物準位をトラップとよぶ．この様子を図 4.12 に示す．

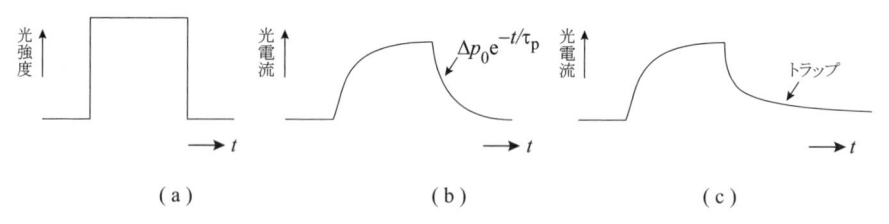

図 4.11 光照射で誘起される光電流の応答

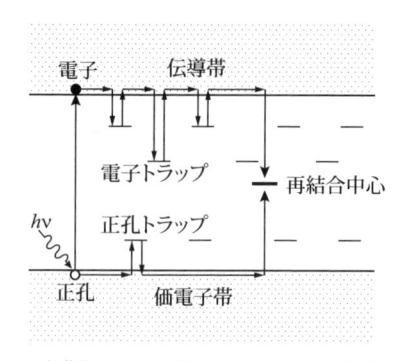

図 4.12 半導体における捕獲中心 (トラップ) と再結合中心

4.7 拡散距離

固体中に空間電荷密度 ρ_s があり,電流密度 $\boldsymbol{J}$ が流れているものとする.電荷の蓄積がなければ連続の方程式

$$\frac{\partial \rho_s}{\partial t} = -\text{div}\boldsymbol{J} \tag{4.50}$$

が成立する.光照射によって余剰キャリアをつくった場合の余剰キャリアの時間変化には,上の連続の式を考慮しなければならない.したがって,正孔の場合について考えると $\rho_s = ep$ であるから,式 (4.49a) と式 (4.50) より

$$\frac{\partial p}{\partial t} = -\frac{p - p_0}{\tau_p} - \frac{1}{e}\text{div}\boldsymbol{J}_h \tag{4.51}$$

となる. p_0 は平衡状態における正孔の密度である. $\boldsymbol{J}_h$ は正孔による電流密度で,ドリフト電流と拡散を考慮すれば,式 (4.41) と同様にして $J_h = pe\mu_h E_x - D_h \partial p/\partial x$ となるから,式 (4.51) は

$$\frac{\partial p}{\partial t} = -\frac{p - p_0}{\tau_p} - p\mu_h \frac{\partial E_x}{\partial x} - \mu_h E_x \frac{\partial p}{\partial x} + D_h \frac{\partial^2 p}{\partial x^2} \tag{4.52a}$$

となる.ここに μ_h, D_h は正孔の移動度と拡散係数である.同様にして電子に対しては

$$\frac{\partial n}{\partial t} = -\frac{n - n_0}{\tau_n} + n\mu_e \frac{\partial E_x}{\partial x} + \mu_e E_x \frac{\partial n}{\partial x} + D_e \frac{\partial^2 n}{\partial x^2} \tag{4.52b}$$

となる.

いま,電界による項の寄与が小さく (ドリフト電流の項が小さく),拡散電流の項が支配的であると考えると,定常状態 ($\partial p/\partial t = 0$) における正孔の密度は式 (4.52a) より

$$0 = -\frac{p - p_0}{\tau_p} + D_h \frac{\partial^2 p}{\partial x^2} \tag{4.53}$$

となる.この方程式は容易に解くことができ

$$p - p_0 = A \exp\left(-\frac{x}{L_h}\right) + B \exp\left(+\frac{x}{L_h}\right) \tag{4.54}$$

となる. A, B は積分定数で境界条件によってきまる.式 (4.54) を式 (4.53) に代入すれば

$$L_h = \sqrt{D_h \tau_p} \tag{4.55}$$

なる関係が得られる.この L_h を正孔の**拡散距離**とよび,正孔の拡散係数 D_h と

正孔の寿命 τ_p の積の平方根に等しい．L_h は正孔が再結合して消滅してしまうまでに拡散する距離の目安を与える．拡散係数の大きいものほど (したがってアインシュタインの関係から移動度の大きいものほど) もしくは寿命の永いものほど，拡散距離は長くなる．まったく同様にして電子の拡散距離 L_e は

$$L_e = \sqrt{D_e \tau_n} \tag{4.56}$$

で与えられる．Ge の正孔の寿命を室温で $\tau_p = 10^{-4}\,\mathrm{s}$ とし $\mu_h = 0.1\,\mathrm{m^2/V \cdot s}$ とすると，$D_h \fallingdotseq 2.5 \times 10^{-3}\,\mathrm{m^2/s}$，$L_h = 5 \times 10^{-4}\,\mathrm{m} = 0.5\,\mathrm{mm}$ となる．

4.8 pn 接合

1つの半導体が p 型と n 型領域に分かれて接しているようなものを半導体の pn 接合とよぶ．pn 接合の代表的な製造法は，p 型 (あるいは n 型) の基板半導体を高温に保ち，この上をドナー (あるいはアクセプタ) となるような不純物を含んだガスを通過させることによって，不純物が基板半導体の表面近くを拡散し，n 型 (あるいは p 型) 領域を形成して pn 接合とする方法である．このように母体となる半導体が同一の場合，つまり Si や Ge に pn 接合をつくった場合を**ホモ接合**とよぶ．これに対して，たとえば n 型の Ge と p 型の Si を接合させたようなものを**ヘテロ接合**とよぶ．

理解を助けるため，孤立した p 型領域と n 型領域がありこれを接合するとエネルギー帯図はどのようになるかを考えてみる．p 型領域でのアクセプタ密度を N_A としドナー密度を $N_D = 0$ とする．また n 型領域のドナー密度を N_D とし $N_A = 0$ とする．接合する前には，p 型領域には同数の正孔と負にイオン化した

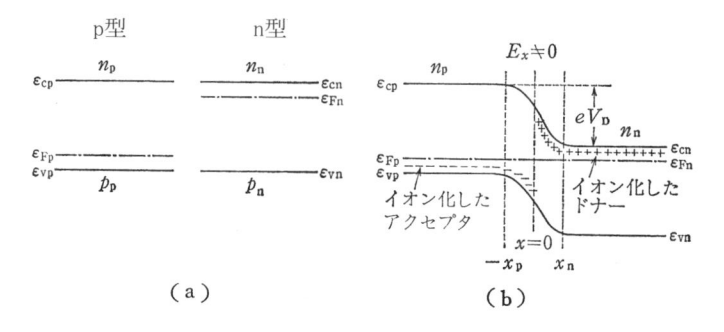

図 4.13 pn 接合の電子準位．(a) 接合前の p と n 領域．(b) 接合により電位障壁が現れ平衡状態では p と n 領域のフェルミ準位が一致する．

アクセプタがあり n 型領域には同数の電子と正にイオン化したドナーがあって，それぞれ電気的中性を保っている．p 型と n 型領域のフェルミエネルギーをそれぞれ $\mathcal{E}_{\mathrm{Fp}}$, $\mathcal{E}_{\mathrm{Fn}}$ とすると，図 4.13(a) のようになっていることがわかる．次に，これらを接合すると接合部で電子および正孔に密度差が生ずるから，キャリアは拡散によって密度の高いところから低いところへ移動し一部は再結合によって消滅する．すなわち，p 型領域からは正孔が n 型領域に拡散し．n 型領域からは電子が p 型領域に拡散し，接合部には電子も正孔もいない**空乏層** (depletion layer) とよばれる領域ができる．ドナーやアクセプタは動けないから空乏層の p 型領域には負にイオン化したアクセプタ準位が，n 型領域には正にイオン化したドナー準位が残されて電気二重層ができ，電子と正孔の拡散をさまたげる方向に電界が発生する．平衡状態では拡散電流とこの電気二重層のつくる電界による電流とがつり合って互いに打ち消しあっている．このとき図 4.13(b) のようになり，p 型領域のフェルミ準位 $\mathcal{E}_{\mathrm{Fp}}$ と n 型領域のフェルミ準位 $\mathcal{E}_{\mathrm{Fn}}$ が一致し，接合部に電気二重層のつくる電界による電位差 V_{D} が現れる．この V_{D} のことを**拡散電位**あるいは**電位障壁**とよび，図より次の関係がある．

$$eV_{\mathrm{D}} = \mathcal{E}_{\mathrm{cp}} - \mathcal{E}_{\mathrm{cn}} = k_{\mathrm{B}} T \log \frac{n_{\mathrm{n}}}{n_{\mathrm{p}}}, \quad \frac{n_{\mathrm{n}}}{n_{\mathrm{p}}} = \exp\left(-\frac{eV_{\mathrm{D}}}{k_{\mathrm{B}} T}\right) \tag{4.57}$$

ここに n_{n} は n 型領域における電子密度，n_{p} は p 型領域における電子密度を表す．この pn 接合の電位障壁の高さは不純物密度や温度に依存することは上式の最後の関係式からもわかる．p 型も n 型領域も出払い領域になっていれば $eV_{\mathrm{D}} \fallingdotseq k_{\mathrm{B}} T \log(N_{\mathrm{D}} N_{\mathrm{A}}/n_{\mathrm{i}}^2)$ となる．

pn 接合の境界のところでは p 型から n 型に変化しているので**遷移領域**とよばれ，これは先に述べたように動けないイオン化したアクセプタとドナーのつくる空間電荷層，つまり空乏層からなり，絶縁体と同様きわめて高抵抗である．そのため，pn 接合にかけた電圧はほとんどこの部分にかかる．この遷移領域の厚さを図 4.14 のような場合について求めてみよう．n 型および p 型領域における空間電荷層の厚さをそれぞれ x_{n} および x_{p} とし，遷移領域内には自由キャリアは存在せず，空間電荷密度はイオン化したドナーの eN_{D} とイオン化したアクセプタの $-eN_{\mathrm{A}}$ のみが，図 4.14(b) のように x 方向にステップ状に分布しているものとする．電気的中性条件より，正負の総電荷量は等しいから次式が成り立つ．

$$N_{\mathrm{D}} x_{\mathrm{n}} = N_{\mathrm{A}} x_{\mathrm{p}} \tag{4.58}$$

n 型領域 ($x = x_{\mathrm{n}}$) における電位 V_{n} は，ポアッソンの方程式を解くことにより求まる．

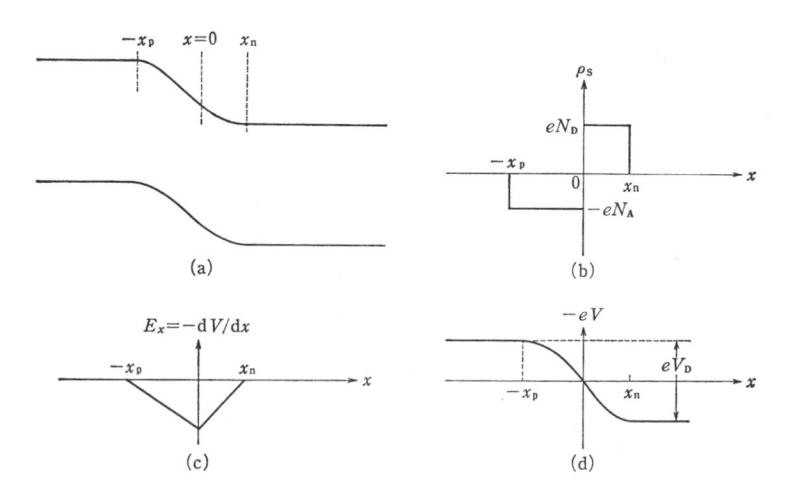

図 4.14 pn 接合における. (a) エネルギー帯. (b) ドナーとアクセプタの分布. (c) 電界分布. (d) ポテンシャルエネルギー分布

$$\frac{d^2 V}{dx^2} = -\frac{eN_D}{\kappa\epsilon_0} \quad (0 \leq x \leq x_n) \tag{4.59}$$

これを積分して，$x = x_n$ で電界 $E_x = -dV/dx = 0$ なる条件を用いると

$$\frac{dV}{dx} = -\frac{eN_D}{\kappa\epsilon_0}(x - x_n) \quad (0 \leq x \leq x_n) \tag{4.60a}$$

これより n 型領域における電位 V は

$$V = -\frac{eN_D}{2\kappa\epsilon_0}(x - 2x_n)x \quad (0 \leq x \leq x_n) \tag{4.60b}$$

で与えられる．同様にして p 型領域では

$$\frac{dV}{dx} = \frac{eN_A}{\kappa\epsilon_0}(x + x_p) \quad (-x_p \leq x \leq 0) \tag{4.61a}$$

$$V = \frac{eN_A}{2\kappa\epsilon_0}(x + 2x_p)x \quad (-x_p \leq x \leq 0) \tag{4.61b}$$

$x = x_n$ における電位を V_n，$x = -x_p$ における電位を V_p とおけば，遷移領域に現れる電位差，つまり拡散電位 $V_D = V_p - V_n$ は

$$V_D = \frac{e}{2\kappa\epsilon_0}(N_D x_n^2 + N_A x_p^2) \tag{4.62}$$

で与えられる．式 (4.58) と式 (4.62) より

$$x_n = \left(\frac{2\kappa\epsilon_0 V_D}{e} \cdot \frac{N_A/N_D}{N_D + N_A}\right)^{1/2}, \quad x_p = \left(\frac{2\kappa\epsilon_0 V_D}{e} \cdot \frac{N_D/N_A}{N_D + N_A}\right)^{1/2} \tag{4.63}$$

これより遷移領域の厚さ d は

$$d = x_\mathrm{n} + x_\mathrm{p} = \left[\frac{2\kappa\epsilon_0 V_\mathrm{D}}{e(N_\mathrm{D} + N_\mathrm{A})}\right]^{1/2} \left[\left(\frac{N_\mathrm{D}}{N_\mathrm{A}}\right)^{1/2} + \left(\frac{N_\mathrm{A}}{N_\mathrm{D}}\right)^{1/2}\right]$$

$$= \left[\frac{2\kappa\epsilon_0 V_\mathrm{D}}{eN_\mathrm{D}N_\mathrm{A}}(N_\mathrm{D} + N_\mathrm{A})\right]^{1/2} \tag{4.64}$$

$N_\mathrm{D} \gg N_\mathrm{A}$ のときには，上式は

$$d = \left[\frac{2\kappa\epsilon_0 V_\mathrm{D}}{eN_\mathrm{A}}\right]^{1/2} \tag{4.65}$$

となり，遷移領域の厚さは密度の小さい方の不純物密度 N_A で決まる．よって，$N_\mathrm{A} \gg N_\mathrm{D}$ なら式 (4.65) の分母は N_A の代わりに N_D を代入したものとなる．

　pn 接合の整流作用は，図 4.15 を考えると理解しやすい．(a) は電圧を印加していない熱平衡状態で，左側の p 型領域には正孔 (白丸) が，右側の n 型領域には伝導電子 (黒丸) がある．いま，(b) のように p 型領域が正，n 型領域が負となるような電圧を加えると，正孔は右側に電子は左側に引かれる．その結果，n 型領域の電子が接合面を通して p 型領域に，p 型領域の正孔は n 型領域に注入されて，大きな電流が流れる．接合面を通して n 型領域に侵入した正孔や p 型領域に侵入した電子は，不純物中心や結晶の欠陥などを通して多数キャリアの電子や正孔と再結合しながら拡散電流として流れる．このように pn 接合の順方向特性は接合を通して多数キャリア領域に少数キャリアを流しこむこと，つまり**少数キャリアの注入** (minority carrier injection) によって支配される．一方，(c) のように，p 型領域が負，n 型領域が正になるような電圧を加えると，正孔は左へ電子は右へ引かれるので接合部のキャリアが減って絶縁性の空間電荷層の厚さが大きくなり電流は少ない．このとき流れる電流は，熱的につくられた p 型領域における電子 n_p と n 型領域における正孔 p_n からなり，電流はこの少数キャリアで決まる飽和値を示す．以上のような理由から (b) の場合を順方向，(c) の場合を逆方向とよぶ．

　上に述べた整流特性をエネルギー図を用いて説明すると次のようになる．図 4.16(a), (b), (c) はそれぞれ図 4.15(a), (b), (c) に対応している．図 4.16(a) は電圧を印加しない平衡状態で電子と正孔に対してポテンシャル障壁 V_D が存在する．ただし正孔に対しては下に向かってポテンシャルエネルギーが高くなる．図 4.16(b) のように順方向電圧 V を印加すると，ポテンシャル障壁の高さは $(V_\mathrm{D} - V)$ に減少し，n 型領域の電子が p 型領域へ，p 型領域の正孔が n 型領域へ流れこむときの障壁が減少したことになるから，大きな順方向電流が流れる．反対に，図 4.16(c) のように逆方向電圧を印加するとポテンシャル障壁は $(V_\mathrm{D} + |V|)$ に増加する．したがって，p 型領域から n 型領域へ流れこむ正孔および n 型領域から p

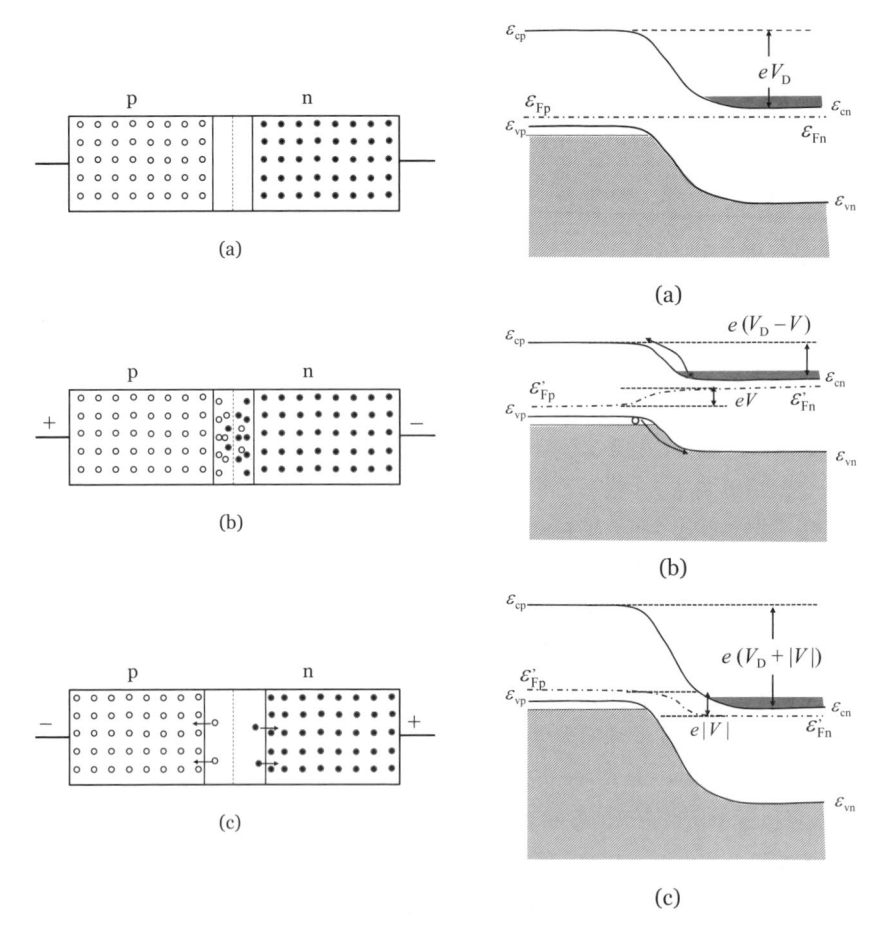

図 4.15　pn 接合 (a) 零バイアス，(b) 順バイアス，(c) 逆バイアス

図 4.16　エネルギー帯による pn 接合の整流作用の説明

型領域へ流れこむ電子は減少する．n 型領域から p 型領域へ流れる正孔および逆向きの電子に対してはポテンシャル障壁は存在しないが，これらは少数キャリアであるから，ごくわずかの電流しか流れない．次に整流方程式を導いてみよう．

$V = 0$ のときの p 型領域における電子密度 n_p と正孔密度 p_p および n 型領域における電子密度 n_n および正孔密度 p_n の間には

$$\frac{n_\mathrm{p}}{n_\mathrm{n}} = \frac{p_\mathrm{n}}{p_\mathrm{p}} = \exp\left(-\frac{eV_\mathrm{D}}{k_\mathrm{B}T}\right) \tag{4.66}$$

なる関係式が成立する．遷移領域の幅を $-x_\mathrm{p} \leq x \leq x_\mathrm{n}$ とすると，n_p は $x = -x_\mathrm{p}$ における電子密度，p_n は $x = x_\mathrm{n}$ における正孔密度を表すものと考えられる．

図 4.16(b) のように順方向電圧を印加すると，$x = x_\mathrm{n}$ における正孔密度は

$$p(x_\mathrm{n}) = p_\mathrm{p} \exp\left[-\frac{e(V_\mathrm{D} - V)}{k_\mathrm{B}T}\right] = p_\mathrm{n} \exp\left(\frac{eV}{k_\mathrm{B}T}\right) \quad (4.67)$$

となる．つまり n 型領域に注入される正孔密度は p 型領域の正孔密度 p_p に比例し，順方向電圧の増加とともに指数関数的に増大する．n 型領域から p 型領域に注入される電子についても同様のことがいえる．

外部から加えた電圧はほとんど遷移領域にかかるから，注入された少数キャリアの n 型および p 型領域における流れは，電界によるドリフトは無視して拡散のみによる電流と考えてよい．つまり n 型領域 ($x \geq x_\mathrm{n}$) における正孔電流密度は式 (4.40) と同様にして

$$J_\mathrm{h} = -eD_\mathrm{h} \cdot \frac{\partial p}{\partial x} \quad (4.68)$$

となる．ここに D_h は正孔の拡散係数である．また式 (4.52a) より

$$\frac{\partial p}{\partial x} = -\frac{p - p_0}{\tau_\mathrm{p}} + D_\mathrm{h} \frac{\partial^2 p}{\partial x^2} \quad (4.69)$$

となる．$x = x_\mathrm{n}$ での正孔密度は式 (4.67) で与えられる．$x = \infty$ で $p = p_\mathrm{n}$ とすると式 (4.69) の定常状態 ($\partial p/\partial x = 0$) における解は次のようになる．

$$p = p_\mathrm{n} \left[\exp\left(\frac{eV}{k_\mathrm{B}T}\right) - 1\right] \exp\left(-\frac{x - x_\mathrm{n}}{L_\mathrm{h}}\right) + p_\mathrm{n} \quad (4.70)$$

ここで，正孔の拡散距離 L_h は式 (4.55) で与えられる．この正孔密度を式 (4.68) に代入して n 型領域における正孔電流密度を求めると

$$J_\mathrm{h}(x) = \frac{eD_\mathrm{h}p_\mathrm{n}}{L_\mathrm{h}} \left[\exp\left(\frac{eV}{k_\mathrm{B}T}\right) - 1\right] \exp\left(-\frac{x - x_\mathrm{n}}{L_\mathrm{h}}\right) \quad (4.71a)$$

同様にして，p 型領域における電子電流密度 J_e は次式で与えられる．

$$J_\mathrm{e}(x) = \frac{eD_\mathrm{e}n_\mathrm{p}}{L_\mathrm{e}} \left[\exp\left(\frac{eV}{k_\mathrm{B}T}\right) - 1\right] \exp\left(\frac{x + x_\mathrm{p}}{L_\mathrm{e}}\right) \quad (4.71b)$$

拡散距離が遷移領域よりも十分大きく $L_\mathrm{h} \gg x_\mathrm{n}$, $L_\mathrm{e} \gg x_\mathrm{p}$ であれば，遷移領域中での電子正孔の再結合が無視できる．このとき $x = 0$ の面での電子および正孔の電流密度は $J_\mathrm{e}(-x_\mathrm{p})$ および $J_\mathrm{h}(x_\mathrm{n})$ に等しいから，全電流密度 J はその和になる．すなわち

$$\begin{aligned} J &= J_\mathrm{h}(x_\mathrm{n}) + J_\mathrm{e}(-x_\mathrm{p}) = e\left(\frac{D_\mathrm{h}p_\mathrm{n}}{L_\mathrm{h}} + \frac{D_\mathrm{e}n_\mathrm{p}}{L_\mathrm{e}}\right)\left[\exp\left(\frac{eV}{k_\mathrm{B}T}\right) - 1\right] \\ &\equiv J_\mathrm{s}\left[\exp\left(\frac{eV}{k_\mathrm{B}T}\right) - 1\right] \end{aligned} \quad (4.72)$$

ここに

$$J_\mathrm{s} = e\left(\frac{D_\mathrm{h} p_\mathrm{n}}{L_\mathrm{h}} + \frac{D_\mathrm{e} n_\mathrm{p}}{L_\mathrm{e}}\right) = e\left(\frac{D_\mathrm{h} p_\mathrm{p}}{L_\mathrm{h}} + \frac{D_\mathrm{e} n_\mathrm{n}}{L_\mathrm{e}}\right)\exp\left(-\frac{eV_\mathrm{D}}{k_\mathrm{B}T}\right) \quad (4.73)$$

は逆方向飽和電流である．逆方向バイアスに対しては $V < 0$ にとれば式 (4.72) が使えるから，式 (4.72) は pn 接合の整流特性を与える．pn 接合における注入された正孔の密度分布を図示すると図 4.17(a) のようになる．また整流特性を模式的に画くと図 4.17(b) のようになる．

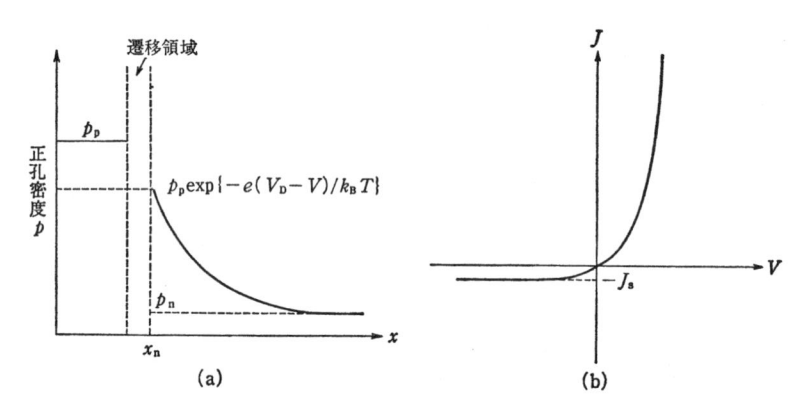

図 4.17 pn 接合における (a) 注入された正孔の密度分布と (b) 電流 – 電圧特性

4.8.1 p^+–n 接合と n^+–p 接合

n 型領域，p 型領域，および真性領域の導電率を σ_n, σ_p, σ_i とし真性密度を n_i とすると

$$\sigma_\mathrm{n} = e(bn_\mathrm{n} + p_\mathrm{n})\mu_\mathrm{h} \fallingdotseq ebn_\mathrm{n}\mu_\mathrm{h} = \frac{ebn_\mathrm{i}^2\mu_\mathrm{h}}{p_\mathrm{n}} \quad (4.74\mathrm{a})$$

$$\sigma_\mathrm{p} = e(bn_\mathrm{p} + p_\mathrm{p})\mu_\mathrm{h} \fallingdotseq ep_\mathrm{p}\mu_\mathrm{h} = \frac{en_\mathrm{i}^2\mu_\mathrm{h}}{n_\mathrm{p}} \quad (4.74\mathrm{b})$$

$$\sigma_\mathrm{i} = en_\mathrm{i}(b+1)\mu_\mathrm{h} \quad (4.74\mathrm{c})$$

$$b = \frac{\mu_\mathrm{e}}{\mu_\mathrm{h}} \quad (4.74\mathrm{d})$$

これらを式 (4.73) に代入しアインシュタインの関係式 (4.46) を用いると式 (4.73) は

$$J_\mathrm{s} = \frac{b\sigma_\mathrm{i}^2}{(1+b)^2}\left[\frac{1}{\sigma_\mathrm{n}L_\mathrm{h}} + \frac{1}{\sigma_\mathrm{p}L_\mathrm{e}}\right]\frac{k_\mathrm{B}T}{e} \quad (4.75)$$

となる．上式の括弧内第 1 項は正孔，第 2 項は電子による寄与を意味しているから pn 接合に流れる全電流のうち正孔電流の占める割合を γ とすると

$$\gamma = \frac{J_\mathrm{h}}{J} = \frac{\sigma_\mathrm{p} L_\mathrm{e}}{\sigma_\mathrm{p} L_\mathrm{e} + \sigma_\mathrm{n} L_\mathrm{h}} \tag{4.76}$$

となる.

$N_\mathrm{A} \gg N_\mathrm{D}$, $N_\mathrm{A} \gg n_\mathrm{i}$ なら $\sigma_\mathrm{p} \gg \sigma_\mathrm{n}$ で $J_\mathrm{h} \gg J_\mathrm{e}$ となり[*7], また式 (4.75) あるいは式 (4.76) より $\gamma \fallingdotseq 1$ となり, ほとんど正孔電流が支配し, J_s は次式で与えられる.

$$J_\mathrm{s} = \frac{b k_\mathrm{B} T \sigma_\mathrm{i}^2}{e(1+b)^2 \sigma_\mathrm{n} L_\mathrm{h}} \tag{4.77}$$

このような接合を **p$^+$–n 接合**とよび, 正孔注入が非常に有効的な接合である. 一方, $\sigma_p L_\mathrm{e} \ll \sigma_\mathrm{n} L_\mathrm{h}$ なら $\gamma \fallingdotseq 0$ となり電子の注入が非常に有効的な接合となり **n$^+$–p 接合**とよばれている. これは後に述べるトランジスタの特性を決める重要な要素となる.

4.8.2 接合容量

pn 接合は, 式 (4.64) で与えられる厚さ d の絶縁層をはさむ電気二重層であるから, その静電容量は単位面積あたり $C = \kappa \epsilon_0 / d$ となる. 逆方向バイアス電圧 V を印加すると, 電位障壁は $V_\mathrm{D} + V$ となるから, このときの静電容量は V_D の代りに $V_\mathrm{D} + V$ を代入して

$$C = \left[\frac{\kappa \epsilon_0 e}{2(V_\mathrm{D} + V)} \cdot \frac{N_\mathrm{D} N_\mathrm{A}}{N_\mathrm{D} + N_\mathrm{A}} \right]^{1/2} \tag{4.78a}$$

あるいは $N_\mathrm{D} \gg N_\mathrm{A}$ の成立する pn 接合では

$$C = \sqrt{\frac{\kappa \epsilon_0 e N_\mathrm{A}}{2(V_\mathrm{D} + V)}} \tag{4.78b}$$

となる. したがって, $1/C^2$ を逆方向バイアス V に対してプロットすると図 4.18 のように直線となり, V 軸を切る点から V_D を, こう配から不純物密度 N_A を求めることができる.

4.8.3 ショットキーダイオード

半導体と金属を接触させると図 4.19(a), (b) の例のように半導体の界面近傍の電子が押しやられ, イオン化したドナーが残され, 空乏層となり電位障壁 eV_D が現れる. これは図に示したように金属の仕事関数 ϕ_m (フェルミ準位と真空準位の

[*7] 強くドープした p 領域で L_e (したがって τ_n) があまり小さくならないので $\sigma_\mathrm{p} L_\mathrm{e} \gg \sigma_\mathrm{n} L_\mathrm{h}$ が成立する.

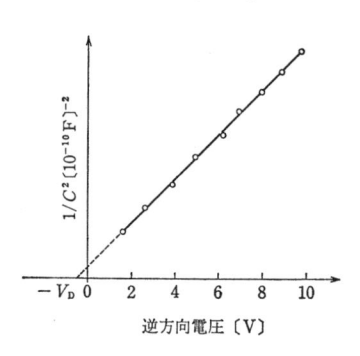

図 4.18 pn 接合の容量 – 逆方向バイアス特性

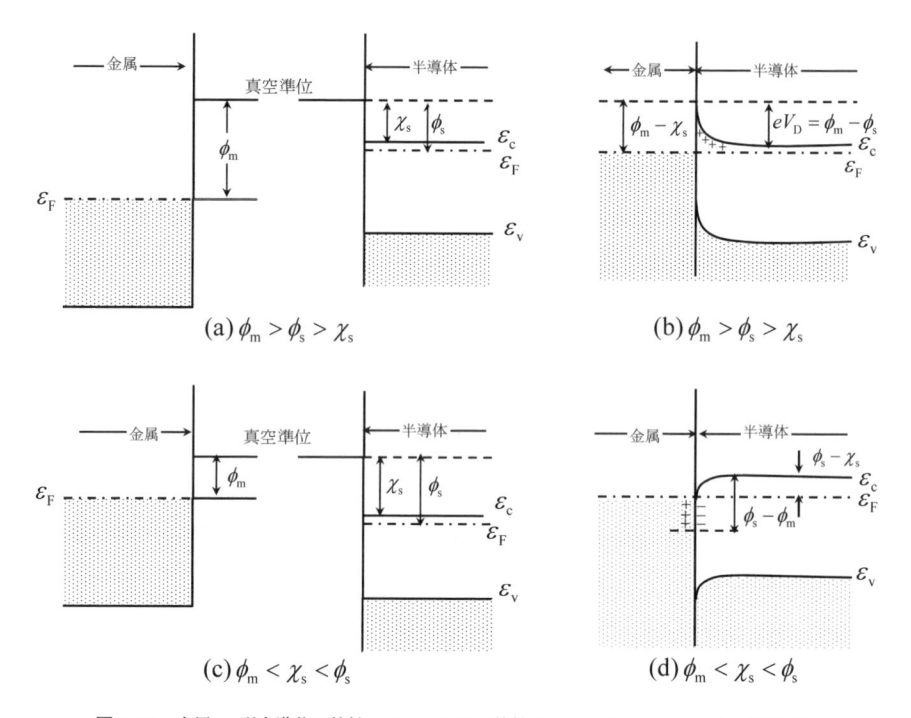

図 4.19 金属–n 型半導体の接触. ショットキー接触 ($\phi_\mathrm{m} > \phi_\mathrm{s} > \chi_\mathrm{s}$) の (a) 接触前と (b) 接触後, およびオーム接触 ($\phi_\mathrm{m} < \chi_\mathrm{s} < \phi_\mathrm{s}$) の (c) 接触前と (d) 接触後

差), 半導体の仕事関数 ϕ_s と半導体の電子親和度 χ_s (伝導帯の底と真空準位の差) の間に $\phi_\mathrm{m} > \phi_\mathrm{s} > \chi_\mathrm{s}$ の関係があるとき $eV_\mathrm{D} = \phi_\mathrm{m} - \phi_\mathrm{s}$ が現れるためであり, 逆に図 (c), (d) のように $\phi_\mathrm{m} < \chi_\mathrm{s} < \phi_\mathrm{s}$ の場合には電位障壁が現れず, オーム接触となる. 前者のようにショットキー障壁が現れる場合には整流性がある. 電位障

壁はポアッソンの方程式において電荷密度を eN_D (N_D：ドナー密度) とおいて次のように求まる．

$$\frac{d^2\phi}{dx^2} = -\frac{eN_D}{\kappa\epsilon_0} \tag{4.79}$$

これより，$\phi = -eN_D x^2/2\kappa\epsilon_0$ となる．バイアス電圧 V を印加して電位障壁が $V_D - V$ となり，$x = 0$ と $x = -d$ の間に電位障壁があるとすれば

$$d = \sqrt{\frac{2\kappa\epsilon_0(V_D - V)}{eN_D}} \tag{4.80}$$

となる．この障壁の静電容量は接触面積を S とすると $C = \kappa\epsilon_0 S/d$ より

$$C = S\sqrt{\frac{e\kappa\epsilon_0 N_D}{2(V_D - V)}} \tag{4.81}$$

となり，電流は

$$J = J_0[\exp(eV/k_B T) - 1] \tag{4.82}$$

で与えられる．J_0 は温度と電子の有効質量を含む定数である．

4.8.4 トンネルダイオード

pn 接合の p 型領域と n 型領域をともに強くドープし，図 4.20(a) に示すようにフェルミ準位が価電子帯と伝導帯の中に入り込むようにしたものの電流−電圧特性を調べると，順方向電流に特異な電流が流れる．強くドープした pn 接合の遷移領域の厚さは，式 (4.64) よりわかるように非常に薄くなる．そこで，図 4.20(b) のように少し順方向にバイアスした場合を考えると，n 型領域の伝導帯の電子が p 型領域の価電子帯の空いた準位 (正孔) へトンネルすることにより余分の電流が流れることになる．さらに順方向電圧を増すと，n 型領域の電子のエネルギー準位は p 型領域の禁止帯に相当するようになりトンネルすることができなくなり (図 4.20(c))，さらに順方向電圧を増すと電位障壁を越えて通常の順方向電流が流れるようになる．このときの電流−電圧特性を示すと図 4.21 のようになる．このような pn 接合をトンネルダイオードあるいは発明者の名をとってエサキダイオードとよぶことがある．

4.9 トランジスタ

トランジスタには，npn と pnp 構造の 2 種類の接合型トランジスタがある．これらは 1 つの素子に 2 つの pn 接合を有する．その動作原理を理解するため図 4.22

に示すような pnp 接合トランジスタを考えてみる．左の p 領域をエミッタ，中間の n 領域をベース，右側の p 領域をコレクタとよぶ．図ではベース接地とよばれる接続法が示されており，左側の pn 接合 (エミッタ接合) は順方向に，右側の np 接合 (コレクタ接合) は逆方向にバイアスされている．この pnp 接合トランジスタのエネルギー図を示すと図 4.23 のようになる．(a) はバイアスがされていない場合，(b) は図 4.22 のベース接地のようにバイアスされた場合である．エミッタバイアスを V_{EB}，コレクタバイアスを V_{CB} としてある．交流信号がない場合に各接合を通して流れる直流電流について考えてみる．図 4.23(b) においてエミッタ・ベース接合は順方向にバイアスされているから，エミッタ領域からベース領域に正孔が注入され，ベース領域からエミッタ領域に電子が注入される．つまり，全エミッタ電流 I_E は正孔電流 I_E^h と電子電流 I_E^e の和で与えられ次のようになる．

$$I_E = I_E^h + I_E^e \tag{4.83}$$

エミッタからベース領域に注入された正孔は，拡散によってコレクタ接合に到達

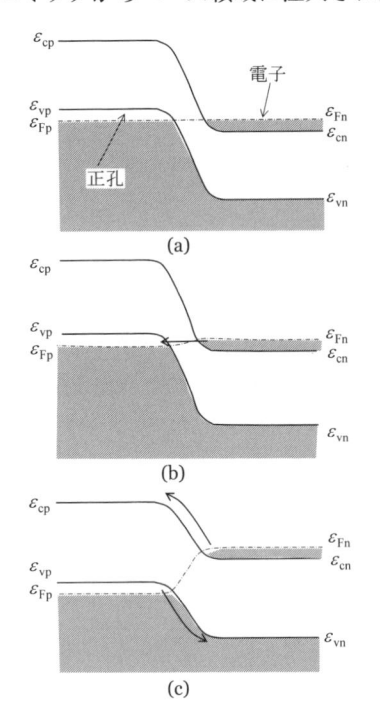

図 4.20　トンネルダイオードの (a) ゼロバイアス，(b) 低順バイアス，(c) 高バイアス

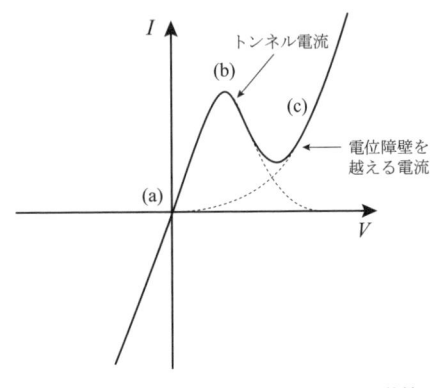

図 4.21　トンネルダイオードの電流–電圧特性

し，コレクタ接合に入って電流を流す．コレクタ接合は逆方向にバイアスされており高抵抗で高い電圧がかかっているので，この部分に流れこむ電流によって電力増幅が起こる．これが pnp トランジスタの動作原理で，npn トランジスタもまったく同様に考えることができる．

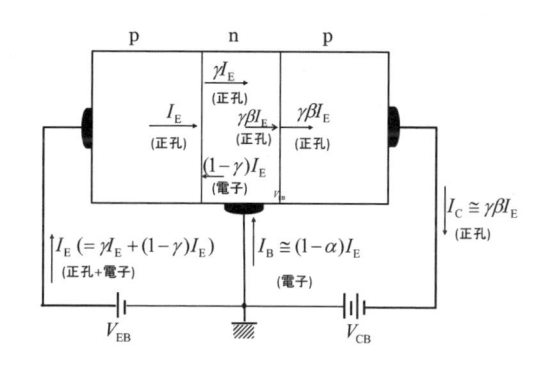

図 4.22 pnp トランジスタ

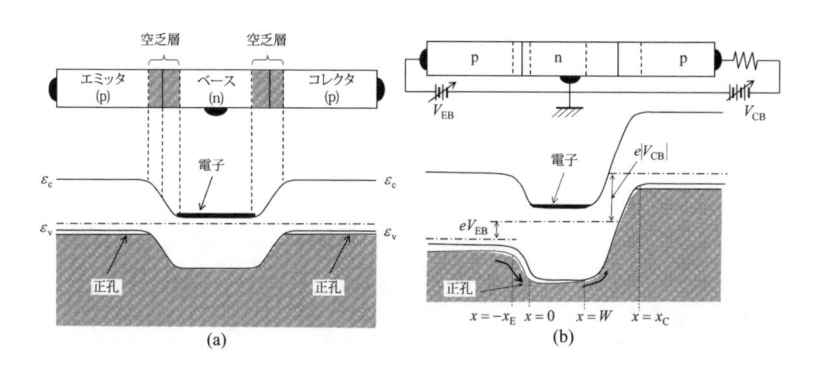

図 4.23 pnp トランジスタにおける (a) バイアスなしの状態と (b) エミッタ・ベース間に順バイアス，ベース・コレクタ間に逆バイアスを印加したときのエネルギー帯図

上に述べたことから，pnp トランジスタの特性を向上させるためには，次の 2 つの条件が要求されることがわかる．まず，エミッタ電流のうち正孔電流 I_E^h が支配的であること，つまり $I_E^h \gg I_E^e$ であることである．次に，ベース領域に注入された正孔が再結合で失われることなくコレクタ電流を誘起することである．は

じめの条件は前節で述べた p^+–n 接合をエミッタ接合に用いることで，式 (4.76) より $\gamma = I_E^h/I_E \fallingdotseq 1$ とすることができる．つまり，エミッタとベースの導電率を σ_E と σ_B とすると，$\sigma_E \gg \sigma_B$ となるようにドーピングを行えばよい．通常は $\sigma_E \fallingdotseq 10^4\,\text{S/m}$, $\sigma_B \fallingdotseq 10^2\,\text{S/m}$ で $\sigma_C = 10\,\text{S/m}$ である．ベース領域の幅 W が正孔の拡散距離 L_h よりも小さいので，γ は式 (4.76) を少し変形したものとなる．ベース領域のエミッタ接合を原点 $x = 0$ にとり，ベース領域を $0 \leq x \leq W$ とすれば，正孔密度 $p(x)$ は

$$p(0) = p_n \exp\left(\frac{eV_{EB}}{k_B T}\right), \quad p(W) = p_n \exp\left(\frac{eV_{CB}}{k_B T}\right) \tag{4.84}$$

となる．ここに V_{EB} はエミッタ電圧，V_{CB} はコレクタ電圧で p_n はベース領域における平衡状態の正孔密度である．式 (4.69) より定常状態におけるベース領域の正孔密度は有限のベース領域における一般解として

$$p(x) - p_n = C_1 \exp\left(-\frac{x}{L_h}\right) + C_2 \exp\left(\frac{x}{L_h}\right) \tag{4.85a}$$

となる．定数 C_1 と C_2 は境界条件から決まる．つまり，式 (4.84) を式 (4.85a) に代入して，2つの式から定数 C_1 と C_2 を決定することができる．その結果

$$p(x) - p_n = [p(W) - p_n]\left[1 - \frac{\sinh\left(\dfrac{x}{L_h}\right)}{\sinh\left(\dfrac{W}{L_h}\right)}\right] + [p(0) - p_n]\frac{\sinh\left(\dfrac{W-x}{L_h}\right)}{\sinh\left(\dfrac{W}{L_h}\right)} \tag{4.85b}$$

となる．このベース領域に注入された正孔密度の分布を式 (4.85b) を用いて，異なる L_h に対してプロットしたのが図 4.24 に示してある．エミッタ電圧 V_{EB} に対し $eV_{EB}/k_B T \gg 1$ を仮定した．ベース領域の幅 W が正孔の拡散距離 L_h に比べ十分小さいとすれば，ベース領域での正孔の再結合は無視でき，式 (4.85b) は次のように近似される．

$$p(x) = p(0)\left(1 - \frac{x}{W}\right) \tag{4.85c}$$

図 4.24 あるいは式 (4.85c) より $W \ll L_h$ ではベース領域に注入された少数キャリアの正孔は直線的に分布し，一様な拡散電流が流れる．これより，ベース領域における正孔による拡散電流は

$$I_E^h = -SeD_h\frac{dp}{dx} = \frac{SeD_h}{W}p_n \exp\left(\frac{eV_{EB}}{k_B T}\right) \tag{4.86}$$

となる．ここに S はベース領域の断面積である．この式は，ちょうど式 (4.71a) において $x = x_n$ とおき $L_h \to W$ とおいたものに対応することがわかる．($V \to V_{EB}$

とし $\exp(eV_{EB}/k_BT) - 1 \fallingdotseq \exp(eV_{EB}/k_BT)$ を用いる).したがって,式 (4.76) は $\sigma_e L_e \gg \sigma_h W$ を用いて

$$\gamma = \frac{\sigma_e L_e}{\sigma_e L_e + \sigma_h W} \fallingdotseq 1 \qquad (4.87)$$

となることがわかる.この γ のことをエミッタ効率とよび,エミッタ電流のうち正孔電流の占める割合を示し,γ が 1 に近いほどトランジスタの特性がよくなる.通常は $I_E^h/I_E^e = (\sigma_e/\sigma_h)(L_e/W) \fallingdotseq 10^4$ となり,ほとんどのエミッタ電流は正孔電流によって占められており,ベース領域で再結合するものをのぞき,ほとんどがコレクタ電流となる.

エミッタから注入された正孔の密度が,ベース領域に存在する熱平衡状態の正孔密度 p_n よりも十分に大きく,かつベース領域の幅が $W \ll L_h$ の場合,エミッタから注入された正孔のベース領域における拡散方程式を,式 (4.69) と同様にして立てそれを解くと,ベース領域 W を通過する間に,その正孔の $(1/2)(W/L_h)^2$ が再結合によって失われることがわかる.ベース領域に注入された正孔のうちコレクタ接合に到達する割合を求めると

$$\beta = \frac{I_C^h}{I_E^h} = \frac{(dp/dx)_{x=W}}{(dp/dx)_{x=0}} = \frac{1}{\cosh\left(\frac{W}{L_h}\right)} \fallingdotseq 1 - \frac{1}{2}\left(\frac{W}{L_h}\right)^2 \qquad (4.88)$$

となり,これを**到達効率** (transport efficiency) とよぶ.ここに I_C^h はコレクタに到達する正孔電流である.またベース・コレクタ間は逆方向にバイアスされており,その電流 (逆方向飽和電流) は I_E^h や I_C^h に比べ非常に小さいので無視できる.したがって,全コレクタ電流 I_C と全エミッタ電流の比,**電流利得因子** (current gain factor) は次のようになる.

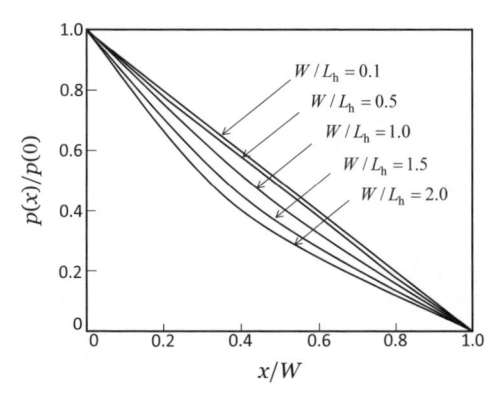

図 4.24 pnp トランジスタにおけるベース領域に注入された正孔の密度分布

$$\alpha = \frac{I_C}{I_E} \fallingdotseq \frac{I_C^h}{I_E} = \beta\gamma \tag{4.89}$$

通常のトランジスタでは $L_h \simeq 2 \times 10^{-4}$ m であるから $W = 10^{-5}$ m とすれば, $\beta = 0.9988$ となり, $\alpha = 0.994$ あるいはこれ以上となる. これらの関係を模式的に示したのが図 4.22 である. これより, コレクタ・ベース電流の増幅率 ε は

$$\varepsilon = \frac{I_C}{I_B} = \frac{\alpha}{1-\alpha} \tag{4.90}$$

となる. 通常のトランジスタでは ε は $20 \sim 10^3$ 程度である.

4.10 MOS 型電界効果トランジスタ

4.10.1 MOS 構造と MOSFET

金属 (ゲート) 電極と半導体との間に絶縁膜 (SiO$_2$) が挟まれた構造が **MOS**(metal-oxide-semiconductor) **構造** (または MOS キャパシタ) である. 絶縁体が金属と半導体の間に挟まれているため, ゲート電極に電圧を印加しても, 界面に垂直な方向へキャリアは流れない. ゲート電圧は, 半導体界面近傍のキャリア密度の変調に用いられる. 図 4.25 に示すように, MOS 構造にソース・ドレイン電極を設けたものが MOS 型電界効果トランジスタ (MOSFET, MOS field-effect-transistor) であり, ソース・ドレイン間を流れる電流をゲート電圧により制御できる. 図 4.25 は, p 型半導体を基板としており, 電子電流をゲート電圧で制御するため, n チャネル MOSFET とよばれる. 一方, n 型半導体を基板とした構造は p チャネル MOSFET とよばれる.

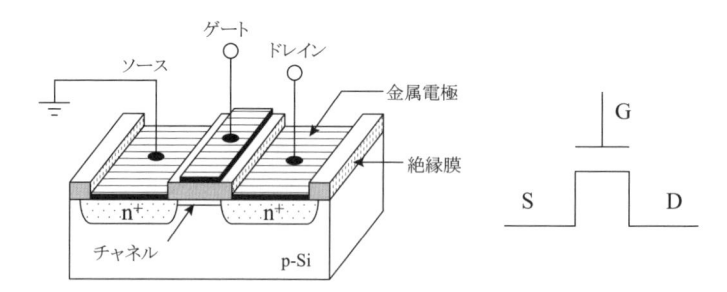

図 4.25 MOS 型電界効果トランジスタ (MOSFET) の構造. p 型 Si 基板上に, 酸化膜 (絶縁体膜) を形成し, その上に金属電極膜をつけゲート電極とする. ソース電極とドレイン電極は, p 型 Si 基板に n$^+$ 不純物を拡散しオーミックな金属電極を形成したものである. ゲート電極に正の電圧を印加するとゲート下に電子の n チャネルが形成され, ソース・ドレイン間を電流が流れる. 右図は MOSFET の回路表示.

4.10.2　MOS 構造の基礎

この節では，ソース・ドレイン電極を考慮せず，基板を接地した状態で，ゲート電極に電圧 V_G を印加した場合について考える．その際，簡単化のため，半導体界面および酸化膜中の電荷を無視し，ゲート電圧 $V_G = 0$ のとき酸化膜にかかる電界が 0 になるとする．

ゲート電極に電圧 V_G を印加すると，半導体と酸化膜の界面に電子や正孔が誘起される．このことを図 4.26 を用いて説明する．図 4.26 の左側は p 基板 MOS 構造 (n チャネル)，右側は n 基板 MOS 構造 (p チャネル) である．ゲート電圧を印加したときに誘起されるキャリアの様子が模式的に示してある．n チャネル MOS 構造では $V_G < 0$ の電圧印加で界面に正孔が蓄積された**蓄積層**が形成され，

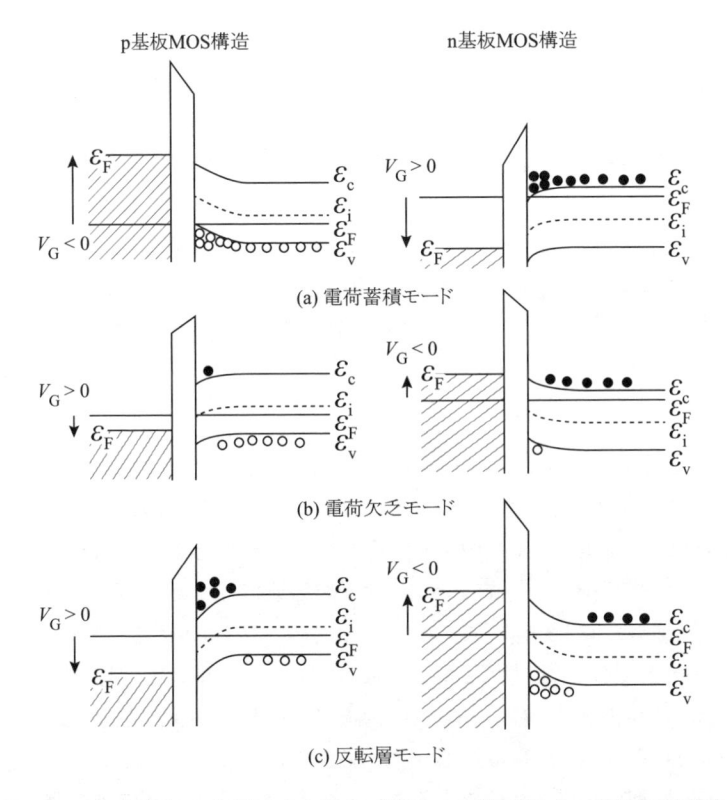

図 4.26　ゲート電圧 V_G を印加したときの p 基板 MOS 構造 (左) と n 基板 MOS 構造 (右) におけるエネルギー帯構造．p 基板 MOS 構造では $V_G < 0$ の電圧印加で界面に正孔が蓄積されるが，$V_G > 0$ を印加すると界面に電子が誘起され反転層が形成される．n 基板 MOS 構造では $V_G > 0$ で，界面に電子が誘起され蓄積層が形成され，$V_G < 0$ では界面に正孔が誘起され反転層が形成される．

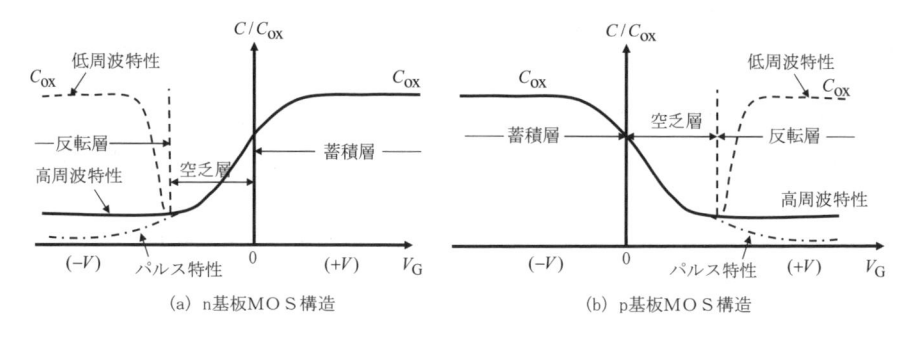

図 4.27 MOS キャパシタンスのゲート電圧依存性. ゲート電圧 V_G とゲート容量 C との関係で, 低周波領域での測定と高周波領域における関係が模式的に表してある. (a) は n 基板 MOS 構造, (b) は p 基板 MOS 構造の場合.

$V_G > 0$ を印加すると界面に電子が誘起され反転層が形成される. 一方, p チャネル MOS 構造では $V_G > 0$ で, 界面に電子が誘起され, $V_G < 0$ では界面に正孔が誘起される.

MOS 構造における容量のバイアス依存性を図 4.27 に示す. ここでは, n 基板 MOS 構造のゲート電圧と容量の関係を述べる (図 4.27(a)). MOS 構造の静電容量 C は, 酸化膜部分の容量 C_ox ($= \kappa_\mathrm{ox}\epsilon_0/t_\mathrm{ox}$, t_ox: 酸化膜厚) と基板部分の空乏層のもつ容量 C_s ($= \mathrm{d}Q_\mathrm{s}/\mathrm{d}\phi_\mathrm{s}$, Q_s: 表面電荷, ϕ_s: 表面ポテンシャル) の直列接続である.

$$C = \frac{1}{\frac{1}{C_\mathrm{ox}} + \frac{1}{C_\mathrm{s}}} = \frac{C_\mathrm{ox} C_\mathrm{s}}{C_\mathrm{ox} + C_\mathrm{s}} \tag{4.91}$$

いま, $V_G > 0$ で V_G の大きい領域から考えると, 基板表面に電子の蓄積層ができており, この部分の容量がきわめて大きく, 式 (4.91) より, 全容量 C はほとんど酸化膜容量 C_ox に等しい. V_G を次第に減少させると C_s が減少するが, $V_G = 0$ を過ぎ, $V_G < 0$ の領域で空乏層を生じる領域になれば, C_s は pn 接合の空乏層容量の逆電圧印加時の振る舞いに似て減少し, 全容量 C も減少する. しかし, $V_G < 0$ で $|V_G|$ が大きくなり, p 型反転層が形成されるようになると, 空乏層幅は最大に達し, 以降は変化せず, 代わって表面に誘起した正孔が印加電圧によって変化する容量が現れるので再び容量 C は増大する. この容量のゲート電圧依存性は反転層の形成の時間応答によって異なる. いま, 容量 C をある周波数で測定すると, この信号周波数に反転層の形成が追従できなければ, この領域の容量変化は観測されないため, 図 4.27(a) の $V_G < 0$ における容量変化は実線のようになる. 実際に $V_G < 0$ の領域で容量 C の増大が見られるのは, 低周波で測定した場合のみ

である. 多くの場合, 1 kHz 以上では C の $V_G < 0$ における増大は観測されない.

4.10.3 表面ポテンシャルと表面電荷

p 基板 MOS 構造を考える (図 4.28). ポテンシャル ϕ を半導体バルクの真性フェルミ準位 $\mathcal{E}_i$ を基準にし, 図のように下向きに正に測る. 半導体表面では $e\phi_s$ であるとする. この ϕ_s のことを**表面ポテンシャル**とよぶ. 表面ポテンシャルは界面から半導体側 (x 方向) に電荷密度がどれだけあるかによって決まる. 界面近傍の反転電子密度や空乏層の密度がこの表面ポテンシャルを決定する. 界面に固定電荷が存在しない場合, この表面ポテンシャルは反転電子密度と空乏層電荷で決まるが, 表面に余分な電荷があれば (表面電荷), その分表面ポテンシャルは変わる. もし, 表面から見て電荷が存在しなければ, 電磁気学のガウスの定理から半導体の誘電率を $\kappa_s \epsilon_0$ とおくと

$$\kappa_s \epsilon_0 E_s = 0 \tag{4.92}$$

となるから, 表面の電界 E_s が 0 となる (フラットバンド). 図 4.28 の場合, ゲート電極に正のバイアスを印加しており, 半導体中に負の電荷を誘起しているため, 表面の電位分布が曲がっている. 界面での電界強度 (ポテンシャルの勾配) は界面から見た半導体内の全電荷密度を式 (4.92) の右辺に代入すれば求まる. この考えは後に述べる数値解析の初期条件を決定するのに役立つ.

いま, 電子密度 $n(x)$ と正孔密度 $p(x)$ をバルク (界面から遠く基板深い場所) の中の密度 n_0 と p_0 を用いて表す.

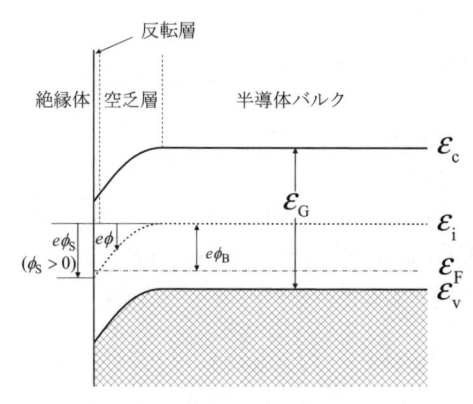

図 4.28 p 基板 MOS 構造の半導体内部のエネルギー図

$$n(x) = n_0 \exp[\beta\phi(x)], \quad p(x) = p_0 \exp[-\beta\phi(x)] \tag{4.93}$$

$$\beta = \frac{e}{k_{\rm B}T} \tag{4.94}$$

ここに,質量作用の法則より,真性電子密度を $n_{\rm i}$ とおいて,次の関係が成立する.

$$n_0 p_0 = n_{\rm i}^2 \tag{4.95}$$

$$n_0 = n_{\rm i}\exp(-\beta\phi_{\rm B}), \quad p_0 = n_{\rm i}\exp(\beta\phi_{\rm B}) \tag{4.96}$$

$$\frac{n_0}{p_0} = \exp(-2\beta\phi_{\rm B}) \tag{4.97}$$

$\phi_{\rm B}$ は真性フェルミ準位 $\mathcal{E}_{\rm i}$ とバルクのフェルミ準位 $\mathcal{E}_{\rm F}$ の差である.

$$\phi_{\rm B} = \mathcal{E}_{\rm i} - \mathcal{E}_{\rm F} \tag{4.98}$$

イオン化したドナーとアクセプタの密度を $N_{\rm D}^+$, $N_{\rm A}^-$ とすると,半導体中の電荷密度 $Q(x)$ は

$$Q(x) = e[N_{\rm D}^+ - N_{\rm A}^- + p(x) - n(x)] \tag{4.99}$$

となる.バルク中では電気的に中性であるから

$$N_{\rm D}^+ - N_{\rm A}^- + p_0 - n_0 = 0 \tag{4.100}$$

が成立するから

$$Q(x) = e[p(x) - p_0 - n(x) + n_0] \tag{4.101}$$

の関係を得る.表面近傍での電位分布 $\phi(x)$ はポアソンの方程式

$$\frac{{\rm d}^2\phi(x)}{{\rm d}x^2} = -\frac{Q(x)}{\kappa_{\rm s}\epsilon_0} \tag{4.102}$$

を解くことにより求まる.式 (4.101) を式 (4.102) に代入して,式 (4.93) を用いると次式を得る.

$$\frac{{\rm d}^2\phi}{{\rm d}x^2} = -\frac{e}{\kappa_{\rm s}\epsilon_0}[p_0({\rm e}^{-\beta\phi} - 1) - n_0({\rm e}^{\beta\phi} - 1)] \tag{4.103}$$

この式の両辺に $({\rm d}\phi/{\rm d}x){\rm d}x = {\rm d}\phi$ をかけ

$$\frac{{\rm d}\phi}{{\rm d}x}\cdot\frac{{\rm d}^2\phi}{{\rm d}x^2}{\rm d}x = \frac{{\rm d}\phi}{{\rm d}x}\cdot\frac{{\rm d}}{{\rm d}x}\left(\frac{{\rm d}\phi}{{\rm d}x}\right){\rm d}x = \frac{{\rm d}\phi}{{\rm d}x}\cdot{\rm d}\left(\frac{{\rm d}\phi}{{\rm d}x}\right) \tag{4.104}$$

の関係を用い,半導体内部の ${\rm d}\phi/{\rm d}x = 0$, $\phi = 0$ となる点から表面 (電界 $E_{\rm s}$, ポテンシャル $\phi_{\rm s}$) まで積分すると

$$\int_0^{-E_{\rm s}}\frac{{\rm d}\phi}{{\rm d}x}\cdot{\rm d}\left(\frac{{\rm d}\phi}{{\rm d}x}\right) = -\frac{e}{\kappa_{\rm s}\epsilon_0}\int_0^{\phi_{\rm s}}[p_0({\rm e}^{-\beta\phi} - 1) - n_0({\rm e}^{\beta\phi} - 1)]{\rm d}\phi \tag{4.105}$$

より,

$$E_{\text{s}} = \pm \frac{2k_{\text{B}}T}{eL_{\text{D}}} F(p_0, n_0, \phi_{\text{s}}) \tag{4.106}$$

$$F(p_0, n_0, \phi) = \left[(\mathrm{e}^{-\beta\phi} + \beta\phi - 1) + \frac{n_0}{p_0}(\mathrm{e}^{\beta\phi} - \beta\phi + 1) \right]^{1/2} \tag{4.107}$$

$$L_{\text{D}} = \sqrt{\frac{2\kappa_{\text{s}}\epsilon_0 k_{\text{B}}T}{p_0 e^2}} \tag{4.108}$$

が得られる．式 (4.106) で + は $\phi_{\text{s}} > 0$ に, − は $\phi_{\text{s}} < 0$ に対応し, L_{D} は多数キャリア (正孔) に対するデバイ長である．この表面電界 E_{s} に対する表面電荷密度 Q_{s} はガウスの定理より

$$Q_{\text{s}} = -\kappa_{\text{s}}\epsilon_0 E_{\text{s}} = \mp \frac{2\kappa_{\text{s}}\epsilon_0 k_{\text{B}}T}{eL_{\text{D}}} F(p_0, n_0, \phi_{\text{s}}) \tag{4.109}$$

となる．図 4.29 は $N_{\text{A}} = 4 \times 10^{15}\,\text{cm}^{-3}$ の p 型 Si における $T = 300\,\text{K}$ での表

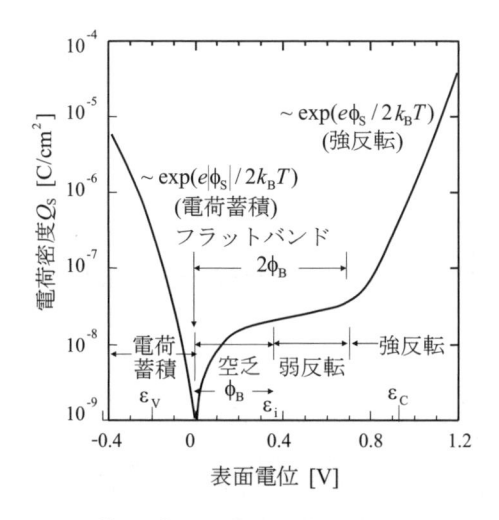

図 **4.29** $N_{\text{A}} = 4 \times 10^{15}\,\text{cm}^{-3}$ の p 型 Si 基板での表面電位 ϕ_{s} と電荷密度 Q_{s} の関係．

面電荷密度 Q_{s} を表面ポテンシャル ϕ_{s} の関数としてプロットしたものである．図に示した蓄積，空乏，弱反転と強反転の 4 つの領域は次のように理解される．

(i) 電荷蓄積領域 ($\phi_{\text{s}} < 0$):

$p_0 \gg n_0$, $\exp(-\beta\phi_{\text{s}}) \gg |\beta\phi_{\text{s}} - 1|$ であるから，式 (4.107) の第 1 項のみ寄与し Q_{s} は次式で近似される．

$$Q_{\text{s}} = \frac{2\kappa_{\text{s}}\epsilon_0 k_{\text{B}}T}{eL_{\text{D}}} \exp\left(\frac{e|\phi_{\text{s}}|}{2k_{\text{B}}T}\right) \tag{4.110}$$

(ii) フラットバンド条件 ($\phi_s = 0$):
$$Q_s = 0 \tag{4.111}$$

(iii) 空乏領域 ($0 < \phi_s < \phi_B$):
次の弱反転領域と同様に近似できる．また，$\phi_s = \phi_B$ のとき $n = p = n_i$ となる．

(iv) 弱反転領域 ($\phi_B < \phi_s < 2\phi_B$):
式 (4.107) の第 2 項からくる $\beta\phi_s$ の寄与が大きくなり，$n > p$ となる．このとき次式が得られる．
$$Q_s = -\frac{2\kappa_s\epsilon_0}{L_D}\left(\frac{k_B T}{e}\right)^{1/2}\sqrt{\phi_s} \tag{4.112}$$

上式において $\phi_s = 2\phi_B$ のとき，
$$Q_s = -2\sqrt{e\kappa_s\epsilon_0 N_A \phi_B} \tag{4.113}$$

となる．ただし，$p_0 = N_A$ とおいた．

(v) 強反転領域 ($\phi_s > 2\phi_B$):
このとき式 (4.107) の第 4 項からくる $(n_0/p_0)\exp(\beta\phi_s)$ の寄与が大きくなり Q_s は次式で近似される．
$$Q_s = -\frac{2\kappa_s\epsilon_0 k_B T}{eL_D}\left(\frac{n_0}{p_0}\right)^{1/2}\exp\left(\frac{e\phi_s}{2k_B T}\right) \tag{4.114}$$

4.10.4 MOS 構造の静電容量

MOS の静電容量は式 (4.109) を ϕ_s で微分し
$$C_s = \left|\frac{dQ_s}{d\phi_s}\right| = \frac{\kappa_s\epsilon_0}{L_D}\left|\frac{1 - \exp(-\beta\phi_s) + (n_0/p_0)[\exp(\beta\phi_s) - 1]}{F(p_0, n_0, \phi_s)}\right| \tag{4.115}$$

で与えられる．したがって各領域で次の関係が成立する．

電荷蓄積領域 ($\phi_s < 0$):
$$C_s = \frac{\kappa_s\epsilon_0}{L_D}\exp\left(\frac{e|\phi_s|}{2k_B T}\right) \gg C_{ox} \tag{4.116}$$

フラットバンド条件 ($\phi_s = 0$):
$$C_s = \frac{\sqrt{2}\kappa_s\epsilon_0}{L_D} \tag{4.117}$$

空乏領域および弱反転領域 ($0 < \phi_s < 2\phi_B$):
$$C_s = \frac{\kappa_s\epsilon_0}{L_D}\left(\frac{k_B T}{e}\right)^{1/2}\frac{1}{\sqrt{\phi_s}} \ll C_{ox} \tag{4.118}$$

強反転領域 ($\phi_\mathrm{s} > 2\phi_\mathrm{B}$):

$$C_\mathrm{s} = \frac{\kappa_\mathrm{s}\epsilon_0}{L_\mathrm{D}}\left(\frac{n_0}{p_0}\right)^{1/2}\exp\left(\frac{e\phi_\mathrm{s}}{2k_\mathrm{B}T}\right) \gg C_\mathrm{ox} \tag{4.119}$$

この強反転領域の静電容量は少数キャリアが印加電圧(したがって表面電位 ϕ_s) によって多数つくられることによる. 表面電位 ϕ_s の変化により, 少数キャリアの発生や再結合が起こり, Q_s が変化することにより容量 C_s が変化するが, この少数キャリア(反転電子)の変化は低周波でのみ応答できることはすでに述べた. このとき, 式 (4.119) の関係が成立する. 高周波領域ではこの反転電子の応答がないから, 空乏層中のイオン化アクセプタ ($N_\mathrm{A}^- \simeq N_\mathrm{A}$ または $N_\mathrm{A}^- - N_\mathrm{D}^+ \simeq N_\mathrm{A} - N_\mathrm{D}$) による容量であるから, 空乏層の幅を d_eff として, $C_\mathrm{s} = \kappa_\mathrm{s}\epsilon_0/d_\mathrm{eff}$ となる. MOS 構造では p 基板に ϕ_s の実効電圧が印加されているので, $N_\mathrm{D} \gg N_\mathrm{A}$ のとき,

$$C_\mathrm{s} = \sqrt{\frac{eN_\mathrm{A}\kappa_\mathrm{s}\epsilon_0}{2\phi_\mathrm{s}}} \ll C_\mathrm{ox} \tag{4.120}$$

なる関係が得られる.

印加ゲート電圧 V_G は絶縁体膜に V_ox, 半導体に ϕ_s だけ分配される.

$$V_\mathrm{G} = V_\mathrm{ox} + \phi_\mathrm{s} \tag{4.121}$$

この ϕ_s は $2\phi_\mathrm{B}$ をこえると反転電子密度を増加させるのに使われ, 空乏層の幅 x_d は $\phi_\mathrm{s} = 2\phi_\mathrm{B}$ で最大値 x_dmax となる. この x_dmax とこのときの容量 C_m は式 (4.120) より

$$x_\mathrm{dmax} = \sqrt{\frac{4\kappa_\mathrm{s}\epsilon_0\phi_\mathrm{B}}{eN_\mathrm{A}}} \tag{4.122}$$

$$C_\mathrm{m} = \frac{\kappa_\mathrm{s}\epsilon_0}{x_\mathrm{dmax}} = \sqrt{\frac{eN_\mathrm{A}\kappa_\mathrm{s}\epsilon_0}{4\phi_\mathrm{B}}} \tag{4.123}$$

となる.

4.10.5 MOSFET の電気特性

a. 線形領域

表面電荷 Q_s は電気伝導に寄与する反転電子密度 Q_n と空乏層の電荷 Q_B の和で与えられる.

$$Q_\mathrm{s} = Q_\mathrm{n} + Q_\mathrm{B} \tag{4.124}$$

Q_B は式 (4.122) を用い, 反転が始まるとき

$$Q_\mathrm{B} = -eN_\mathrm{A}x_\mathrm{dmax} = -2\sqrt{e\kappa_\mathrm{s}\epsilon_0 N_\mathrm{A}\phi_\mathrm{B}} \tag{4.125}$$

となる．この反転が起こり，電子が流れるチャネルの形成開始電圧をしきい値電圧 (threshold voltage) とよび V_T と書く．ゲート電圧 V_G が V_T に等しいとき，$\phi_s = 2\phi_B$ となるから，式 (4.121) と式 (4.125) より次の関係を得る．

$$V_T = -\frac{Q_B}{C_{ox}} + \phi_s = -\frac{Q_B}{C_{ox}} + 2\phi_B = \sqrt{4e\kappa_s\epsilon_0 N_A \phi_B} \cdot \frac{t_{ox}}{\kappa_{ox}\epsilon_0} + 2\phi_B \quad (4.126)$$

したがって，$V_G > V_T$ で，式 (4.121) を用いると

$$Q_n = Q_s - Q_B = -C_{ox}(V_G - \phi_s) - Q_B \quad (4.127)$$

となる．$V_G = V_T$ で空乏層の幅の伸びは止まり，それ以上の電圧は Q_n の誘起に使われる．式 (4.127) において，$V_G = V_T$ で $Q_n = 0$ とおくと，

$$-C_{ox}(V_T - \phi_s) - Q_B = 0 \quad (4.128)$$

これより，Q_B を式 (4.127) に代入すると

$$Q_n = -C_{ox}(V_G - V_T) \quad (4.129)$$

なる関係が得られる．

ソース電極を接地し，ドレイン電極に電圧 V_D を印加すると反転電子によるドレイン電流が流れる．いま，反転電荷密度 Q_n が V_D の影響を受けず式 (4.129) で与えられるぐらい十分弱い V_D を印加した場合を考える．このとき，チャネル長を L として，ソース・ドレイン方向の電界は一様電界 $E_y = -V_D/L$ になると考えられるので，以下で示す式 (4.135) より，ドレイン電流は，

$$I_D = \frac{W}{L} \cdot \mu_e C_{ox}(V_G - V_T)V_D \quad (4.130)$$

となる．ここに μ_e は電子移動度，W はゲートの幅である．また，コンダクタンス g は

$$g = \frac{\partial I_D}{\partial V_D} = \frac{W}{L} \cdot \mu_e C_{ox}(V_G - V_T) \quad (4.131)$$

となる．このように，V_D が小さい場合，I_D は V_D に比例する．しかし，V_D が大きくなると，ソース・ドレイン方向に，電界や反転電荷密度が一様でなくなるため，ソース・ドレイン方向に沿った解析が必要となる．

b. グラデュアルチャネル近似

ソース・ドレイン方向のポテンシャル変化が小さい場合を考える (グラデュアルチャネル近似)．図 4.30 のように界面に垂直な方向を x 軸，ソース・ドレイン方向を y 軸に選ぶ．チャネルを流れるドレイン電流密度 J_D は

$$J_D = -e\mu_e n(x,y)\left(-\frac{dV}{dy}\right) \quad (4.132)$$

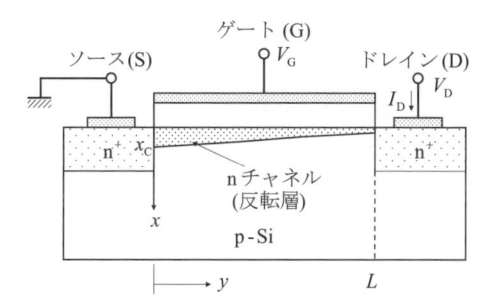

4.10 MOS 型電界効果トランジスタ

図 4.30 n チャネル MOSFET. グラデュアルチャネル近似

となる．ここに，$n(x,y)$ はチャネル内の点 (x,y) における電子密度である．チャネルを流れるドレイン電流 I_D はチャネル幅を W，深さを x_c とすると

$$I_D = W \int_0^{x_c} J_D dx = -W \int_0^{x_c} e\mu_e n(x,y) \left(-\frac{dV}{dy}\right) dx \tag{4.133}$$

となる．一方，

$$Q_n = -\int_0^{x_c} e n(x,y) dx \tag{4.134}$$

であるから

$$I_D = -W\mu_e Q_n \frac{dV}{dy} \tag{4.135}$$

を得る．式 (4.121) と式 (4.124) を用いると

$$V_G = -\frac{Q_n(y) + Q_B(y)}{C_{ox}} + \phi_s(y) \tag{4.136}$$

$$\phi_s(y) = \phi_s(y=0) + V(y) \tag{4.137}$$

を得る．式 (4.136) で $Q_B(y)$ は反転条件下では式 (4.125) で与えられる．式 (4.126) を導いた関係を用いると

$$V_G = -\frac{Q_n(y)}{C_{ox}} + V_T + V(y) \tag{4.138}$$

を得る．式 (4.138) を式 (4.135) に代入し，両辺を y 軸に沿って $y=0$ から $y=L$ まで積分すると

$$I_D \int_0^{y=L} dy = W\mu_e C_{ox} \int_0^{V_D} [V_G - V_T - V(y)] dV \tag{4.139}$$

より

$$I_D = \frac{W}{L}\mu_e C_{ox} \left[(V_G - V_T)V_D - \frac{1}{2}V_D^2\right] \tag{4.140}$$

を得る．V_D が非常に小さいときは V_D^2 の項を無視できるので，式 (4.130) と一致する．式 (4.140) は，$V_D = V_G - V_T$ において極大値をとる．このとき，ドレイ

ン電極端における反転電子密度は 0 となり、チャネルがピンチオフする。さらにゲート電圧を増やして $V_D \geq V_G - V_T$ としても、ピンチオフ点がソース電極方向に動くだけであり、電流は以下の値で飽和する。

$$I_{\mathrm{Dmax}} = \frac{W}{2L}\mu_e C_{\mathrm{ox}}(V_G - V_T)^2 \tag{4.141}$$

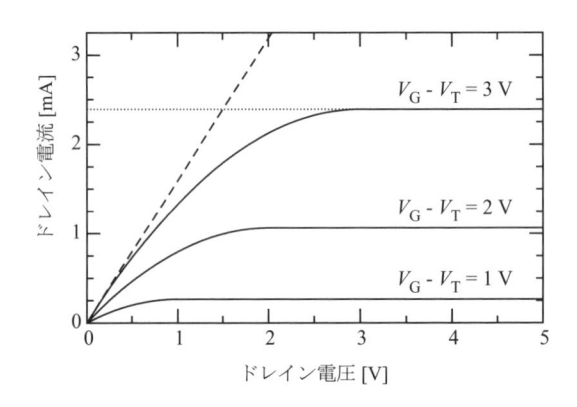

図 4.31 n チャネル MOSFET のドレイン電流 I_D – ドレイン電圧 V_D の関係。グラデュアルチャネル近似の結果。破線は式 (4.130) の線形領域の結果を、点線は式 (4.141) の飽和電流値を示す。

4.11 半導体の磁界効果

4.11.1 サイクロトロン共鳴

有効質量 m^*、電子密度 n の半導体に磁界 B (z 方向とする) を印加すると、電子はローレンツ力を受けて磁界に垂直な面内で角周波数 $\omega_c = eB/m^*$ の円運動 (サイクロトロン運動) をする。さらに、磁界に垂直な面内で振動する交流電界 $E\cos\omega t$ を印加すると、電子の緩和時間が十分長く $\omega_c \tau \gg 1$ であれば、$\omega = \omega_c$ の条件が満たされると電子は交流電界からエネルギーを共鳴的に吸収する。これをサイクロトロン共鳴とよぶ。このときの電子の運動方程式は式 (4.26) を解けばよい。電界を $E_x \exp(-i\omega t)$ とすると

$$\left.\begin{array}{l} m^*\left(-i\omega + \frac{1}{\tau}\right)v_x = -e(E_x + v_y B) \\ m^*\left(-i\omega + \frac{1}{\tau}\right)v_y = ev_x B \end{array}\right\} \tag{4.142}$$

となるから、これより v_x を求めると次のようになる。

4.11 半導体の磁界効果

$$v_x = -\frac{e\tau}{m^*}\frac{(1-\mathrm{i}\omega\tau)}{(1-\mathrm{i}\omega\tau)^2 + \omega_c^2\tau^2}E_x \tag{4.143}$$

x 方向の電流密度は $J_x = n(-e)v_x$ であるから吸収電力の平均値は

$$P = \frac{1}{2}\mathfrak{Re}(J_x E_x) = \frac{1}{2}\frac{ne^2\tau}{m^*}E_x^2\mathfrak{Re}\left[\frac{1-\mathrm{i}\omega\tau}{(1-\mathrm{i}\omega\tau)^2 + \omega_c^2\tau^2}\right] \tag{4.144a}$$

$$\fallingdotseq \frac{1}{4}\sigma_0 E_x^2\left[\frac{1}{(\omega-\omega_c)^2\tau^2 + 1}\right] \tag{4.144b}$$

ここに $\sigma_0 = ne^2\tau/m^*$ は直流の導電率である．式 (4.144a) より種々の $\omega\tau$ に対して P/P_0 ($P_0 = (1/2)\sigma_0 E_x^2$) を ω_c/ω の関数としてプロットすると図 4.32 のようになり，$\omega\tau \gg 1$ となれば，$\omega = \omega_c$ で吸収のピークが現れる．実験ではマイクロ波 (周波数 $\omega/2\pi \sim 24\,\mathrm{GHz}$) を用い，試料を液体ヘリウム温度 (4.2 K) に冷やして τ を大きくし，$\omega\tau \gg 1$ の条件を実現している．図 4.33 は Ge におけるサイクロトロン共鳴の一例を示したもので 3 種類の電子と 2 種類の正孔による共鳴ピークが現れている．これらのピークは図 3.10(c) に示したように Ge の伝導帯の底がブリルアン領域の $\langle 111 \rangle$ 方向にあり，その等エネルギー面が回転楕円体をした 4 つのバレーから成っており，また価電子帯の頂上は 2 重に縮退しているためであるとして説明される [*8)]．サイクロトロン共鳴はその共鳴磁界から $m^* = eB/\omega$ として有効質量を決定することができ，きわめて重要な実験手段の 1 つである．

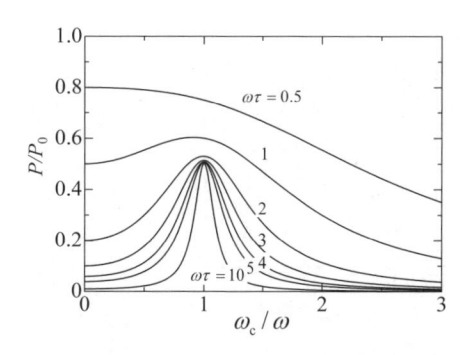

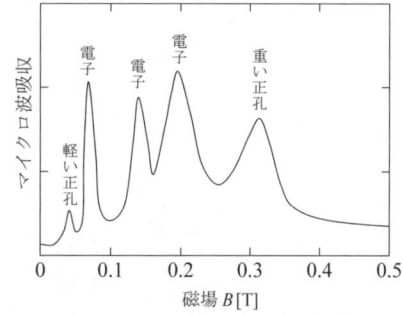

図 4.32 サイクロトロン共鳴の吸収曲線．横軸は ω_c/ω で磁場 B に比例する．

図 4.33 Ge におけるサイクロトロン共鳴．$\omega/2\pi = 24\,\mathrm{GHz}$．$T = 4.2\,\mathrm{K}$，磁界は $(1\bar{1}0)$ 面内で $[001]$ 軸より $60°$ の方向．

4.11.2 電流磁気効果

半導体や金属に磁界を印加して，それに垂直または平行な方向に電流を流して抵抗を測定すると抵抗値が変化する．これをそれぞれ横または縦磁気抵抗効果とよぶ．これは結晶中の電子がフェルミ統計に従い種々の大きさの速度 v をもっているため，ホール電界を与える平均の速度よりも大きな速度をもった電子はローレンツ力がホール電界による力よりも大きく，また平均速度よりも小さい速度の電子はローレンツ力よりもホール電界による力の方が大きく，その結果図 4.7 の x 方向から y 方向にひろがって電子が流れ抵抗値が増大することによる．式 (4.30a), (4.30b) は次のように書ける．

$$J_x = \sigma_{xx} E_x + \sigma_{xy} E_y, \quad J_y = \sigma_{yx} E_x + \sigma_{yy} E_y \tag{4.145}$$

$$\sigma_{xx} = \sigma_{yy} = \frac{ne^2}{m^*}\left\langle \frac{\tau}{1+\omega_c^2\tau^2}\right\rangle, \quad \sigma_{xy} = -\sigma_{yx} = -\frac{ne^2}{m^*}\left\langle \frac{\omega_c\tau^2}{1+\omega_c^2\tau^2}\right\rangle \tag{4.146}$$

ここに $\langle\ \rangle$ は式 (4.36) のような電子の適当な分布関数を考慮した平均値である．実験条件より $J_y = 0$ として式 (4.145) より J_x を求めると

$$J_x = \left(\sigma_{xx} + \frac{\sigma_{xy}^2}{\sigma_{xx}}\right) E_x \equiv \sigma(B) E_x \tag{4.147}$$

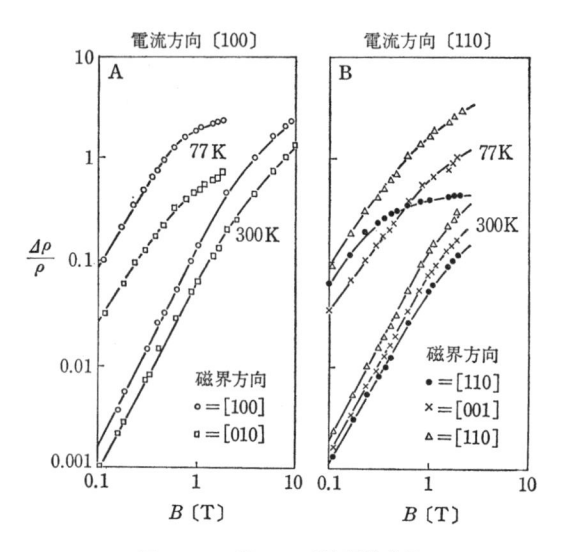

図 4.34 n 型 Ge の磁気抵抗効果

[*8)] 浜口智尋：半導体物理 (朝倉書店) 第 1 章および第 2 章, C. Hamaguchi:"*Basic Semiconductor Physics*", (Springer 2010) Chapter 1 と 2 を参照．

となる. 式 (4.146) と式 (4.147) より, 電子にマクスウェル・ボルツマン統計を仮定すると, 抵抗の変化分は

$$\frac{\Delta\rho}{\rho} = 0.273\,(\mu B)^2 \tag{4.148}$$

となり[*9], 磁界強度の 2 乗に比例する. Ge や Si の伝導電子は先に述べたように等エネルギー面が回転楕円体をしていて有効質量の異方性が大きく, バレー構造をしているので, 磁界に対して有効質量の異なる電子が存在するため, ローレンツ力の大きさが異なり非常に大きな磁気抵抗が現れる (図 4.34 参照).

4.12 光 学 過 程

4.12.1 光 吸 収

屈折率 n_0 の媒質中を z 方向に伝わる電磁波の電界成分は $E_x \exp\{i\omega(zn_0/c-t)\}$ と書ける. ここに c は真空中の光速である. 結晶中の誘電率を κ とすると $n_0^2 = \kappa$ の関係がある. 誘電率は第 2 章 (式 (2.49)) でも示したように一般に複素数となるので, 複素屈折率 $n^* = n_0 + ik_0$ と複素誘電率 $\kappa^* = \kappa' + i\kappa''$ を次のように定義する.

$$(n^*)^2 = (n_0 + ik_0)^2 = \kappa' + i\kappa'' \tag{4.149}$$

これを用いると電界は

$$E_x \exp\left[i\omega\left(\frac{zn^*}{c} - t\right)\right] = E_x \exp\left\{i\omega\left[\frac{z(n_0 + ik_0)}{c} - t\right]\right\} \tag{4.150}$$

となり, 伝播するにつれ $E_x \exp(-k_0\omega z/c)$ のように減衰し, 光が吸収される. k_0 を**消衰係数**とよぶ. 輻射場の強さは電界の 2 乗に比例するから $E_x^2 \exp(-2k_0\omega z/c) = E_x^2 \exp(-\alpha z)$ のように減衰する. この α を**吸収係数**とよび

$$\alpha = \frac{2k_0\omega}{c} = \frac{\omega\kappa''}{cn_0} \tag{4.151}$$

となる. 半導体の基礎吸収端の近傍で, 光のエネルギー $\hbar\omega$ が禁止帯幅 $\mathcal{E}_G$ よりも大きな光を入射させると光が吸収され, 価電子帯の電子が伝導帯に励起される. 直接許容遷移の吸収係数は

$$\alpha = \frac{e^2 P_{cv}^2}{2\pi\epsilon_0 m^2 c n_0 \omega} \left(\frac{8\mu^2}{\hbar^2}\right)^{1/2} \sqrt{\hbar\omega - \mathcal{E}_G} \tag{4.152}$$

[*9] C. Hamaguchi, "*Basic Semiconductor Physics*," (Springer 2010), Chapter 7, 式 (7.74), (7.77) 参照.

となる．ここに $P_{\rm cv}$ は遷移の強さを表す量で，価電子帯と伝導帯の電子遷移の行列要素とよばれる．$1/\mu = 1/m_{\rm e}^* + 1/m_{\rm h}^*$ は伝導電子と正孔の還元質量である．吸収係数は $\hbar\omega - \mathcal{E}_{\rm G}$ の平方根に比例する．$P_{\rm cv}$ が 0 のようなエネルギー帯に対しては光吸収は非常に弱く，高次の摂動による光吸収となる．これを直接禁止遷移とよび吸収係数は次のようになる．

$$\alpha = \frac{2e^2}{\epsilon_0 m^2 \omega c n_0} \left|\frac{\partial P_{\rm cv}}{\partial k}\right|^2 \left(\frac{8\mu^2}{\hbar^2}\right)^{1/2} (\hbar\omega - \mathcal{E}_{\rm G})^{3/2} \tag{4.153}$$

一方．Ge や Si は図 3.10(b)，(c) のような構造をしており，価電子帯の頂上 ($k = 0$) から伝導帯の底まで電子が遷移するためには大きな波数ベクトルをもらわなければならない．フォトンの波数ベクトル q は $\hbar\omega \fallingdotseq \mathcal{E}_{\rm G} \simeq 1\,{\rm eV}$ の場合 $q = \hbar c/\mathcal{E}_{\rm G}$ であり，$k = 2\pi/a$ と比べほとんど 0 に近い．そのため電子は遷移に際し，格子振動 (フォノン) から波数ベクトルをもらう．このときの遷移確率を摂動論によって求めると

$$\alpha = \frac{1}{\omega}\left[\frac{A_1(\hbar\omega + \hbar\omega_q - \mathcal{E}_{\rm G})^2}{\exp(\hbar\omega_q/k_{\rm B}T) - 1} + \frac{A_2(\hbar\omega - \hbar\omega_q - \mathcal{E}_{\rm G})^2}{1 - \exp(-\hbar\omega_q/k_{\rm B}T)}\right] \tag{4.154}$$

となる．ここに A_1, A_2 はほとんど ω に依存しない定数で，$\hbar\omega_q$ はフォノンのエネルギーである．これを間接遷移の吸収係数とよぶ．

4.12.2 励 起 子

禁止帯幅 $\mathcal{E}_{\rm G}$ の半導体にフォトンエネルギー $\hbar\omega > \mathcal{E}_{\rm G}$ の光を入射させると上に述べた光吸収が起こる．価電子帯の正孔は正電荷，伝導帯の電子は負電荷をもっているから，これらの間にはクーロン引力が作用する．クーロン引力で結ばれた電子-正孔対の基底状態は $\mathcal{E}_{\rm G}$ よりもわずかだけ低いエネルギーで励起することができる．このような電子-正孔対を**励起子** (exciton) とよぶ．電子と正孔の 2 体問題となるので，重心運動と相対運動に分けてシュレーディンガー方程式を解くことができ，そのエネルギーは

$$\mathcal{E} = \mathcal{E}_{\rm G} - \frac{R_{\rm ex}}{n^2} + \frac{\hbar^2 K^2}{2M} \quad (n = 1, 2, 3, \cdots) \tag{4.155}$$

$$R_{\rm ex} = \left(\frac{\mu}{m}\right)\left(\frac{1}{\kappa}\right)^2 \mathcal{E}_{\rm H}, \quad \frac{1}{\mu} = \frac{1}{m_{\rm e}^*} + \frac{1}{m_{\rm h}^*}, \quad M = m_{\rm e}^* + m_{\rm h}^* \tag{4.156}$$

となる．K は重心運動の波数ベクトル (電子と正孔の波数ベクトルの和) である．励起子の基底状態は $\mathcal{E}_{\rm G}$ よりも $R_{\rm ex}$ だけ低く，$\hbar\omega < \mathcal{E}_{\rm G}$ の光でも励起することができる．$\mu/m = 0.05$，$\kappa = \varepsilon/\varepsilon_0 = 13$ とすれば $\mathcal{E}_{\rm H} = 13.6\,{\rm eV}$ であるから $R_{\rm ex} \fallingdotseq 4\,{\rm meV}$ となる．図 4.35 は GaAs における光吸収を示したもので $\hbar\omega < \mathcal{E}_{\rm G}$ に見られる吸収のピークは励起子によるものである．

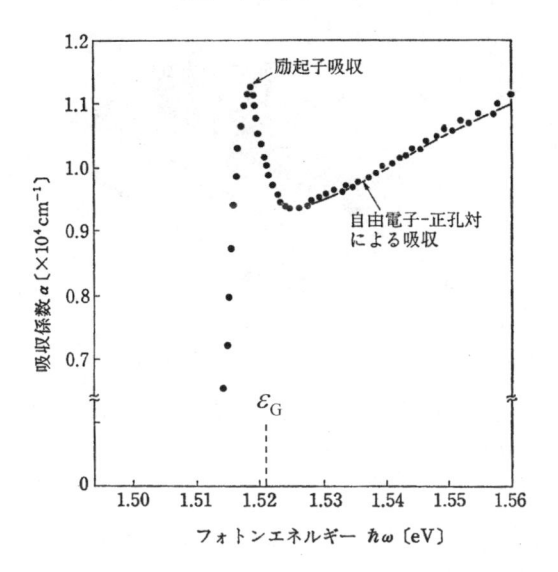

図 4.35　GaAs の $T = 21\,\text{K}$ における光吸収スペクトル．$\mathcal{E}_\text{G} = 1.521\,\text{eV}$ よりも $3.4\,\text{meV}$ 低いところに励起子による吸収が見られる．

4.13　半導体レーザ

　直接遷移型半導体で pn 接合をつくり，順方向に電流を流すと n 領域から注入された電子と p 領域から注入された正孔が接合部分で再結合し光を放出する．これをエレクトロルミネッセンスという．図 4.36 のように，接合面の両端を平行に鏡面研磨し共振器を形成し，大きな電流を流すと，ある特定の波長の光のみが端面から強く放出される．これを**半導体レーザ**とよぶ．半導体レーザから放出される光は，波長と位相がそろっている．

4.13.1　アインシュタインの係数 A, B

　いま，簡単化のため，原子が光を吸収放出して 2 つのエネルギー準位 $\mathcal{E}_1$, $\mathcal{E}_2$ の間で遷移する過程を考える．関与するフォトンのエネルギー $\hbar\omega$ は

$$\hbar\omega = \mathcal{E}_2 - \mathcal{E}_1 \tag{4.157}$$

である．下の準位にある原子による光の吸収は入射光の強さに比例する．これに対して，上の準位にある原子からの光の放出は，入射光の強さに比例する**誘導放**

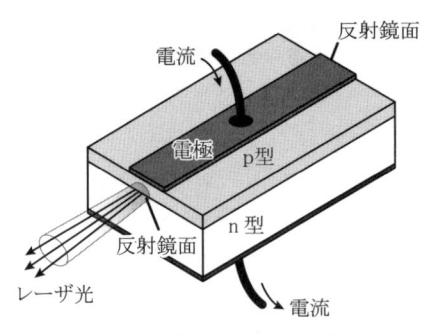

図 4.36 半導体レーザの基本構造

出と,入射光がなくても起こる**自然放出**がある.光の吸収,誘導放出,自然放出の概念を提案したのはアインシュタインである*10).その際,アインシュタインの係数とよばれる係数 A_{21}, B_{21}, B_{12} を導入した.単位時間内に上の準位にある原子がフォトンを放出して下の準位に自発的に遷移する確率が A_{21} である.一方,誘導放出,吸収が起こる確率は入射光のエネルギー密度 $W(\omega)$ に比例するが,その比例係数が B_{21}, B_{12} である.すなわち,単位時間内に誘導放出,吸収が起こる確率が $B_{21}W(\omega)$, $B_{12}W(\omega)$ である.

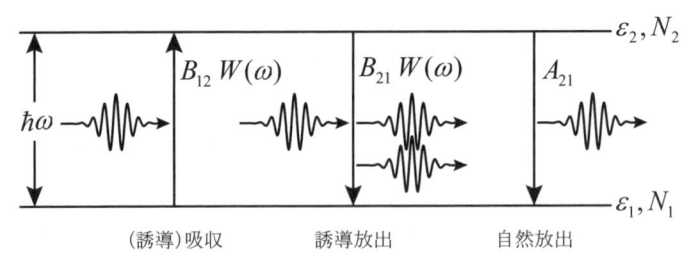

図 4.37 アインシュタインによる輻射に関する3つの基礎過程

$\mathcal{E}_1$, $\mathcal{E}_2$ の状態にいる原子の個数をそれぞれ N_1, N_2 とする.アインシュタインの係数の定義から,占有数 N_1, N_2 は次のレート方程式を満たすことがわかる.

$$\frac{dN_1}{dt} = -\frac{dN_2}{dt} = N_2 A_{21} - N_1 B_{12} W(\omega) + N_2 B_{21} W(\omega) \tag{4.158}$$

黒体内におかれた原子のように,輻射場と原子が熱平衡状態を保っている場合を考える.このとき,定常状態であるので,

---

*10) A. Einstein, "Zur Quantentheorie der Strahlung," Phys. Z. **18**, 121 (1917), 表題の英訳は "On the Quantum Theory of Radiation" である.

が成り立ち,
$$N_2 A_{21} - N_1 B_{12} W(\omega) + N_2 B_{21} W(\omega) = 0 \tag{4.159}$$

$$W(\omega) = \frac{A_{21}}{(N_1/N_2)B_{12} - B_{21}} \tag{4.160}$$

を得る. 一方, 熱平衡状態において N_1, N_2 はボルツマン統計に従うので,

$$\frac{N_1}{N_2} = \frac{e^{-\mathcal{E}_1/k_B T}}{e^{-\mathcal{E}_2/k_B T}} = e^{\hbar\omega/k_B T} \tag{4.161}$$

が成り立つ. これを用いると式 (4.160) は次のようになる.

$$W(\omega) = \frac{A_{21}}{e^{\hbar\omega/k_B T} B_{12} - B_{21}} \tag{4.162}$$

この式がプランクの黒体輻射の法則 (問 (1.10)) と一致するという条件から,

$$B_{12} = B_{21} \tag{4.163}$$

$$\frac{\hbar\omega^3}{\pi^2 c^3} B_{21} = A_{21} \tag{4.164}$$

が得られる. 3つのアインシュタイン係数は独立ではなく, 互いに上のような関係で結ばれている.

式 (4.164) より, 熱平衡状態において, 自然放出と誘導放出のレート比 R は

$$R = \frac{A_{21}}{B_{21} W(\omega)} = e^{\hbar\omega/k_B T} - 1 \tag{4.165}$$

となり, 通常は $\hbar\omega > k_B T$ であり, $R \gg 1$ となる. しかし, レーザ発振が起こるためには, 誘導放出レートが自然放出レートより十分大きくなければならない ($R \ll 1$).

4.13.2 反転分布

半導体に光が入射した場合を考える. レーザ発振が起こっている場合は, 自然放出が無視できるので, 式 (4.158) より, 光子数 N_ϕ の時間変化は,

$$\frac{dN_\phi}{dt} = -N_1 B_{12} W(\omega) + N_2 B_{21} W(\omega) = (N_2 - N_1) B_{21} W(\omega) \tag{4.166}$$

となる. 熱平衡状態では, $N_2 < N_1$ であるので, N_ϕ は時間とともに減少する (半導体による光の吸収). レーザ発振が起こるためには, 光の増幅が必要であり, $N_2 > N_1$ の状態を実現する必要がある. $N_2 > N_1$ の状態は, **反転分布**とよばれ, 式 (4.161) において形式的に $T < 0$ とした状態に対応することから, **負の温度**の状態ともよばれる.

半導体レーザでは, pn 接合に順方向バイアスを印加して, 接合部の伝導帯に多

数の電子を,価電子帯に多数の正孔を注入することにより反転分布を実現する.電流が流れていない熱平衡状態ではフェルミ準位は結晶全体で一定である.外部電圧が印加され順方向電流が流れている非平衡状態においては,図 4.38 に示すように,フェルミ分布関数を用いて各場所のキャリア密度を与えるようにして定義した擬フェルミ準位を導入して議論すると便利である.

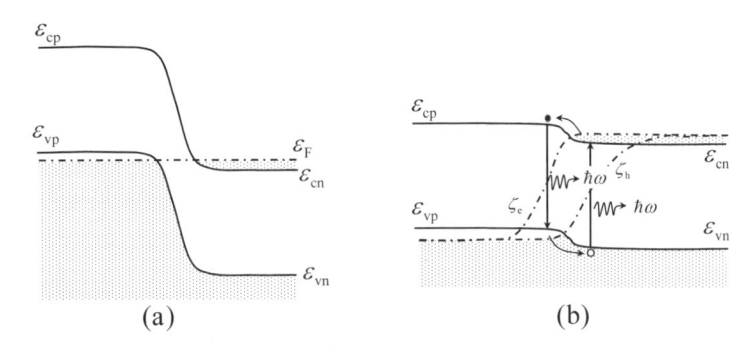

図 4.38 半導体の pn 接合における発光. (a) 平衡状態. ($\mathcal{E}_F$:フェルミ準位), (b) 順方向バイアス印加時 (ζ_e, ζ_h: 電子,正孔に対する擬フェルミ準位)

いま,接合部における電子と正孔の擬フェルミ準位をそれぞれ ζ_e, ζ_h として,分布関数を

$$f_e = \frac{1}{e^{(\mathcal{E}_c-\zeta_e)/k_B T}+1}, \quad f_h = \frac{1}{e^{(\zeta_h-\mathcal{E}_v)/k_B T}+1} \tag{4.167}$$

とする.光の吸収割合は $(1-f_e)(1-f_h)$ に比例し,誘導放出割合は $f_e f_h$ に比例するので,正味の放出割合は,

$$f_e f_h - (1-f_e)(1-f_h) = f_e + f_h - 1 \tag{4.168}$$

に比例する.したがって,$f_e + f_h > 1$ ならば正味の光放出 (増幅) が起こり,レーザ発振が可能となる.すなわち,次の条件が満たされるとき光の増幅が起こる.

$$\hbar\omega \simeq \mathcal{E}_c - \mathcal{E}_v < \zeta_e - \zeta_h$$

4.13.3 光共振器

pn 接合に順バイアスを印加し反転分布を実現することにより光の増幅が可能となる.半導体レーザでは,さらに,両端面が平行かつ鏡面になるように加工した共振器を用いた正帰還を利用し,特定の波長の光に関する利得を増加させ,レー

ザ発振を実現する．

　いま，共振器の長さを L として，両端の反射鏡の光反射率を R，光の**増幅係数**を g とする．実際は，光が共振器内を往復運動する間に，自由電子キャリア吸収などにより光が失われる．この損失を表す**減衰定数**を α とする．このとき，正味のレーザ利得は次のように表される．

$$R^2 e^{(g-\alpha)L} \tag{4.169}$$

この正味の利得が1になるとレーザはしきい値に達する．したがって，しきい値利得 g_{th} は，

$$g_{\text{th}} = \alpha + \frac{1}{L} \log \frac{1}{R} \tag{4.170}$$

となる．増幅係数 g は注入するキャリア密度つまり電流密度 J に比例するので，$g = \beta J$ とおくと，発振を起こさせるための最小電流密度，すなわちしきい値電流密度 J_{th} は次のようになる．

$$\beta J_{\text{th}} = \alpha + \frac{1}{L} \log \frac{1}{R} \tag{4.171}$$

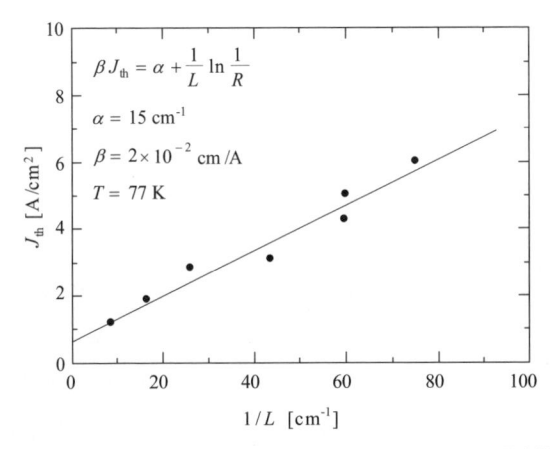

図 **4.39**　半導体レーザにおけるしきい値電流の共振器長 L 依存性

　通常，共振器長は光の波長より十分長く，共振器内には，ある特定の波長の光しか存在できない．すなわち，光の波長 λ の整数倍が光の周回距離 $2L$ に等しくなければならない．

4.13.4　半導体レーザの発光スペクトル

しきい値電流 I_th 前後の半導体レーザの発光スペクトルを図 4.40 に示す．電流を増していくとある特定の波長の発光が強くなり，レーザ発振することがわかる．レーザ発振の波長は，禁止帯幅に対応したものより長波長側にずれている．これは伝導帯と価電子帯の底が単純な放物線でなく，禁止帯中にすそをもっていることによる．このすそはバンドテイリングとよばれ，高濃度にドープされた不純物に起因する．

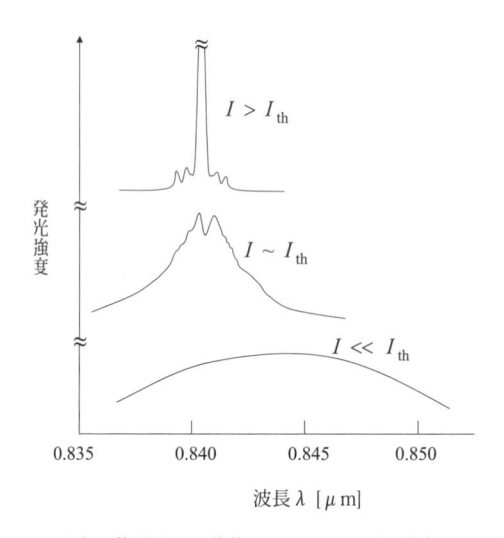

図 4.40　しきい値電流 I_th 前後の GaAs レーザの発光スペクトル

4.13.5　半導体 2 重ヘテロ構造レーザ

レーザ発振は光の誘導放出を共振器内で起こさせることによって実現される．誘導放出の起こる領域は pn 接合部であるから，放出光がその活性領域から広がって伝搬すると効率が低下する．半導体 pn 接合では活性層の屈折率は他の領域に比べ 0.1〜1% ほど高く，このわずかな屈折率の差によって光は活性層に閉じ込められている．この屈折率差を大きくすればするほど，光の閉じ込め効果がよくなる．この効果をうまく利用したのが半導体 2 重ヘテロ構造レーザである．その構造，エネルギー帯図，屈折率と光の分布 (光閉じ込め効果) を図 4.41 に模式的に示す．p 型 $\mathrm{Al}_x\mathrm{Ga}_{1-x}\mathrm{As}$，p 型 GaAs と n 型 $\mathrm{Al}_x\mathrm{Ga}_{1-x}\mathrm{As}$ の接合から成る．エネルギー帯幅の違いによりキャリアは GaAs 層内に閉じ込められる．そのうえ，

GaAs と $Al_xGa_{1-x}As$ の屈折率が大きく違い,光も活性層に強くとじこめられる.これらの効果により発光効率が向上する.

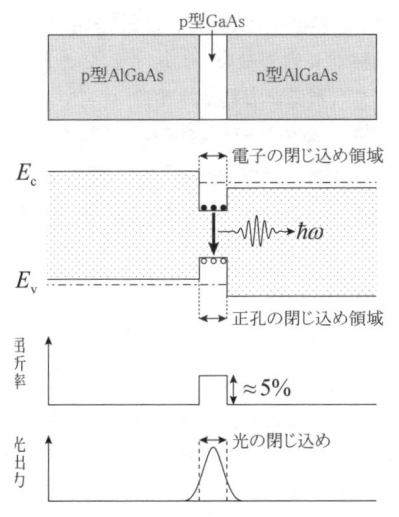

図 4.41 半導体 2 重ヘテロ構造レーザの原理の模式図

問　　題

(4.1) 電子の有効質量を $m_e = 0.25\,m$ として,$T = 300\,\text{K}$ における伝導帯の有効状態密度を求めよ.

(4.2) 電子および正孔の有効質量を自由電子の質量に等しいと仮定して,300 K において禁止帯幅が $0.5\,\text{eV}$ および $1.0\,\text{eV}$ の半導体の真性電子密度を求めよ.

(4.3) 図のような半導体 $(x \times y \times z = 10 \times 2 \times 1\,\text{mm}^3)$ に,x 方向に電流 $I = 1\,\text{mA}$ を印加し,z 方向に磁束密度 $0.4\,\text{Wb/m}^2$ の磁界を印加したところ,図のような向きに電位差 $V_H = 1\,\text{mV}$ が現れた.この半導体について次の問に答えよ.
(1) n 型か p 型か,(2) ホール係数を求めよ,(3) キャリアの密度を求めよ.

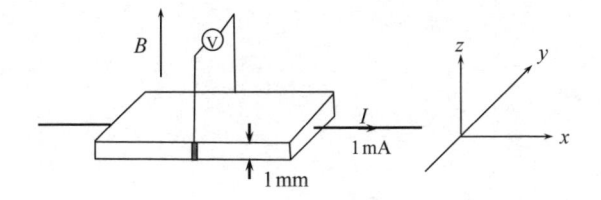

(4.4) 前問において磁界 0 のとき,試料の両端 (x 方向) の電位差が $32\,\mathrm{mV}$ であった.この試料の (1) 抵抗率 ρ を求めよ,(2) 導電率 σ を求めよ,(3) ホール移動度 μ_H を求めよ.

(4.5) Ge における電子の移動度は $300\,\mathrm{K}$ で $0.39\,\mathrm{m^2/V\cdot s}$ である.電子の拡散係数を求めよ.電子の再結合寿命を $10\,\mu\mathrm{s}$ としたときの拡散距離を求めよ.

(4.6) アクセプタとドナー密度がそれぞれ $10^{22}\,\mathrm{m^{-3}}$,$10^{21}\,\mathrm{m^{-3}}$ の pn 接合がある.$300\,\mathrm{K}$ で,p,n 領域とも出払い領域にあるとしてこの pn 接合の拡散電位を求めよ.また,この pn 接合の遷移領域の幅を求めよ.ただし,真性密度は問題 (4.2) の $\mathcal{E}_\mathrm{G} = 0.5\,\mathrm{eV}$ の場合とする.誘電率は $\kappa = 12$ とする.

(4.7) $300\,\mathrm{K}$ における真性 Ge の抵抗率は $0.50\,\Omega\cdot\mathrm{m}$ であるという.電子と正孔の移動度をそれぞれ 0.39 および $0.19\,\mathrm{m^2/V\cdot s}$ として $300\,\mathrm{K}$ における真性キャリア密度 n_i を求めよ.

(4.8) Ge と Si は図 1.10(a) に示すダイヤモンド型結晶構造をしている.それぞれの格子定数を $a = 0.565, 0.543\,\mathrm{nm}$ として単位体積あたりの原子数を求めよ.

(4.9) $N_\mathrm{A} \gg N_\mathrm{D}$ の Si の pn 接合がある.$N_\mathrm{D} = 10^{21}\,\mathrm{m^{-3}}$,$V_\mathrm{D} = 0.25\,\mathrm{V}$ で接合面積は $10^{-5}\,\mathrm{m^2}$ である.これに逆方向バイアス $6\,\mathrm{V}$ が加えられているとき (i) 遷移領域の幅と (ii) 接合容量を求めよ.ただし Si の誘電率は $\kappa = 12$ であるとする.

(4.10) 電子と正孔が同時に存在する半導体のホール係数はどのような式で与えられるか.

5

磁　性

5.1 磁気モーメントと磁化率

電磁気学における物質の磁気的性質を表す関係式は，誘電体の場合に類似している．誘電体では，電界を印加すると正負の電荷をもった粒子が互いに反対方向に変位することによって双極子モーメントを誘起し分極が現れる．磁性体でも，磁荷というものを仮定することがあるが，その磁荷は必ず対になっており単独では存在しえない．つまり，磁気モーメントとしてのみ存在しうるわけであり，磁気モーメントが磁界の方向にそろうことによって磁界方向に磁化が現れたり (**常磁性**，**正磁性**)，磁界と反対方向に磁化が現れたり (**反磁性**) するわけである．

磁化ベクトル M [A/m] は単位体積あたりの磁気モーメントで定義され

$$M = \sum_j \boldsymbol{\mu}_{\mathrm{m}j} \tag{5.1}$$

と書かれる．$\boldsymbol{\mu}_{\mathrm{m}j}$ の単位は [A/m] である．誘電体の場合と対応づけるために磁気分極 P_{m} [T] (または [Wb/m^2]) を

$$\boldsymbol{P}_{\mathrm{m}} = \mu_0 \boldsymbol{M} \tag{5.2}$$

で定義すると，磁界の強さ H [A/m] と磁束密度 B [T] の間には式 (2.7) と同様

$$\boldsymbol{B} = \mu_0 \boldsymbol{H} + \boldsymbol{P}_{\mathrm{m}} = \mu_0(\boldsymbol{H} + \boldsymbol{M}) \tag{5.3}$$

の関係が成立する．ここに $\mu_0 = 4\pi \times 10^{-7}$ H/m である．**磁化率** (あるいは**帯磁率**) χ_{m} は次式で定義される．

$$\boldsymbol{M} = \chi_{\mathrm{m}} \boldsymbol{H}, \quad \chi_{\mathrm{m}} = \frac{M}{H} \tag{5.4}$$

式 (5.4) を式 (5.3) に代入して

$$\boldsymbol{B} = (1+\chi_{\mathrm{m}})\mu_0 \boldsymbol{H} = \mu_{\mathrm{r}}\mu_0 \boldsymbol{H} \tag{5.5}$$

$$\mu_{\mathrm{r}} = 1 + \chi_{\mathrm{m}} \tag{5.6}$$

と書き，μ_{r} を比透磁率とよぶ．

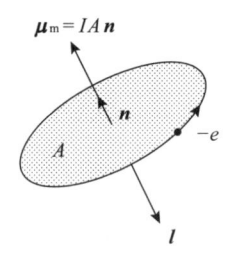

図 5.1 ループ電流による磁気モーメント

図 5.1 に示すように環状電流 I [A] が面積 A の面のまわりを流れているものとする．このループの半径よりも十分に大きい距離だけ中心より離れた点における磁界の強さは，アンペールの法則によれば次式で与えられる磁気モーメント $\boldsymbol{\mu}_{\mathrm{m}}$ のつくる磁界に等しい．つまり

$$\boldsymbol{\mu}_{\mathrm{m}} = IA\boldsymbol{n} \tag{5.7}$$

ここに，$\boldsymbol{n}$ は環状電流のつくる面に垂直な方向の単位ベクトルである．そこで，図 5.1 に示すように電荷 $-e$ の電子が半径 r のループにそって円運動をしている場合を考える．電子の角周波数を ω とするとその周期は $2\pi/\omega$ [s] となるから，このループに流れている電流は $I = -e/(2\pi/\omega) = -e\omega/2\pi$ となる．ループの面積は $A = \pi r^2$ であるから，これらを式 (5.7) に代入すれば

$$\mu_{\mathrm{m}} = -\frac{e\omega}{2\pi} \times \pi r^2 = -\frac{e\omega r^2}{2} \tag{5.8}$$

となる．電子の角運動量は $l_z = r \times mv = m\omega r^2$ (m は電子の質量) と定義されるので，これを用いると上式は

$$\mu_{\mathrm{m}} = -\frac{e}{2m}l_z \tag{5.9}$$

となる．負符号は磁気モーメント $\boldsymbol{\mu}_{\mathrm{m}}$ と角運動量 (の z 方向成分) が図 5.1 のように反対向きになることを意味している．

上の議論で電子の軌道運動が磁気モーメントを誘起することがわかった．1.3 節でも述べたように，電子の角運動量の大きさは方位量子数 l を用いて $\hbar\sqrt{l(l+1)}$

となり，角運動量の z 方向成分は $m_z\hbar$ で，m_z は式 (1.33) のように $-l$ から l までの $2l+1$ 個の値がとれる（電子の質量 m との混同をさけるために磁気量子数を m_z と書くことにする）．つまり，角運動量の z 方向成分 l_z は量子化されて $m_z\hbar$ なる固有値をもつことになるので，式 (5.9) は

$$\langle \boldsymbol{\mu}_\mathrm{m} \rangle_z = -\frac{e}{2m}\langle l_z \rangle = -\frac{e\hbar}{2m}m_z \tag{5.10}$$

と書ける．これより，磁気モーメントは $(e\hbar/2m)$ 程度の大きさをもつので，これを単位として測ると都合がよい．そこで

$$\mu_\mathrm{B} = \frac{e\hbar}{2m} = 9.274 \times 10^{-24} \, [\mathrm{A \cdot m^2}] \tag{5.11}$$

と書き，これをボーア磁子 (Bohr magneton) とよぶ[*1]．

電子は軌道角運動量 l の他にスピン角運動量 m_s をもっている．後者は $\pm\hbar/2$ の固有値をもっており，前者とはベクトル的に合成され，全角運動量は $\boldsymbol{j} = \boldsymbol{l} + \boldsymbol{m}_\mathrm{s}$ で表される．我々が問題にする原子はいくつかの電子をもっているので，これらを論じるには，軌道角運動量ベクトル $\boldsymbol{l}$ を各電子について合成したベクトル $\hbar \boldsymbol{L}$ とスピンをベクトル的に合成した $\hbar \boldsymbol{S}$ を用いると都合がよい．軌道角運動量 $\hbar \boldsymbol{L}$ とスピン角運動量 $\hbar \boldsymbol{S}$ をベクトル的に合成した $\hbar \boldsymbol{J}$ を**全角運動量**とよぶ（$\hbar \boldsymbol{L} = \sum \boldsymbol{l}$ で $\boldsymbol{L}$ は無次元量であることに注意．$\boldsymbol{S}, \boldsymbol{J}$ も同様）

$$\boldsymbol{J} = \boldsymbol{L} + \boldsymbol{S} \tag{5.12}$$

である．$\boldsymbol{J}^2$ の固有値は $J(J+1)$ で，$\boldsymbol{J}$ の磁気量子数 m_J は $J, J-1, \cdots, -J$ なる値をとる．

式 (5.10) を電子の軌道角運動量 $\hbar \boldsymbol{L}$ を用いて書けば，磁気モーメントは

$$\boldsymbol{\mu}_\mathrm{m} = -\mu_\mathrm{B} \boldsymbol{L} \tag{5.13}$$

と書ける．ところが，電子のスピン角運動量に対しては磁気モーメントは

$$\boldsymbol{\mu}_\mathrm{m} = -2\mu_\mathrm{B} \boldsymbol{S} \tag{5.14}$$

となって，係数 2 が式 (5.13) と異なる．式 (5.13) と式 (5.14) を加えて

$$\boldsymbol{\mu}_\mathrm{m} = -\mu_\mathrm{B}(\boldsymbol{L} + 2\boldsymbol{S}) \tag{5.15}$$

となるが，全角運動量 $\hbar \boldsymbol{J}$ を用いると

$$\boldsymbol{\mu}_\mathrm{m} = -g\mu_\mathrm{B} \boldsymbol{J} \tag{5.16}$$

[*1] $[\mathrm{A \cdot m^2}]$ は $[\mathrm{J/T}]$ とも書かれる．

となり，g は g 因子または分光学的分裂因子とよばれる．電子スピンに対しては $g = 2.0023$ であり通常 2.00 とする．g 因子はランデ (Landé) の式

$$g = 1 + \frac{J(J+1) + S(S+1) - L(L+1)}{2J(J+1)} \tag{5.17}$$

で与えられ，スピンだけに由来するときには ($J = S = 1/2$, $L = 0$) $g = 2$ となり，軌道運動だけに由来するときには ($S = 0$, $J = L$) $g = 1$ となり，それぞれ式 (5.14) と式 (5.13) に対応することがわかる．

5.2　反磁性とラーマ歳差運動

反磁性 (diamagnetism) とは磁化率 χ_m が負となることで，電磁気学におけるレンツ (Lenz) の法則に関連している．電荷が図 5.1 のループを動いてループ電流が流れこれによって磁界をつくるものと考える．外部磁界 $\bm{B} = \mu_0 \bm{H}$ を加えてループ内の磁束を変えようとすると，この外部磁界 $\bm{B}$ の変化を妨げるような方向の磁界を誘起するように誘導電流が流れる．つまり，誘導電流による磁界は外部磁界に抵抗する向きであり，この電流に伴う磁気モーメント $\bm{\mu}_m$ は式 (5.10) のように負となるので反磁性とよばれる．この反磁性に関連した電子の運動はラーマの歳差運動とよばれるものを考えると理解しやすい (以下 $\bm{\mu}_m$ を $\bm{\mu}$ と書く).

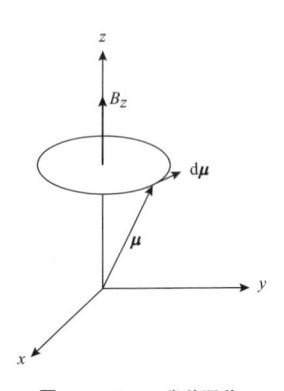

図 5.2　ラーマ歳差運動

図 5.2 に示すように z 方向に磁界 B_z を印加した場合を考える．双極子モーメント $\bm{\mu}$ に磁界 $\bm{B}$ が作用するとトルク (回転力) が作用し，その力は $\bm{\mu} \times \bm{B}$ となる．トルクは角運動量の時間的変化に等しいので，角運動量を $\bm{l}$ とすると

$$\frac{d}{dt}\bm{l} = \bm{\mu} \times \bm{B} \tag{5.18}$$

5.2 反磁性とラーマ歳差運動

なる関係が成立する．この両辺に $-e/2m$ をかけ $\boldsymbol{\mu} = -(e/2m)\boldsymbol{l}$ なる式 (5.9) の関係を用いると

$$\frac{\mathrm{d}}{\mathrm{d}t}\boldsymbol{\mu} = -\frac{e}{2m}(\boldsymbol{\mu} \times \boldsymbol{B}) \tag{5.19}$$

となる．そこで $\boldsymbol{\mu}$ の x, y, z 成分を μ_x, μ_y, μ_z とし，$\boldsymbol{B} = (0, 0, B_z)$ であることを考慮すれば，式 (5.19) は次のようになる．

$$\frac{\mathrm{d}}{\mathrm{d}t}\mu_x = -\frac{e}{2m}(\mu_y B_z - \mu_z B_y) = -\frac{e}{2m}\mu_y B_z \tag{5.20a}$$

$$\frac{\mathrm{d}}{\mathrm{d}t}\mu_y = -\frac{e}{2m}(\mu_z B_x - \mu_x B_z) = +\frac{e}{2m}\mu_x B_z \tag{5.20b}$$

$$\frac{\mathrm{d}}{\mathrm{d}t}\mu_z = -\frac{e}{2m}(\mu_x B_y - \mu_y B_x) = 0 \tag{5.20c}$$

式 (5.20a) と式 (5.20b) を時間 t で微分し，右辺の $\mathrm{d}\mu_y/\mathrm{d}t$ と $\mathrm{d}\mu_x/\mathrm{d}t$ に再び式 (5.20b) と式 (5.20a) とを用いると

$$\begin{aligned}\frac{\mathrm{d}^2}{\mathrm{d}t^2}\mu_x &= -\left(\frac{eB_z}{2m}\right)\mu_x \\ \frac{\mathrm{d}^2}{\mathrm{d}t^2}\mu_y &= -\left(\frac{eB_z}{2m}\right)\mu_y\end{aligned} \tag{5.21}$$

となる．$\mathrm{d}\mu_z/\mathrm{d}t = 0$ であるから $\boldsymbol{\mu}$ は xy 面内で回転運動をする．その角周波数 ω_L は式 (5.21) において $\mu_x = \mu_x^0 \cos(\omega_\mathrm{L} t)$ とすればわかるように

$$\omega_\mathrm{L} = \frac{e}{2m}B_z \tag{5.22}$$

で与えられる．この ω_L をラーマ (Larmor) 周波数とよぶ．

Z 個の電子のラーマ運動による磁気モーメント μ は，式 (5.8) よりループ面積を $\pi\rho^2$ とすると

$$\mu = -\frac{Ze\omega_\mathrm{L}}{2\pi}\pi\langle\rho^2\rangle = -\frac{Ze^2 B_z}{4m}\langle\rho^2\rangle \tag{5.23}$$

となる．ここに $\rho = (x^2 + y^2)^{1/2}$ は軌道回転運動の磁界に垂直な面への投影で

$$\langle r^2\rangle = \langle x^2\rangle + \langle y^2\rangle + \langle z^2\rangle = \langle\rho^2\rangle + \langle z^2\rangle \tag{5.24}$$

の関係があるので $\langle x^2\rangle = \langle y^2\rangle = \langle z^2\rangle = \langle r^2\rangle/3$ なる関係を用いると

$$\mu = -\frac{Ze^2 B_z}{6m}\langle r^2\rangle \tag{5.25}$$

となり，単位体積中に N 個の原子を含む物質の単位体積あたりの反磁性磁化率は式 (5.1)，(5.2) と式 (5.4) より ($B_z = \mu_0 H$)

$$\chi_\mathrm{m} = \frac{N\mu}{H} = \frac{\mu_0 N\mu}{B_z} = -\frac{\mu_0 N Z e^2}{6m}\langle r^2\rangle \tag{5.26}$$

で与えられる*2). つまり，反磁性磁化率 χ_m は $\langle r^2 \rangle$ に比例するので最外殻の電子の寄与が大きい．1 気圧，0 °C における理想気体の密度 $N \fallingdotseq 2.7 \times 10^{25}\,\mathrm{m}^{-3}$ を用い，$\langle r^2 \rangle$ としてボーア半径の 2 乗程度 $\langle r^2 \rangle \fallingdotseq 10^{-20}\,\mathrm{m}^2$ を仮定すると $\chi_\mathrm{m} = -1.6 \times 10^{-9}$ となる．希ガスとイオンの反磁性モル磁化率*3) を示すと表 5.1 のようになり，イオン半径が大きくなるほど $|\chi_m|$ が大きくなる傾向があり，上の計算とよく一致している．ただし，イオンの磁化率は原子の周囲の状態に強く影響されるので表 5.1 の値は近似的なものである．いくつかの反磁性体の磁化率 χ_m を表 5.2 に示す．

表 5.1 希ガスとイオンの反磁性モル磁化率 $\chi_\mathrm{m}^\mathrm{molar}$ [$\times 10^{-11}\,\mathrm{m}^3/\mathrm{mol}$]

He	−2.4	Li$^+$	−0.9	Mg^{2+}	−5.4	F$^-$	−11.8
Ne	−9.0	Na$^+$	−7.7	Ca^{2+}	−13.4	Cl$^-$	−30.4
Ar	−24.4	K$^+$	−18.3	Sr^{2+}	−22.6	Br$^-$	−43.4
Kr	−35.2	Rb$^+$	−27.6	Ba^{2+}	−36.4	I$^-$	−63.6
Xe	−54.0	Cs$^+$	−44.0				

表 5.2 反磁性体の室温における磁化率 χ_m

物質	χ_m	物質	χ_m
Al$_2$O$_3$	-0.5×10^{-5}	Cu	-0.9×10^{-5}
BaCl$_2$	-2.0×10^{-5}	Au	-3.6×10^{-5}
NaCl	-1.2×10^{-5}	Ge	-0.8×10^{-5}
ダイヤモンド	-2.1×10^{-5}	Si	-0.3×10^{-5}
グラファイト	-12×10^{-5}	Se	-1.7×10^{-5}

5.3 フントの規則

ある 1 個の原子の中の電子系がもつ磁気双極子モーメントを求めるには，全電子の軌道角運動量 L と全スピン角運動量 S と全角運動量 J を知らなければならない．パウリの排他律によれば，主量子数 n，方位量子数 l，磁気量子数 m_z およびスピン量子数 m_s で決まる量子状態 $(n, l, m_z, m_\mathrm{s})$ には 1 個の電子しか入りえない．たとえば，$l = 1$ の場合を考えると図 5.3 のように磁界方向の角運動量成分

---

*2) この関係は量子力学的にも導かれる．浜口智尋：固体物性 (下) (丸善) p.533 参照．
*3) モル磁化率 $\chi_\mathrm{m}^\mathrm{molar}$ [m^3/mol] は，密度 ρ [kg/m^3] とモル質量 M [kg/mol] を用いて，$\chi_\mathrm{m}^\mathrm{molar} = M\chi_\mathrm{m}/\rho$ と定義される．

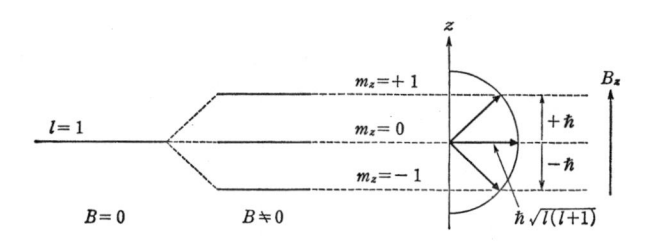

図 5.3　p 状態 ($l=1$) のエネルギー分裂

は $\hbar$, 0, $-\hbar$ となり，この 3 つの状態にそれぞれ $\pm\hbar/2$ のスピン状態があるから 6 個の電子を収容すれば，角運動量の合成も，スピンの合成したものも 0 となり，結局磁界が 0 であれば，この電子系の磁気モーメントは 0 となってしまう．つまり，閉殻構造をもつ原子の磁気モーメントは，$B=0$ では 0 となり，磁界を印加してもわずかの反磁性を示すだけである．これに反して，不完全殻をもつ原子の磁気モーメントは大きくなることが予想される．この不完全殻をもつ原子は 1.3 節の表 1.2 で示したように遷移金属とよばれ，3d 軌道が不完全な鉄族や不完全 4f 殻をもつ希土類は磁性材料の中でもっともよく研究されているものである．このような不完全殻をもつ原子において，基底状態の電子軌道を決めるには次のフント (Hund) の規則を適用すればよい．フントの規則は

(1) パウリの排他律を満たし，かつ全スピン S が最大となるようにする．
(2) 全軌道角運動量 L が最大となるようにする．その際 (1) の条件と矛盾しないこと．
(3) 全角運動量 J は

   電子殻が半分以下占められているとき $J=|L-S|$
   電子殻が半分以上占められているとき $J=L+S$

に等しい．ちょうど半分のときは (1) の条件より $L=0$，$J=S$ となる．

たとえば，鉄族の 2 価イオンの 3d 軌道は上のフントの規則により表 5.3 に示すような配置をとる．一例として Cr^{2+} を考えてみると $3d^4$ であるから (1) により上向きスピンをもった 4 個の電子が占有するが (2) によって m_z の大きいものから $m_z=2, 1, 0, -1$ の 4 つの状態を占めることになる．したがって，$S=2$，$L=2+1+0+(-1)=2$ となり，(3) によって $J=L-S=2-2=0$ となる．つまり，$S=2$，$L=2$，$J=0$ が基底状態である．

5. 磁　　　性

表 5.3　2価の鉄族イオンの電子配置

M^{2+}	3d 軌道	$m_z(l=2)$ と m_s					S	L	J
		2	1	0	-1	-2			
Ti^{2+}	$3d^2$	↑	↑				1	3	2
V^{2+}	$3d^3$	↑	↑	↑			3/2	3	3/2
Cr^{2+}	$3d^4$	↑	↑	↑	↑		2	2	0
Mn^{2+}	$3d^5$	↑	↑	↑	↑	↑	5/2	0	5/2
Fe^{2+}	$3d^6$	↑↓	↑	↑	↑	↑	2	2	4
Co^{2+}	$3d^7$	↑↓	↑↓	↑	↑	↑	3/2	3	9/2
Ni^{2+}	$3d^8$	↑↓	↑↓	↑↓	↑	↑	1	3	4
Cu^{2+}	$3d^9$	↑↓	↑↓	↑↓	↑↓	↑	1/2	2	5/2

5.4　常磁性磁化率

常磁性体 (paramagnetic material, 正磁性体ともいう) とは，正の磁化率をもつ物質のことで，常磁性体の磁化率は温度に反比例するというキュリーの法則にしたがう．代表的な常磁性体の磁化率を表 5.4 に示す．

表 5.4　常磁性体の室温における磁化率 χ_m

物　質	χ_m	物　質	χ_m
$CrCl_3$	1.5×10^{-3}	Fe_2O_3	1.4×10^{-3}
Cr_2O_3	1.7×10^{-3}	$Fe_2(SO_4)_3$	2.2×10^{-3}
CoO	5.8×10^{-3}	$FeCl_2$	3.7×10^{-3}
$CoSO_4 \cdot H_2O$	2.0×10^{-3}	$FeSO_4$	2.8×10^{-3}
$MnSO_4$	3.6×10^{-3}	$NiSO_4$	1.2×10^{-3}

5.4.1　古典論とキュリーの法則

磁気モーメント $\boldsymbol{\mu}$ を磁界 $\boldsymbol{B}\,(=\mu_0 \boldsymbol{H})$ の中におくと，磁気モーメント $\boldsymbol{\mu}$ が磁界により配向しようとすることによって磁化が発生する．このときの磁気モーメントのポテンシャルエネルギーは

$$U = -\boldsymbol{\mu} \cdot \boldsymbol{B} \tag{5.27}$$

で与えられる．これはちょうど誘電体の配向分極の場合の式 (2.72) とまったく同じ形をしており，熱平衡状態における磁化 M は単位体積中に N 個の磁気モーメントが存在するものとすれば式 (2.79) と同様にして

$$M = N\mu \cdot L(x), \quad x = \frac{\mu B}{k_B T} \tag{5.28}$$

で与えられる．$L(x)$ は式 (2.78) で与えられるランジュバン関数である．$x = \mu B/k_\mathrm{B} T \ll 1$ であれば $L(x) \fallingdotseq x/3$ であるから

$$M \fallingdotseq \frac{N\mu^2 B}{3k_\mathrm{B} T} \quad \text{または} \quad \chi_\mathrm{m} = \frac{\mu_0 N\mu^2}{3k_\mathrm{B} T} = \frac{C}{T} \tag{5.29}$$

となる．$C = \mu_0 N\mu^2/3k_\mathrm{B}$ はキュリー定数で，式 (5.29) はキュリーの法則とよばれる．

5.4.2 量 子 論

はじめに，軌道角運動量による磁気モーメントが 0 で $m_J = \pm 1/2$ のスピンによる磁化について考えてみる．磁界 B の中でこのスピンからなる原子のエネルギー準位は図 5.4 に示すように，$\pm \mu_\mathrm{B} B$，つまり

$$\Delta \mathcal{E} = 2|\boldsymbol{\mu}|B = g\mu_\mathrm{B} B \tag{5.30}$$

のエネルギー差が生ずる．式 (5.14) に示したように $\boldsymbol{\mu} = -g\mu_\mathrm{B} \boldsymbol{S}$ であるから，低いエネルギー状態では磁気モーメントは磁界と平行になり，スピンは下向きである．このように 2 つのスピン状態をもつ原子が全体で単位体積あたり N 個あるものとし，磁界中で上向きスピンの数を N_+，下向きスピンの数を N_- とすると熱平衡状態ではそれぞれの数はボルツマン因子に比例するので

$$\left.\begin{array}{l} N_+ = A\exp(-\mu B/k_\mathrm{B} T) \\ N_- = A\exp(+\mu B/k_\mathrm{B} T) \end{array}\right\} \tag{5.31}$$

となる．A は比例定数である．$N = N_+ + N_-$ であるから

$$\left.\begin{array}{l} \dfrac{N_+}{N} = \dfrac{\exp(-\mu B/k_\mathrm{B} T)}{\exp(\mu B/k_\mathrm{B} T) + \exp(-\mu B/k_\mathrm{B} T)} \\[2mm] \dfrac{N_-}{N} = \dfrac{\exp(\mu B/k_\mathrm{B} T)}{\exp(\mu B/k_\mathrm{B} T) + \exp(-\mu B/k_\mathrm{B} T)} \end{array}\right\} \tag{5.32}$$

となる．図 5.4 に示すように，エネルギーの高い方の磁気モーメントの磁界と平行な成分は $-\mu$ で，低い方のそれは $+\mu$ であるから，磁界方向の磁化 M は

$$M = (N_- - N_+)\mu = N\mu \frac{\mathrm{e}^x - \mathrm{e}^{-x}}{\mathrm{e}^x + \mathrm{e}^{-x}} = N\mu \tanh x \tag{5.33}$$

$$x = \frac{\mu B}{k_\mathrm{B} T} \tag{5.34}$$

となる．式 (5.28) と式 (5.33) を比較すれば明らかなように，古典論では磁気モーメントが連続的な配向をとれるとしているので $L(x)$ となり，量子論では量子化された配向しかとれないために $\tanh x$ となっている．$x \ll 1$ のときには，$\tanh x \fallingdotseq x$

であるから式 (5.33) より，$L = 0$, $S = J = 1/2$ に対してキュリーの式は

$$M \fallingdotseq \frac{N\mu^2 B}{k_B T}, \quad \chi_m = \frac{\mu_0 N\mu^2}{k_B T} \tag{5.35}$$

となる.

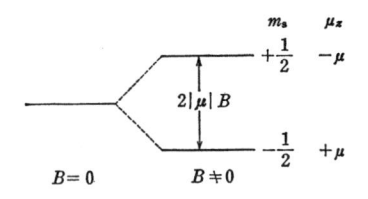

図 5.4 スピン角運動量のみによる原子のエネルギー分裂. 電子では磁気モーメント μ とスピン S は反対向き $\mu = -g\mu_B S$ である.

全角運動量量子数が J であるような一般的な原子に対しては，磁界中でのエネルギー準位は

$$\mathcal{E} = m_J g \mu_B B, \quad m_J = J, J-1, \cdots, -J \tag{5.36}$$

となり，等間隔に分裂した $2J+1$ 個のエネルギー準位に分かれる. この場合も，上の場合と同様の計算により

$$M = Ng J \mu_B B_J(x), \quad x = \frac{gJ\mu_B B}{k_B T} \tag{5.37}$$

となる. ここに $B_J(x)$ はブリルアン関数とよばれ

$$B_J(x) = \frac{2J+1}{2J}\coth\left(\frac{2J+1}{2J}x\right) - \frac{1}{2J}\coth\left(\frac{1}{2J}x\right) \tag{5.38}$$

である[*4]. もちろん $J = 1/2$ の場合には式 (5.37) は式 (5.33) と一致する. $x \ll 1$ の場合，$\coth x = 1/x + x/3 - x^3/45 + \cdots$ なる展開公式を用いると，式 (5.37), (5.38) より磁化率は

$$\chi_m = \frac{\mu_0 M}{B} \fallingdotseq \frac{\mu_0 N J(J+1) g^2 \mu_B^2}{3k_B T} = \frac{\mu_0 N p^2 \mu_B^2}{3k_B T} = \frac{C}{T} \tag{5.39}$$

$$p = g\sqrt{J(J+1)} \tag{5.40}$$

となり，p は有効ボーア磁子数とよばれる.

図 5.5 はクロムカリミョウバン (Cr^{3+}), 鉄アンモニウムミョウバン (Fe^{3+}) と硫化ガドリニウム (Gd^{3+}) の各イオンの磁気モーメントの磁界 (H/T) 依存性の測

[*4] 浜口智尋：固体物性 (下)(丸善)p.540〜541 を参照.

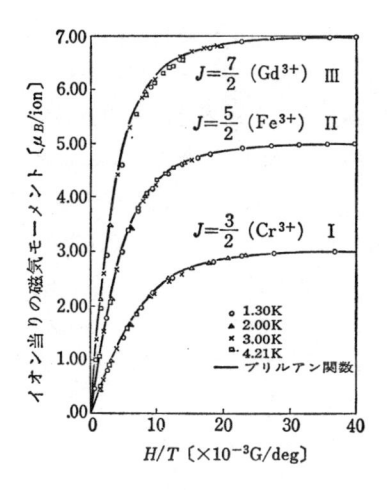

図 5.5 ブリルアン関数と実験値との比較. 実線は $JB_J(x)$ より求めたもの.

定結果と式 (5.37) を比較したものである. Gd^{3+} は $4f^7 5s^2 5p^6$ であるから 4f 電子は閉殻の 14 個のうち 7 個しかつまっておらず, フントの規則によれば $S = 7/2$, $L = 0$, $J = 7/2$ となり式 (5.37) で $J = 7/2$ とおいたものとよく一致する. また式 (5.40) より $p = 7.94$ となり図 5.5 の解析から求まる $p = 8$ とよく一致する. 同様にして Cr^{3+} は $3d^3$ で表 5.3 の V^{2+} イオンと等価になるので $S = 3/2$, $L = 3$, $J = 3/2$, $p = 0.77$ となり, Fe^{3+} は $3d^5$ であるから表 5.3 の Mn^{2+} との比較により, $S = 5/2$, $L = 0$, $J = 5/2$, $p = 5.92$ となる. ところが, Cr^{3+} の有効ボーア磁子数 p の実測値は 3.7 でむしろ $L = 0$ として $p = 2\sqrt{S(S+1)}$ とおいた方が $p = 3.87$ となりよく一致する. Fe^{3+} はたまたま, $L = 0$ で $S = J = 5/2$ であり $p = 5.92$ となりどちらを用いても相違なく実測値の $p = 5.9$ に近い. 一般に鉄族イオンの有効ボーア磁子数は $p = 2\sqrt{S(S+1)}$ の方がよく一致することが知られている. この現象 ($L = 0$) を軌道角運動量の凍結という.

5.4.3 金属の常磁性 (パウリのスピン磁化率)

金属中には多数の伝導電子が存在し, それぞれの電子は式 (5.14) によりスピンによる 1 ボーア磁子 μ_B の磁気モーメントをもっているので, 式 (5.29) と同様の温度依存性が期待される. しかし実験結果によると金属の磁化率はほとんど温度によらず一定である. これはパウリの排他律によるもので, 電子の分布関数がフェルミ・ディラック分布に従うことを考慮すると説明できる. 第 3 章で述べたように金属の伝導電子は伝導帯のエネルギーの低い準位から上向き下向きスピンの電

子 2 個ずつをフェルミエネルギー $\mathcal{E}_F$ まで詰めた形になっている (図 5.6(a)). そこで磁界を印加すると磁界と逆向きのスピン磁気モーメントをもつ電子がスピンの向きを変えようとしても, すでに磁界と同じ向きの磁気モーメントをもつ電子によって占められているので, 自由に向きを変えることができない. 向きを変えられるのはエネルギー $\mathcal{E}$ が $\mathcal{E}_F = k_B T_F$ 付近の電子のみである. フェルミ・ディラック分布則を用いて計算した結果によれば, 磁化の大きさと磁化率は

$$M \fallingdotseq \frac{3N\mu_B^2}{2k_B T_F}B, \quad \chi_P = \frac{3\mu_0 N\mu_B^2}{2k_B T_F} \tag{5.41}$$

となる. これを伝導電子のパウリのスピン磁化率という. 図 5.6(b) のように磁界を印加すると, 磁気モーメントの向きの違いによって $\pm \mu B$ のエネルギー差ができ, 平衡状態ではフェルミ準位が一致しなければならないから図 5.6(c) のようになり, 磁界方向に磁気モーメントが向いている電子の数がふえ, その結果磁界の方向に磁化する.

磁界中における伝導電子の軌道運動を考慮すると, 電子は磁界に垂直な面内でサイクロトロン運動をする. 量子力学的な効果によりそのエネルギーは $\hbar\omega_c$ (ω_c: サイクロトロン周波数) だけ分離した飛び飛びの値をとる. この結果, 軌道運動は反磁性的な寄与をもち, これをランダウ (Landau) の反磁性とよぶ (問題 (5.8) 参照).

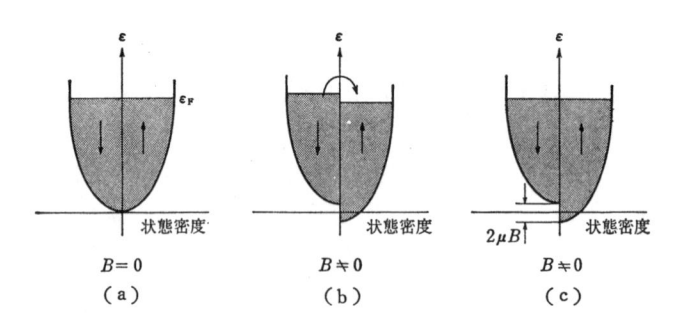

図 5.6 パウリ常磁性. ↓ は + スピンを ↑ は − スピンを意味する.

5.5 強 磁 性

5.5.1 キュリー・ワイスの法則

強磁性体 (ferromagnetic material) とは, 磁界を印加しなくとも磁気モーメン

5.5 強磁性

トをもっている，いわゆる自発磁化をもつ物質である．その磁気モーメントは，図 5.7 のように整列している．図 5.7 では比較のため反強磁性およびフェリ磁性についても示してある．強磁性体は，ちょうど強誘電体の自発分極に相当し，磁化 M と磁界 H の間には，図 2.23 の分極 P と電界 E のようなヒステリシス現象がみられる．また，強誘電体の分域と同様，強磁性体には磁区 (magnetic domain) が存在する．その様子を模式的に示したのが図 5.8 で，磁区のうち磁界と平行な磁気モーメントをもつ区域は成長し，他の区域は吸収されて減少する．このようにして磁界方向の磁化が増大し，磁界を交流的に変動させると強誘電体の P-E 曲線と同様 M-H 曲線にヒステリシス現象が現れる．この磁気モーメントの整列状態を起こす原動力としてワイスの分子場 (あるいは交換磁界とよばれることもある) を考えると理解しやすい．この分子場を $\boldsymbol{B}_\mathrm{E}$ とし，磁化 $\boldsymbol{M}$ に比例するものと仮定する．つまり各磁性原子の受ける平均的な磁界を

$$\boldsymbol{B}_\mathrm{E} = \mu_0 \lambda \boldsymbol{M} \tag{5.42}$$

とする．ここに λ は温度に依存しない定数である．これを用い，外部磁界 $\mu_0 \boldsymbol{H}$ を考慮すると各磁性原子に作用する磁界は，

$$\boldsymbol{B} = \mu_0(\boldsymbol{H} + \lambda \boldsymbol{M}) \tag{5.43}$$

となる．この式は誘電体における局所電界の式 (2.27) と類似していることは明らかである．したがって強誘電体の常誘電相におけるキュリー・ワイスの法則とまったく同様，つまり式 (2.121) を導いたのと同様の取扱いが可能となる．磁化率 χ_m は，定義式 (5.4) と式 (5.28)，(5.37) より

$$\chi_\mathrm{m} = \frac{M}{H} = \frac{N\mu \cdot L(x)}{H} \quad \text{または} \quad \frac{NgJ\mu_\mathrm{B} \cdot B_J(x)}{H} \tag{5.44}$$

となる．ここに x は

$$x = \frac{\mu}{k_\mathrm{B}T}B = \frac{\mu}{k_\mathrm{B}T}\mu_0(H + \lambda M) \quad \text{または} \quad \frac{gJ\mu_\mathrm{B}}{k_\mathrm{B}T}\mu_0(H + \lambda M) \tag{5.45}$$

である．強磁性体が常磁性相にある場合，つまり $x \ll 1$ の場合には，式 (5.29) と式 (5.39) のような近似が可能であるから，式 (5.44) と式 (5.45) より

$$\chi_\mathrm{m} = \frac{C}{T}\left(1 + \lambda \frac{M}{H}\right) = \frac{C}{T}(1 + \lambda \chi_\mathrm{m}) \tag{5.46}$$

つまり，これを整理して

$$\chi_\mathrm{m} = \frac{C}{T - T_\mathrm{C}} \tag{5.47a}$$

$$T_\mathrm{C} = \lambda C \tag{5.47b}$$

を得る．これを強磁性体のキュリー・ワイスの法則といい，強磁性体の自発磁化が消え常磁性体となる温度領域 ($T > T_C$) では磁化率 χ_m は式 (5.47a) のような関係式でよく表される．キュリー温度 T_C は表 5.5 に示すように Fe で 1043 K, Co で 1393 K, Ni で 631 K, Gd で 292 K である．そこで $T_C = 1000$ K とし，式 (5.39)，式 (5.47b) において，$g = 2$，$J = 1$ とおくと，$\lambda \fallingdotseq 5000$ となり，$B_E \fallingdotseq \mu_0 \lambda M \sim 10^3$ T ($= 10^7$ G) となる．このような大きな磁界の存在を古典論で説明することはできない．この磁界は量子力学的な交換相互作用に基づくもので，スピンがあたかもこのような強い磁界が存在するようにふるまうという意味に理解すべきものである．この交換磁界は，スピン $\boldsymbol{S}_i$ とスピン $\boldsymbol{S}_j$ をもつ原子 i と原子 j の相互作用エネルギーが $\boldsymbol{S}_i \cdot \boldsymbol{S}_j$ に比例すると考えることで説明される．これをハイゼンベルクのモデルという．

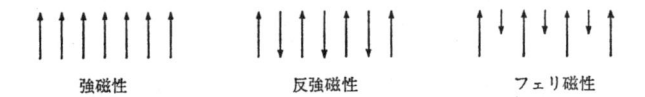

図 5.7 単純な強磁性，反強磁性およびフェリ磁性の磁気モーメントの配列

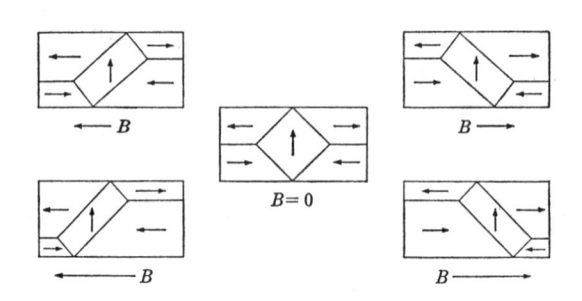

図 5.8 磁区の可逆的変化．磁界に平行な方向の磁気モーメントをもつ磁区が成長し，他の方向をもつ磁区が減少する．

5.5.2 キュリー温度以下での自発磁化

キュリー温度以下の温度領域 ($T < T_C$) では強磁性相にあり，自発磁化が存在する．このときの自発磁化 M_S は強誘電体における双極子理論とまったく同様の取扱いが可能であり，その温度依存性は次のようにして求まる．一般的な場合を取り扱うためにブリルアン関数 $B_J(x)$ を用いることにする．強誘電体の場合には

5.5 強 磁 性

表 5.5 強磁性体の飽和磁化 M_S とキュリー温度 T_C

物質	M_S [A·m^{-1}]*	T_C [K]
Fe	1.75×10^6	1043
Co	1.45×10^6	1393
Ni	0.51×10^6	631
Gd	2.01×10^6	292
Dy	2.92×10^6	85

* 10^3 A·m^{-1} = 4πOe

$L(x)$ であったから,以下の議論は式 (2.123) 以降の取扱いとまったく同様で,局所電界の式 (2.27) に現われる $(\gamma/3\epsilon_0)\boldsymbol{P}$ が分子場 (交換磁界)$\lambda\mu_0\boldsymbol{M}$ に対応すると考えればよい.もちろんスピン 1/2 の磁性原子に対しては $J=1/2$ とおくとブリルアン関数 $B_J(x)$ は式 (5.33) のように $\tanh x$ となる.また鉄族イオンに対しては $J \to S$ とおけばよい.

上に述べたように分子場 $\boldsymbol{B}_E$ は外部磁界 $\mu_0 \boldsymbol{H}$ に比べ非常に大きく $B \simeq B_E = \mu_0\lambda M_S$ とおけるので,自発磁化 M_S は式 (5.37) より

$$M_S = NgJ\mu_B \cdot B_J(gJ\mu_B\mu_0\lambda M_S/k_B T) \tag{5.48}$$

となる.そこで M_S を規格化した m で表し

$$\frac{M_S}{NgJ\mu_B} = m \tag{5.49}$$

とおけば,式 (5.39) と式 (5.47b) を用いて

$$\frac{gJ\mu_B\mu_0\lambda M_S}{k_B T} = 3\frac{J}{J+1} \cdot \frac{T_C}{T} m = \frac{m}{t} \tag{5.50a}$$

$$t = \frac{J+1}{3J} \cdot \frac{T}{T_C} \tag{5.50b}$$

となる.ここに t は規格化した温度で $J=1/2$ に対しては $t=T/T_C$ となる.これらの結果を用いると,式 (5.48) は

$$m = B_J(m/t), \quad m = \tanh(m/t) \quad (J=1/2) \tag{5.51}$$

となる.そこで図 5.9 のように $y=m$ と $y=B_J(m/t)$ なる 2 つの m についての関数としてプロットし両曲線の交点を求めれば,温度 t における自発磁化 m を与える.転移温度は $T=T_C$ ($t \sim 1$ 近くで $J=S=1/2$ のイオンに対しては $t=1$) で与えられ,$T_C = \lambda C = N(g\mu_B)^2 J(J+1)\mu_0\lambda/3k_B$ となる.図 5.10 はこのようにして $J=S=1/2, 7/2$ に対する自発磁化の温度依存性を求めたもので Ni と Gd についての実験結果との比較が示してある.自発磁化は温度の上昇とともに減少し $T=T_C$ で 0 となり,強磁性相から常磁性相へと転移する.

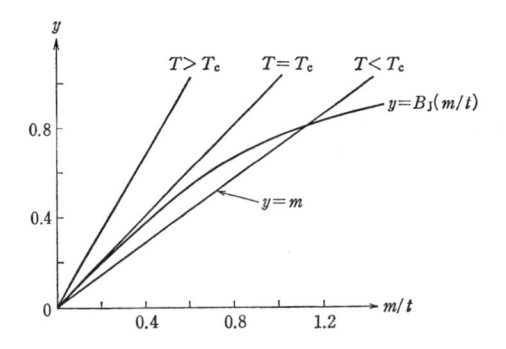

図 5.9 自発磁化 m を求めるための図. 図では $J = S = 1/2$, つまり $B_{1/2}(m/t) = \tanh(m/t)$ の場合について示してある.

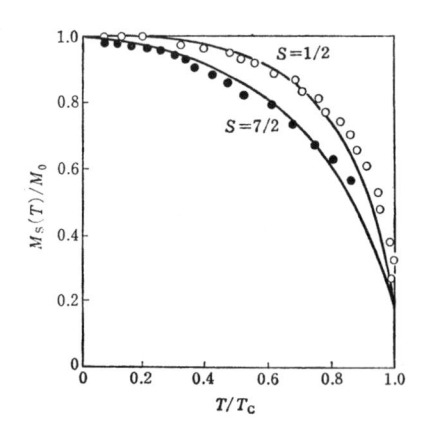

図 5.10 Ni(○印) と Gd(●印) の自発磁化の温度依存性. 実線は分子場理論において $S = 1/2$ と $S = 7/2$ としたもの.

5.5.3 スピン波

ところで,低温における磁化の温度変化を調べてみると,上の理論から予想される傾向と異なる結果が実験によって認められる. $J = S = 1/2$ の場合について考えると, $T \ll T_C$ の低温では式 (5.51) の m/t が 1 に比べ非常に大きいので $\tanh x \fallingdotseq 1 - 2\exp(-2x)$ なる近似を用い

$$\Delta M_S = M_S(0) M_S(T) \fallingdotseq 2N\mu \exp\left(-\frac{2\lambda\mu_0 N\mu^2}{k_B T}\right) = 2N\mu \exp\left(-\frac{2T_C}{T}\right) \tag{5.52}$$

となる.しかし,実験結果によると $\Delta M_S/M_S(0) \propto T^{3/2}$ となり上の計算結果とは一致しない.温度の上昇とともに自発磁化 $M_S(T)$ が減少するのは,式 (5.33) を

導いたときの物理的な意味を考えれば明らかなように，熱運動によって磁気モーメントの向きが乱雑となり反対方向を向く磁気モーメントが現れることによる．その結果が式 (5.52) で与えられるわけである．ところが，これよりももっとエネルギーの低い励起状態が考えられる．これは図 5.11(b)，(c) のように，となりあった原子のスピンがある位相を保ちながら少しずつ傾いたスピンの状態をつくっているもので，スピンの全ベクトル和は完全に平行になっている場合 (基底状態，図 5.11(a)) よりも少し高くなる．このようなスピン系の励起状態を波動と考え，これをスピン波 (spin wave) とよび，これを量子化したものをマグノン (magnon) とよぶ．スピン波を考えて自発磁化の温度依存性を計算すると $\Delta M_S \propto T^{3/2}$ となり，実験結果とよい一致を示す．

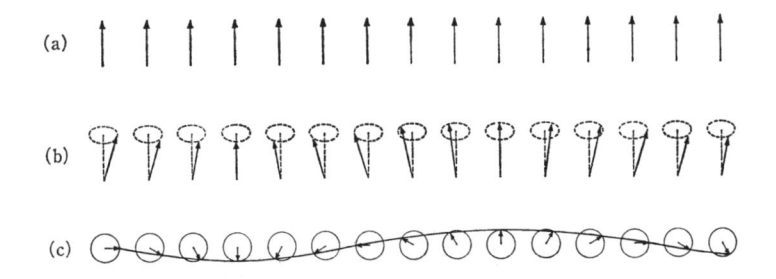

図 5.11 強磁性体のスピン波．(a) 基底状態，(b) スピン波励起状態を斜めから見た図，(c) スピン波を上から見た図．

5.6 フェリ磁性

フェリ磁性体 (ferrimagnetic material，図 5.7 参照) は磁性体のフェライトとしてよく知られているもので，ある温度以下で自発磁化を有し強磁性体のような性質を示す．フェライトは化学式 $MO \cdot Fe_2O_3$ で表され，ここに M は Zn, Cd, Fe, Ni, Cu, Co, Mg や Mn などの 2 価の金属イオンを，O は酸素を表している．たとえば磁鉄鉱 Fe_3O_4 は $FeO \cdot Fe_2O_3$ と書けば明らかなようにフェリ磁性体である．したがって Fe_3O_4 は 2 価の Fe^{2+} と 3 価の Fe^{3+} イオンが 1:2 の割合で含まれている．5.4 節で述べたように鉄族イオンでは軌道角運動量の凍結のため $L = 0$ と考えられるので，スピン S についてのみ計算すればよい．表 5.3 より Fe^{2+} イオンは $S = 2$ となり，これより電子 1 個を取り除いた Fe^{3+} は，表 5.3 の Mn^{2+} に

相当するので $S=5/2$ となる. Fe^{2+} の有効ボーア磁子は $4\mu_B$, Fe^{3+} のそれは $5\mu_B$ となるから Fe_3O_4 あたりの有効ボーア磁子は, $4\mu_B + 2\times 5\mu_B = 14\mu_B$ となるはずである. しかし, 実測値は $4.1\mu_B$ となり大きな違いがある. この違いは次のように考えるとうまく説明される.

表 5.6 フェライトの 1 分子あたりの磁気モーメント μ_B(ボーア磁子)

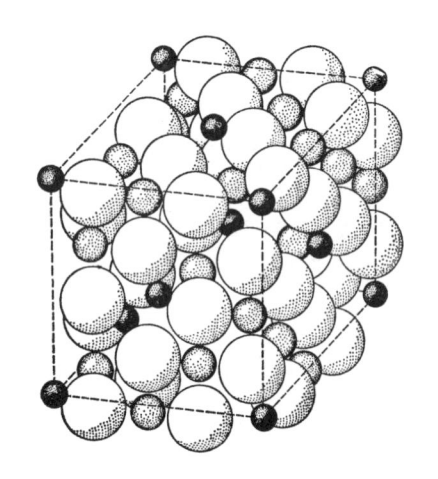

フェライト	2価イオンのスピン S	n_B 理論値	n_B 実測値	M_S [G]	T_C [G]
$MnO\cdot Fe_2O_3$	5/2	5.0	5.0	410	573
$FeO\cdot Fe_2O_3$	2	4.0	4.1	480	858
$CoO\cdot Fe_2O_3$	3/2	3.0	3.7	400	793
$NiO\cdot Fe_2O_3$	1	2.0	2.4	270	858
$CuO\cdot Fe_2O_3$	1/2	1.0	1.3	135	728
$MgO\cdot Fe_2O_3$	1/2	1.0	1.1	110	713

図 5.12 フェライト Fe_3O_4 のスピネル構造. 小さい黒丸 (Fe^{3+}) は四面体位置を占め, 一番大きい球の 4 つの酸素 (O^{2-}) で囲まれており, 中間の大きさの黒丸の八面体の半分は Fe^{3+} で, 残りの半分は Fe^{2+} で占められている.

フェライトはスピネル構造とよばれる図 5.12 のような結晶構造をもち, 単位胞には 8 個の分子が含まれており, 金属原子の占める位置は全部で $3\times 8 = 24$ ある. これらの 24 の位置は 8 個の四面体 A 位置と 16 個の八面体 B 位置に分類され, Fe^{2+} が B 位置の半分に Fe^{3+} が残り半分の B 位置と A 位置の全部を占めている (逆スピネル). そのときのスピン配列を示すと図 5.13 のようになり, A 位

5.6 フェリ磁性

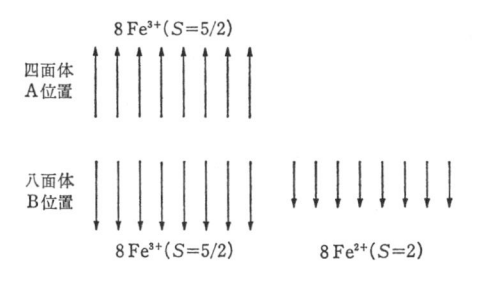

```
四面体         8 Fe³⁺ (S=5/2)
A位置    ↑ ↑ ↑ ↑ ↑ ↑ ↑ ↑

八面体    ↓ ↓ ↓ ↓ ↓ ↓ ↓ ↓   ↓ ↓ ↓ ↓ ↓ ↓ ↓ ↓
B位置
         8 Fe³⁺(S=5/2)      8 Fe²⁺(S=2)
```

図 5.13 フェライト Fe_3O_4 ($FeO \cdot Fe_2O_3$) のスピン配置

置と B 位置の Fe^{3+} の磁気モーメントは互いに打ち消し合い,正味の磁気モーメントは Fe^{2+} ($S=2$) の $4\mu_B$ からくるものと考えられる.他のフェライトについても同様に考えると表 5.6 のように実測値とよい一致を示す.フェライトは,電気抵抗が鉄に比べ非常に高く ($10^{-2}\sim10^2\ \Omega\cdot m$),うず電流による損失が少なく高周波磁性材料として電気工学上重要なものである.

フェリ磁性体の磁化率の温度依存性は次のようにして理解される.副格子 A と副格子 B における分子場を考慮し,相手の副格子から分子場係数 λ で反平行の相互作用を受けるものと仮定する.各副格子のキュリー定数をそれぞれ C_A,C_B とすると外部磁場 $\boldsymbol{H}$ に対する各副格子の磁化ベクトルは式 (5.46) より次のように書ける ($\chi_m = M/H$).

$$\left.\begin{array}{l} \boldsymbol{M}_A = \dfrac{C_A}{T}(\boldsymbol{H} - \lambda \boldsymbol{M}_B) \\[6pt] \boldsymbol{M}_B = \dfrac{C_B}{T}(\boldsymbol{H} - \lambda \boldsymbol{M}_A) \end{array}\right\} \tag{5.53}$$

フェリ磁性体が自発磁化を示すには,$\boldsymbol{H}=0$ のとき $\boldsymbol{M}_A$,$\boldsymbol{M}_B \neq 0$ でなければならないから,上式で $\boldsymbol{M}_A$,$\boldsymbol{M}_B$ を係数とする方程式の行列式が

$$\begin{vmatrix} T & \lambda C_A \\ \lambda C_B & T \end{vmatrix} = 0 \tag{5.54}$$

を満たさなければならない.これよりキュリー温度 T_C は次式で与えられる.

$$T_C = \lambda \sqrt{C_A C_B} \tag{5.55}$$

$T > T_C$ ではフェリ磁性体の自発磁化は消え,磁気モーメントは外部磁場によって誘起される.つまり,$T > T_C$ におけるフェリ磁性体の磁化率 χ_m は

$$\chi_m = \frac{\boldsymbol{M}_A + \boldsymbol{M}_B}{\boldsymbol{H}} = \frac{(C_A+C_B)T - 2\lambda C_A C_B}{T^2 - \lambda^2 C_A C_B}$$

$$= \frac{(C_A+C_B)T - 2T_C^2/\lambda}{T^2 - T_C^2} \tag{5.56}$$

となり,強磁性体と同様, $T = T_C$ で発散し,高温では $\chi_m \sim (C_A + C_B)/T$ のように変化する.この様子を示したのが図 5.14 である.この図では,磁化率の逆数 $1/\chi_m$ が温度に対してプロットしてあり,漸近線は $T = 0$ で $(1/\chi_m)_0 = T_C^2/(2\lambda C_A C_B)$ で交わり,横軸と $T_A = -\lambda(C_A + C_B)/2$ で交わる.

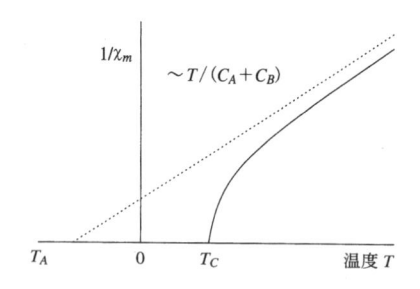

図 5.14 フェリ磁性体における帯磁率の逆数の温度依存性

5.7 反強磁性

強磁性は,スピンの量子力学的交換相互作用によって電子のスピンが平行に整列した方がエネルギー的に低くなることによって生ずる.フェリ磁性は,一部のスピンが反平行となるために現れることは前節で述べた.**反強磁性体** (antiferromagnetic material) では,交換相互作用の符号が強磁性体とは反対で,隣接原子のスピンが反平行に配列しようとする傾向を生ずる (図 5.7 参照).このような反強磁性を示す物質には MnO, MnS や MnF_2 など表 5.7 に示すようなものがある.反強磁性体の特徴は,たとえば図 5.15 の MnF_2 の例のように,ある温度で磁化率 χ_m が鋭い極大値を示すことである.この極大値を示す温度を**ネール温度** (Néel temperature) とよぶ.反強磁性体の磁化率はネール温度 T_N 以上 ($T > T_N$) では

$$\chi_m = \frac{C}{T + \theta_N} \tag{5.57}$$

のような温度依存性を示す.式 (5.57) は,キュリー・ワイスの式 (5.47a) と比較すれば明らかなように,特性温度 θ_N と T_C の符号が反対となっている.

図 5.16 は MnO の結晶格子とスピンの向きを示したものである.この結晶格子は 2 つの同等な部分格子に分かれ,それぞれ反対方向のスピンをもっており反強磁性体となる.上向きのスピンをもつ原子で作られる部分格子を正格子,下向きスピンをもつ原子で作られる部分格子を負格子とよぶことにし,それぞれの部分

5.7 反強磁性

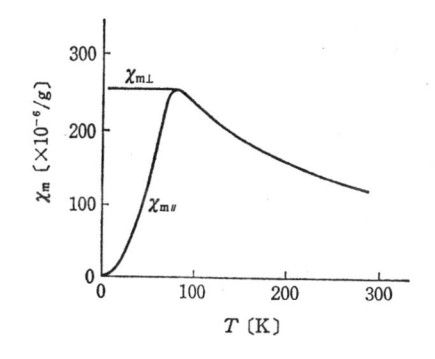

図 5.15 MnF$_2$ の帯磁率 χ_m の温度依存性 (4 回軸に平行と垂直な帯磁率)

図 5.16 反強磁性体のスピン配列

表 5.7 反強磁性体のネール温度 T_N と常磁性キュリー温度 θ_N

物 質	T_N [K]	θ_N [K]	θ_N/T_N [K]
MnO	116	610	5.3
MnS	160	528	3.3
MnTe	307	690	2.25
MnF$_2$	67	82	1.24
FeF$_2$	79	117	1.48
FeCl$_2$	24	48	2.0
FeO	198	570	2.9
CoO	291	330	1.14
NiO	525	~ 2000	~ 4

格子の磁化を $\boldsymbol{M}_+$, $\boldsymbol{M}_-$ とする．フェリ磁性体の副格子が等しい場合に相当するから相転移温度は $T_N = T_C$ で，$C_A = C_B = C/2$ とおくと

$$T_N = \frac{\lambda C}{2} \tag{5.58}$$

$$\chi_m = \frac{CT - \lambda C^2/2}{T^2 - \lambda^2/4} = \frac{C}{T + T_N} \tag{5.59}$$

を得る．この結果によると，相転移温度 (ネール温度)T_N と式 (5.57) の特性温度 θ_N とは同一になるが，表 5.7 に示すように両者は一致しない．この不一致は次のように説明される．分子場として，相手の副格子からの寄与以外に，副格子自体の相互作用を考え，その分子場定数を $-\epsilon$ とすると，各副格子の実効的磁場 ($\boldsymbol{B}_\pm = \mu_0 \boldsymbol{H}_\pm$) は

$$\left.\begin{array}{l} \boldsymbol{H}_+ = \boldsymbol{H} - \lambda \boldsymbol{M}_- - \epsilon \boldsymbol{M}_+ \\ \boldsymbol{H}_- = \boldsymbol{H} - \lambda \boldsymbol{M}_+ - \epsilon \boldsymbol{M}_- \end{array}\right\} \tag{5.60}$$

となる．ここで，λ は異なる部分格子に属するスピン間の交換相互作用，ϵ は同じ

部分格子に属するスピン間の交換相互作用から決定される.そこで式 (5.48) と同様にしてそれぞれの部分磁化 M_+, M_- を求めると ($J \to S$ として)

$$M_\pm = M_0 \cdot B_S(g\mu_0\mu_B SH_\pm/k_B T) \tag{5.61}$$

となる.ここに $M_0 = (1/2)Ng\mu_B S$ である.$\boldsymbol{M}_+$ と $\boldsymbol{M}_-$ は大きさが等しく向きが逆であるから $|\boldsymbol{M}_+| = |\boldsymbol{M}_-| \equiv M_S$ とおけば,式 (5.61) より ($\boldsymbol{H} = 0$ とおき)

$$M_S = M_0 \cdot B_S\left(g\mu_0\mu_B S(\lambda - \epsilon)M_S/k_B T\right) \tag{5.62}$$

を得る.式 (5.62) と式 (5.48) は等価であるから,それぞれの部分格子の自発磁化の温度依存性は強磁性体のそれと同じである.

反強磁性体は,ネール温度 T_N 以上になると部分格子の自発磁化が消え,スピン配列が乱雑となり常磁性体へと転移する.$T > T_N$ では磁気モーメントは外部磁場により誘起され,磁化率は式 (5.53) を修正した次の式から求まる.

$$\left.\begin{aligned} M_+ &= \frac{C}{2T}(H - \lambda M_- - \epsilon M_+) \\ M_- &= \frac{C}{2T}(H - \lambda M_+ - \epsilon M_-) \end{aligned}\right\} \tag{5.63}$$

これより

$$\chi_m = \frac{M_+ + M_-}{H} = \frac{C}{T + \theta_N} \tag{5.64}$$

$$\theta_N = \frac{(\lambda + \epsilon)C}{2} \tag{5.65}$$

となる.

ネール温度は式 (5.63) において,M_+ と M_- がともに 0 でない解をもつための条件として,M_+ と M_- に関する連立方程式の係数をつくる行列式より

$$T_N = \frac{(\lambda - \epsilon)C}{2} \tag{5.66}$$

となり,

$$\frac{\theta_N}{T_N} = \frac{\lambda + \epsilon}{\lambda - \epsilon} \tag{5.67}$$

の関係が得られ,表 5.7 に示された実験結果を説明することができる.

反強磁性体の $T < T_N$ における磁化率は,印加する磁場の方向によって著しく異なる.これは次のようにして説明される.図 5.17(a) のように自発磁化に平行な方向の磁場に対して,$T \to 0$ では $M_+ = -M_- = (N/2)g\mu_B S$ であるから,$\chi_\parallel = 0$ である.有限の温度では

$$M_\pm = \pm M + \delta M_\pm \tag{5.68}$$

5.7 反強磁性

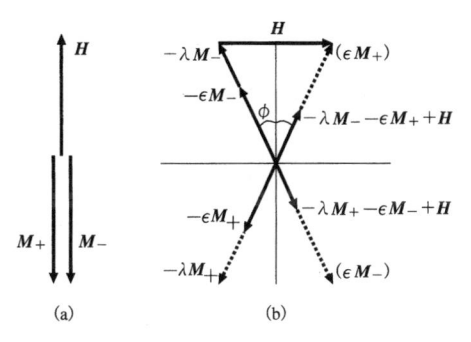

図 5.17 反強磁性体における帯磁率 $\chi_{m\parallel}$ と $\chi_{m\perp}$ を求めるための図

とおき，ブリルアン関数のテイラー展開より，

$$\delta M_\pm = -\frac{N}{2}g^2\mu_B^2 S^2 B'_S\left[\frac{g\mu_B S(\lambda-\epsilon)M}{k_B T}\right]\frac{\epsilon\cdot\delta M_\pm + \lambda\cdot M_\pm - H}{k_B T} \quad (5.69)$$

これより，

$$\chi_\parallel = \frac{\delta M_+ + \delta M_-}{H}$$
$$= \frac{2}{\lambda+\epsilon}\frac{1}{1+\dfrac{S+1}{3S}\dfrac{\lambda-\epsilon}{\lambda+\epsilon}\dfrac{T}{T_N}\left[B'_S\left(\dfrac{3S}{S+1}\dfrac{T_N}{T}\dfrac{2M}{Ng\mu_B S}\right)\right]^{-1}} \quad (5.70)$$

を得る．$T=T_N$ で $M=0$，$B'_S(0)=(S+1)/3S$ であるから，$\chi_\parallel = 1/\lambda$ となり，式 (5.64) において $T=T_N$ とおいて得られる値に等しい．温度がネール温度より下がるにつれ $\chi_\parallel$ は減少し，$T=0$ で $\chi_\parallel$ は消える．

一方，外部磁場が自発磁化ベクトルに垂直にかけられると，図 5.17(b) に示すように各部分格子の磁化は磁場方向に対し同じ角度 ϕ だけ傾く．この図から明らかなように実効磁場 $\boldsymbol{H}_+$ ($\boldsymbol{H}_-$) も磁場に対し ϕ だけ傾くが，傾きを決めるのは $-\lambda\boldsymbol{M}_-$ ($-\lambda\boldsymbol{M}_+$) である．図より

$$\sin\phi = \frac{1}{2}\frac{H}{\lambda|\boldsymbol{M}_-|} = \frac{H}{2\lambda H} \quad (5.71)$$

が得られる．つまり磁場方向の部分格子の磁化は $M\sin\phi$ となり

$$\boldsymbol{M}_+ + \boldsymbol{M}_- = \frac{1}{\lambda}\boldsymbol{H} \quad (5.72)$$

となるから，磁場方向の磁化は $2|\boldsymbol{M}|\sin\phi$ となり，結局磁場方向の磁化率 $\chi_\perp$ は

$$\chi_\perp = \frac{2|\boldsymbol{M}|\sin\phi}{H} = \frac{1}{\lambda} \quad (5.73)$$

となり，温度，磁場の大きさに無関係となる．

以上に述べた常磁性体，強磁性体 (フェリ磁性体)，反強磁性体の磁化率の温度依

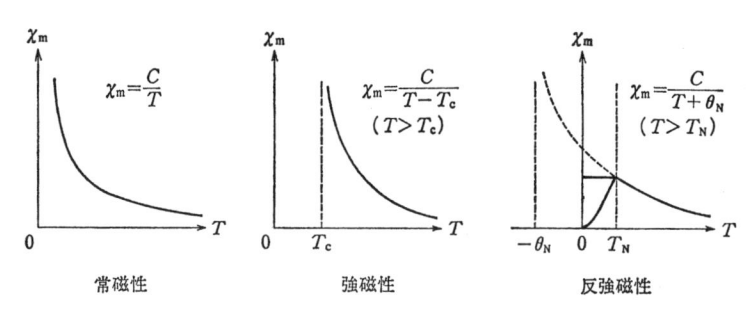

図 5.18 常磁性体, 強磁性体および反強磁性体における磁化率の温度依存性

存性を模式的に描くと図 5.18 のようになる. ただし, フェリ磁性体もキュリー温度以上では強磁性体と同様, 温度の上昇とともに磁化率は減少し, 高温では $\sim C/T$ に近づくが, $T \sim T_\mathrm{C}$ では少し異なった温度依存性を示す (図 5.14 参照).

5.8 磁気共鳴

磁気共鳴には, 原子核の角運動量と電子のスピン角運動量に基づくものがあり, それらの代表的なものをあげると次のようになる. 核磁気共鳴 (NMR : nuclear magnetic resonance), 核四重極共鳴 (NQR : nuclear quadrupole resonance), 電子スピン共鳴 (ESR : electron spin resonance, または電子常磁性共鳴 EPR : electron paramagnetic resonance), 強磁性共鳴 (FMR : ferromagnetic resonance), スピン波共鳴 (SWR : spin wave resonance), 反強磁性共鳴 (AFMR : antiferromagnetic resonance) である. このうち重要な ESR と NMR について述べる.

5.8.1 電子スピン共鳴

半導体中の浅い不純物ドナー, 常磁性イオンを不純物として含む結晶や不対電子をもつ物質など閉殻構造でない電子を有する系では, 磁場中におかれた電子は量子化されたエネルギー準位間を外部電磁波のエネルギーを吸収して共鳴的に遷移する. これが電子スピン共鳴である.

5.1 節で述べたように, 電子はスピン角運動量 $\hbar s$ ($s = 1/2$) をもち, その磁気モーメント $\boldsymbol{\mu}_\mathrm{s}$ は式 (5.14) より

$$\boldsymbol{\mu}_\mathrm{s} = -g\mu_\mathrm{B} s \equiv \gamma \hbar s \tag{5.74}$$

で与えられる. ここに, γ は核磁気モーメントに対しても同様に定義するために導入したもので, 電子スピンに対しては $\gamma = -g\mu_\mathrm{B}/\hbar$ である. 磁場 $\boldsymbol{B}$ (z 方向に

印加したものとしてその成分を B_z) とすると，磁気モーメントの相互作用エネルギーは式 (5.27) により

$$U = -\boldsymbol{\mu}_\mathrm{s} \cdot \boldsymbol{B} = g\mu_\mathrm{B} s_z B_z \equiv \gamma \hbar s_z B_z \tag{5.75}$$

で与えられる．$s_z = \pm 1/2$ であるから，エネルギー準位は $\pm g\mu_\mathrm{B} B_z/2$ に分裂する．5.4.2 項で示したように $s_z = 1/2$ の電子数 N_+ と $s_z = -1/2$ の電子数 N_- の間には熱平衡状態で $N_+/N_- = \exp(-g\mu_\mathrm{B} B_z)$ の関係があり，電子密度が異なる．そこで，この磁場に対して垂直な方向に交流磁界 (マイクロ波) $B_z = B_1 \cos(\omega t)$ を印加すると，電子はこのマイクロ波エネルギーを吸収して 2 つの準位間で遷移が起こる．このとき共鳴条件は

$$\hbar\omega = g\mu_\mathrm{B} B_z \tag{5.76}$$

で与えられる．これが電子スピン共鳴である．2 つの準位間の電子密度の差を n，その熱平衡時の値を $n_0 = Ng\mu_\mathrm{B} B_z/k_\mathrm{B} T$ とすると，

$$\frac{\mathrm{d}n}{\mathrm{d}t} = -2wn + \frac{n - n_0}{T_1} \tag{5.77}$$

が成立する．ここに w は電子の遷移確率で，T_1 はスピン格子緩和時間とよばれる．ESR の実験から種々の物質における g 因子が求められる．アルカリ金属では自由電子の $g = 2.00232$ にきわめて近い値を示すが，Au などの重金属では $g = 2.26 \pm 0.02$ と大きな差がある．この理論値と実験値との差はスピン軌道角運動量相互作用によるものである．

5.8.2 核磁気共鳴

角運動量 $\hbar \boldsymbol{I}$ をもつ原子核は式 (5.74) で示したように

$$\boldsymbol{\mu} = \gamma_N \hbar \boldsymbol{I} \tag{5.78}$$

の磁気モーメントをもつ．ただし，この γ_N は核磁気回転比とよばれ，電子スピンのそれとは異なる値をもち，陽子に対しては $\gamma_N = 2.675 \times 10^8\,\mathrm{rad \cdot s/T}$ である．演算子 $\boldsymbol{I}$ の z 方向成分の固有値は式 (5.36) で求めたように，$m_I = I, I-1, \cdots, -I+1, -I$ となり $2I+1$ 個の値をとる．磁場を z 方向に印加すると相互作用のエネルギーは式 (5.75) と同様にして

$$U = -\boldsymbol{\mu} \cdot \boldsymbol{B} = -\gamma_N \hbar B_z I_z = -m_I \gamma_N \hbar B_z \tag{5.79}$$

となり，間隔 $\gamma_N \hbar B_z$ の $(2I+1)$ 個に分裂したエネルギー準位をつくる．

角運動量の時間的変化割合は式 (5.18) に示したようにこの系に働くトルク

$(\boldsymbol{\mu} \times \boldsymbol{B})$ に等しい．したがって

$$\frac{\mathrm{d}\boldsymbol{I}}{\mathrm{d}t} = \boldsymbol{\mu} \times \boldsymbol{B} \tag{5.80}$$

あるいは

$$\frac{\mathrm{d}\boldsymbol{\mu}}{\mathrm{d}t} = \gamma_N \boldsymbol{\mu} \times \boldsymbol{B} \tag{5.81}$$

を得る．核磁気モーメント $\boldsymbol{M}$ は全原子核に対する磁気モーメントの和 $\sum \boldsymbol{\mu}_i$ で与えられる．したがって，核磁気モーメントについての方程式として次式を得る．

$$\frac{\mathrm{d}\boldsymbol{M}}{\mathrm{d}t} = \gamma_N \boldsymbol{M} \times \boldsymbol{B} \tag{5.82}$$

熱平衡状態で磁化が z 方向にあるとし ($M_x = M_y = 0$, $M_z = M_0$)，緩和の項を加えて，上式を成分に分けて書くと次のようになる．

$$\left.\begin{aligned}\frac{\mathrm{d}M_x}{\mathrm{d}t} &= \gamma_N (\boldsymbol{M} \times \boldsymbol{B})_x - \frac{M_x}{T_2} \\ \frac{\mathrm{d}M_y}{\mathrm{d}t} &= \gamma_N (\boldsymbol{M} \times \boldsymbol{B})_y - \frac{M_y}{T_2} \\ \frac{\mathrm{d}M_z}{\mathrm{d}t} &= \gamma_N (\boldsymbol{M} \times \boldsymbol{B})_z - \frac{M_z - M_0}{T_1}\end{aligned}\right\} \tag{5.83}$$

ここに，T_1 は**縦緩和時間** (スピン格子緩和時間)，T_2 は**横緩和時間**とよばれる．この式を**ブロッホの方程式**とよぶ．

NMR の実験は図 5.19 のように z 方向に静磁場を印加し，x (または y) 方向に交流磁場 $B_x = B_1 \cos\omega t$ を印加するとき，先に述べた $(2I+1)$ 個の隣り合った準位の間で共鳴が起こり，吸収されるエネルギーが図のコイルを経て測定される．共鳴は式 (5.83) を解いて得られる．これより，γ_N と T_1, T_2 などが決定され，物性研究の手段として用いられている．最近では，医療診断の手法としてもよく用いられるようになり，一般に MR とよばれているのがそれである．

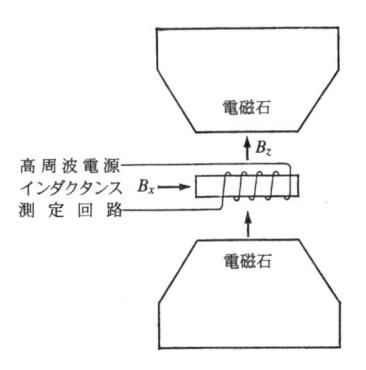

図 5.19　核磁気共鳴 (NMR) の測定装置

問題

- **(5.1)** 歳差運動とよばれる理由を述べよ (図 5.2).
- **(5.2)** 銅の磁化率を -0.5×10^{-5} とする．これに $10^6\,\mathrm{A\cdot m^{-1}}$ の磁界を印加したときの，銅の中の磁束密度 B と磁化 M を求めよ．
- **(5.3)** 室温における Fe_2O_3 の磁化率を 1.4×10^{-3} とする．これに $10^6\,\mathrm{A\cdot m^{-1}}$ の磁界を印加したときの磁束密度と磁化の強さを求めよ．
- **(5.4)** 前問の Fe_2O_3 を液体窒素温度 (77 K) にして $10^6\,\mathrm{A\cdot m^{-1}}$ の磁界を印加したときの磁化の強さを求めよ．
- **(5.5)** 常磁性体が $10^6\,\mathrm{A\cdot m^{-1}}\,(= 4\pi \times 10^3\,\mathrm{Oe})$ の一様な磁界中におかれているとき，300 K と 4.2 K における 1 スピンあたりの磁界方向の平均磁気モーメントをボーア磁子の単位で求めよ．
- **(5.6)** 常磁性体 $CrCl_3$ の磁化率は室温で 1.5×10^4 である．キュリー定数を求めよ．
- **(5.7)** フェルミ温度 $T_F = 8.2 \times 10^4$ K で密度 $8.5 \times 10^{28}\,\mathrm{m^{-3}}$ の伝導電子をもつ金属がある．磁化率は伝導電子のスピンのみによると考えてそれを計算せよ．
- **(5.8)** 磁場中におかれた金属中の自由電子の軌道運動を考える．磁界に垂直な面内で $\omega_c = eB/m$ の角周波数でサイクロトロン運動をする．そのエネルギーは

$$\mathcal{E} = \left(n + \frac{1}{2}\right)\hbar\omega_c + \frac{\hbar^2 k_z^2}{2m}$$

となる．ここに，$n = 0, 1, 2, \cdots$ で k_z は磁界方向の電子の波数ベクトルである．これを考慮して電子の磁化率を計算すると反磁性的となり (ランダウの反磁性)

$$\chi_d = -\frac{N\mu_0\mu_B^2}{2k_B T_F}$$

となることが知られている [*5]．金属の電子による磁化率はどのようになるか．
- **(5.9)** 金属の磁化率は問題 (5.8) の寄与以外にどのようなものが考えられるか．
- **(5.10)** 鉄の飽和磁化の値は 1.75×10^6 A/m である．鉄は 1 辺の長さ $a = 0.286$ nm の体心立方格子であるとして，1 原子あたりの平均磁化が何ボーア磁子であるかを求めよ．

[*5] 金森順次郎：磁性 (培風館) p.194 参照.

問題解答

(1.1) 交換子 $[x, p_x]$ に右からスカラー関数 $\varphi(\boldsymbol{r})$ を作用させ, $p_x = -i\hbar \partial/\partial x$ を用いると

$$[x, p_x]\varphi = (xp_x - p_x x)\varphi = x\left(-i\hbar\frac{\partial}{\partial x}\right)\varphi - \left(-i\hbar\frac{\partial}{\partial x}\right)x\varphi$$
$$= -i\hbar x\frac{\partial}{\partial x}\varphi + i\hbar\varphi + i\hbar x\frac{\partial}{\partial x}\varphi$$
$$= i\hbar\varphi$$

となるから $[x, p_x] = i\hbar$ となる. 同様にして $[x, p_y] = 0$ となり, 一般に

$$[r_i, p_j] = i\hbar\delta_{ij}$$

$$\delta_{ij} = \begin{cases} 0 & (i \neq j) \\ 1 & (i = j) \end{cases}$$

が成立する. δ_{ij} をクロネッカーのデルタとよぶ.

(1.2) 式 (1.25) を用いると

$$\oint p\, dr = \oint mv\, dr = mv \cdot 2\pi r = nh$$

となり証明される.

(1.3) 式 (1.32) の関係を用いると $n = 3$ に対しては $l = 0, 1, 2$. 式 (1.33) より $l = 0$ に対しては $m = 0$, $l = 1$ に対しては $m = -1, 0, 1$, $l = 2$ に対しては $m = -2, -1, 0, 1, 2$ となる. つまり, 3s ($l = 0, m = 0$) の 1 つ, 3p ($l = 1, m = -1, 0, 1$) の 3 つと 3d ($l = 2, m = -2, -1, 0, 1, 2$) の 5 つの状態の合計 $n^2 = 3^2 = 9$ 個の状態があり, それぞれにスピン↑と↓の合計 18 状態がある.

(1.4) $M_1 = M_2 = M$ とすると式 (1.58) より

$$\omega_\pm^2 = \frac{2k_0}{M}\left[1 \pm \sqrt{1 - \sin^2(qa/2)}\right]$$

となるから $qa \ll 1$ に対しては

$$\omega_- = \sqrt{\frac{k_0}{M}} \sin(qa/2) \fallingdotseq \sqrt{\frac{k_0}{M}} \frac{qa}{2}$$

$$\omega_+ = 2\sqrt{\frac{k_0}{M}}$$

となる. 音速は ω_- の分岐より $V_s = \omega_-/q$ として求まるから

$$V_s = \frac{\omega_-}{q} = \sqrt{\frac{k_0}{M}} \frac{a}{2}$$

が成立する. これを用いて ω_+ を表すと

$$\omega_+ = 2\sqrt{\frac{k_0}{M}} = 4\frac{V_s}{a} = 4 \times \frac{2 \times 10^3 \,\mathrm{m/s}}{0.4 \times 10^{-9}\,\mathrm{m}} = 2 \times 10^{13}\,\mathrm{s}^{-1}$$

(1.5) 光速を $c = 3 \times 10^8\,\mathrm{m/s}$ とすると,電磁波の波長 λ は $\lambda = 2\pi c/\omega_+$ で与えられるから

$$\lambda = \frac{2\pi \times 3 \times 10^8\,\mathrm{m/s}}{2 \times 10^{13}\,\mathrm{s}^{-1}} = 9.42 \times 10^{-5}\,\mathrm{m} = 94.2\,\mu\mathrm{m}$$

となる. 可視光の波長は約 $0.4 \sim 0.7\,\mu$m で,赤外線は $0.7\,\mu$m~ 1 mm,マイクロ波の波長は 1 mm~ 10 cm 程度であるから $94.2\,\mu$m は赤外線の領域にある.

(1.6) 題意により

$$N = 4\pi A \int_0^\infty v^2 \exp\left(-\frac{mv^2}{2k_\mathrm{B}T}\right) dv$$

となる. $mv^2/2k_\mathrm{B}T = x$ なる変数変換を行うと,$dx = (mv/k_\mathrm{B}T)dv = (m/k_\mathrm{B}T)(2k_\mathrm{B}Tx/m)^{1/2}dv$ つまり,$dv = (k_\mathrm{B}T/2m)^{1/2}x^{-1/2}dx$ となるから

$$N = 4\pi A \int_0^\infty \frac{2k_\mathrm{B}T}{m}x\left(\frac{k_\mathrm{B}T}{2m}\right)^{1/2} x^{-1/2}\mathrm{e}^{-x}dx$$

$$= 2\pi A\left(\frac{2k_\mathrm{B}T}{m}\right)^{3/2}\int_0^\infty x^{1/2}\mathrm{e}^{-x}dx$$

となる. ここでガンマ関数

$$\Gamma(n) = \int_0^\infty x^{n-1}\mathrm{e}^{-x}dx;\ \Gamma(n+1) = n\Gamma(n);\ \Gamma(1) = 1,\ \Gamma(1/2) = \sqrt{\pi}$$

なる関係を用いると上の積分値は $\Gamma(3/2) = (1/2)\Gamma(1/2) = \sqrt{\pi}/2$ となり

$$N = A\left(\frac{2\pi k_\mathrm{B}T}{m}\right)^{3/2} \quad \text{つまり} \quad A = N\left(\frac{m}{2\pi k_\mathrm{B}T}\right)^{3/2}.$$

(1.7) 原子軌道間の遷移エネルギーから次のように求まる.

(i) $n = 3$ (3s) と $n = 4$ (4p) の準位間の遷移エネルギーは

$$\mathcal{E} = \mathcal{E}(n=4) - \mathcal{E}(n=3) = -13.6 \times \frac{1}{4^2} - \left(-13.6 \times \frac{1}{3^2}\right)$$

$$= 13.6\left(\frac{1}{9} - \frac{1}{16}\right) = 0.661\,\mathrm{eV}$$

(ii) $h\nu = \mathcal{E}(n=4) - \mathcal{E}(n=3)$ より
$$\nu = \frac{0.661\,\text{eV} \times (1.6 \times 10^{-19}\,\text{J/eV})}{6.62 \times 10^{-34}\,\text{J/s}} = 1.60 \times 10^{14}\,\text{s}^{-1}$$

(iii) $\lambda = c/\nu$ より
$$\lambda = \frac{c}{\nu} = \frac{3 \times 10^8\,\text{m/s}}{1.60 \times 10^{14}\,\text{s}^{-1}} = 1.88 \times 10^{-4}\,\text{m} = 188\,\mu\text{m}$$

となり，赤外領域となる．

(1.8) $2d\sin\theta = n\lambda$ において，Au は面心立方であるから $2d = a = 0.40785\,\text{nm}$ となるので

$$\sin\theta = \frac{\lambda}{2d}n = \frac{0.1658\,\text{nm}}{0.40785\,\text{nm}}n = 0.406522n < 1$$

$n = 1$ のとき $\theta = 23.98°$, $n = 2$ のとき $\theta = 54.39°$

(1.9) 質量 m の粒子の全エネルギー $\mathcal{E}$ は

$$\mathcal{E} = \frac{1}{2}mv_x^2 + \frac{1}{2}mv_y^2 + \frac{1}{2}mv_z^2$$

で与えられる．このエネルギーの平均値は

$$\langle \mathcal{E} \rangle = \frac{\displaystyle\int_0^\infty \mathcal{E}\exp(-\mathcal{E}/k_\text{B}T)\text{d}v_x\text{d}v_y\text{d}v_z\text{d}x\text{d}y\text{d}z}{\displaystyle\int_0^\infty \exp(-\mathcal{E}/k_\text{B}T)\text{d}v_x\text{d}v_y\text{d}v_z\text{d}x\text{d}y\text{d}z}$$

で与えられる．上の全エネルギー $\mathcal{E}$ をエネルギーの平均値の式に代入して，計算すると，x, y, z 方向に対して分離でき

$$\langle \mathcal{E}_x \rangle = \frac{1}{2}m\langle v_x^2 \rangle = \langle \mathcal{E}_y \rangle = \langle \mathcal{E}_z \rangle$$

となり，全エネルギーの平均値は

$$\langle \mathcal{E} \rangle = \langle \mathcal{E}_x \rangle + \langle \mathcal{E}_y \rangle + \langle \mathcal{E}_z \rangle$$

となる．運動エネルギーの平均値は次のように計算される．$(1/2)mv_x^2/k_\text{B}T = x$ と変数変換し，$mv_x\text{d}v_x = k_\text{B}T\text{d}x$ の関係を用いると

$$\frac{1}{2}m\langle v_x^2 \rangle = \frac{\displaystyle\int \frac{1}{2}mv_x^2\exp(-mv_x^2/2k_\text{B}T)\text{d}v_x}{\displaystyle\int \exp(-mv_x^2/2k_\text{B}T)\text{d}v_x} = \frac{\displaystyle\int k_\text{B}Tx\exp(-t)(k_\text{B}T/mv_x)\text{d}x}{\displaystyle\int \exp(-x)(k_\text{B}T/mv_x)\text{d}x}$$

$$= k_\text{B}T\frac{\displaystyle\int x\exp(-x)x^{-1/2}\text{d}x}{\displaystyle\int \exp(-x)x^{-1/2}\text{d}x} = k_\text{B}T\frac{\displaystyle\int x^{1/2}\exp(-x)\text{d}x}{\displaystyle\int x^{-1/2}\exp(-x)\text{d}x}$$

$$= k_\text{B}T\frac{\Gamma(3/2)}{\Gamma(1/2)} = k_\text{B}T\frac{(1/2)\Gamma(1/2)}{\Gamma(1/2)} = \frac{1}{2}k_\text{B}T$$

この結果より，次のような等分配の法則 (equipatition law) の成立することがわかる．
$$\frac{1}{2}m\langle v_x^2\rangle = \frac{1}{2}m\langle v_y^2\rangle = \frac{1}{2}m\langle v_z^2\rangle = \frac{1}{2}k_\mathrm{B}T$$
したがって，3次元の運動エネルギーの平均値は $(3/2)k_\mathrm{B}T$ で与えられる．

(1.10) 空洞の体積を $V = L_x L_y L_z$ として $(0 < x < L_x, 0 < y < L_y, 0 < z < L_z)$，電磁波の電界を
$$F(x,y,z) = E\sin\left(\frac{2\pi}{\lambda}x - 2\pi\nu t\right)\sin\left(\frac{2\pi}{\lambda}y - 2\pi\nu t\right)\sin\left(\frac{2\pi}{\lambda}z - 2\pi\nu t\right)$$
と表す．定在波として存在するためには
$$F(x=0,y=0,z=0) = F(x=L_x,y=L_y,z=L_z) = 0$$
の境界条件を満たさなければならない．波が $x = L_x$ で節となるような定在波は $2\pi L_x/\lambda = \pi n_x$ などを満たさなければならない．これより，
$$n_x\lambda = 2L_x, \quad n_x = 0,1,2,3,\ldots$$
$$n_y\lambda = 2L_y, \quad n_y = 0,1,2,3,\ldots$$
$$n_z\lambda = 2L_z, \quad n_z = 0,1,2,3,\ldots$$
を得る．光速を c とすると $\nu = c/\lambda$ であるから，x 方向については
$$\nu = \frac{c}{2L_x}n_x, \quad n_x = 1,2,3,\ldots$$
が成立する．したがって，x 方向について ν と $\nu + \mathrm{d}\nu$ の間にある振動数の数は
$$\mathrm{d}n_x = \frac{2L_x}{c}\mathrm{d}\nu$$
となるから，x, y, z 方向について，ν と $\nu + \mathrm{d}\nu$ の間にある $4\pi\nu^2\mathrm{d}\nu$ の振動数の空間にある電磁波のモードの数 $N(\nu)\mathrm{d}\nu$ は次式で与えられる．
$$N(\nu)\mathrm{d}\nu = \frac{1}{8}\frac{2L_x}{c}\frac{2L_y}{c}\frac{2L_z}{c}4\pi\nu^2\mathrm{d}\nu = \frac{L_xL_yL_z}{c^3}4\pi\nu^2\mathrm{d}\nu$$
ここに，因子 $1/8$ は $n_x > 0, \ n_y > 0, \ n_z > 0$ の関係を用い球空間の $1/8$ の体積を求めればよいことによる．電磁波には2つの横波が存在することから，単位体積あたりのモード数は次式で与えられる
$$n(\nu)\mathrm{d}\nu = \frac{8\pi}{c^3}\nu^2\mathrm{d}\nu$$
振動子のエネルギーを $\mathcal{E}_n = n\hbar\omega$ とおくと，平均のエネルギーは
$$\overline{\mathcal{E}} = \frac{\sum_n n\hbar\omega\exp(-n\hbar\omega/k_\mathrm{B}T)}{\sum_n \exp(-n\hbar\omega/k_\mathrm{B}T)} = k_\mathrm{B}T\left[\frac{\hbar\omega/k_\mathrm{B}T}{\exp(\hbar\omega/k_\mathrm{B}T) - 1}\right]$$
となる．この関係は次のようにして求められる．
$$\sum_s x^s = \frac{1}{1-x}, \quad \sum_s sx^s = x\frac{\mathrm{d}}{\mathrm{d}x}\sum_s x^s = \frac{x}{1-x}$$
これらの式に $x = \exp(-h\nu/k_\mathrm{B}T)$ を代入すると

$$\overline{\mathcal{E}} = k_\mathrm{B} T \left[\frac{h\nu/k_\mathrm{B}T}{\exp(h\nu/k_\mathrm{B}T)-1} \right] = \frac{h\nu}{\exp(h\nu/k_\mathrm{B}T)-1}$$
$$= \frac{\hbar\omega}{\exp(\hbar\omega/k_\mathrm{B}T)-1}$$

が得られる．単位体積単位周波数あたりの輻射エネルギーは

$$u = \frac{8\pi\nu^2}{c^3} \frac{h\nu}{\exp(h\nu/k_\mathrm{B}T)-1}$$

で与えられる．あるいはプランクの輻射理論は次のように表される．

$$u(\nu)\mathrm{d}\nu = \frac{8\pi\nu^2}{c^3} \frac{h\nu}{\exp(h\nu/k_\mathrm{B}T)-1} \mathrm{d}\nu$$
$$w(\omega)\mathrm{d}\omega = \frac{\omega^2}{\pi^2 c^3} \frac{\hbar\omega}{\exp(\hbar\omega/k_\mathrm{B}T)-1} \mathrm{d}\omega$$

これがプランクにより導かれた黒体輻射のスペクトル分布である．

(2.1) $\mu = \alpha E$ とし，式 (2.15)～(2.17) において $N=1$ とおけば

$$w = \frac{1}{2}\mu E = \frac{1}{2}\alpha E^2$$

(2.2) 電荷の体積密度を ρ，面密度を σ とすると電磁気学の式より $-\mathrm{div}\boldsymbol{P} = \rho$ あるいは $\int \rho \mathrm{d}V = -\int \mathrm{div}\boldsymbol{P} \mathrm{d}V$ が成立する．電荷は表面分布のみと考えると

$$\int \sigma \mathrm{d}S = -\int \mathrm{div}\boldsymbol{P} \mathrm{d}V = -\int \boldsymbol{P}\cdot\mathrm{d}S = -\int P\cos\theta \mathrm{d}S$$

つまり

$$\sigma = -P\cos\theta$$

となる．

(2.3) 極大値は分母が最小，つまり $\omega = \omega_0$ のときで $F_\mathrm{L}(\omega_0) = 2/(\pi\Gamma)$．$F_\mathrm{L}(\omega)$ は $\omega = \omega_0$ に対して対称であるから $F_\mathrm{L}(\omega)$ の半分になる ω の値を $\omega_0 \pm \Delta\omega/2$ とすると

$$\frac{1}{\pi\Gamma} = \frac{\Gamma/2\pi}{(\Delta\omega/2)^2 + (\Gamma/2)^2} \quad \text{つまり} \quad \Delta\omega = \Gamma$$

(2.4) 誘電率は式 (2.66b) で $\Gamma = 0$ とすると

$$\kappa(\omega) = \kappa_\infty + \frac{\kappa_0 - \kappa_\infty}{1-(\omega/\omega_\mathrm{TO})^2}$$

$\omega = \omega_\mathrm{LO}$ で $\kappa(\omega) = 0$ とすると

$$0 = \kappa_\infty + \frac{\kappa_0 - \kappa_\infty}{1-(\omega_\mathrm{LO}/\omega_\mathrm{TO})^2}, \quad \left(\frac{\omega_\mathrm{LO}}{\omega_\mathrm{TO}}\right)^2 = \frac{\kappa_0}{\kappa_\infty}$$

(2.5) $\kappa(\omega) < 0$ のとき全反射されるから

$$\kappa(\omega) = \kappa_\infty + \frac{\kappa_0 - \kappa_\infty}{1 - (\omega/\omega_{\mathrm{TO}})^2} < 0$$

上式の両辺を κ_∞ で割り,$(\omega_{\mathrm{LO}}/\omega_{\mathrm{TO}})^2 = \kappa_0/\kappa_\infty > 1$ を用いると

$$1 + \frac{(\omega_{\mathrm{LO}}/\omega_{\mathrm{TO}})^2 - 1}{1 - (\omega/\omega_{\mathrm{TO}})^2} < 0 \quad \text{これより} \quad \omega_{\mathrm{TO}} < \omega < \omega_{\mathrm{LO}}$$

(2.6) 電界方向および電界と反対方向を向いている双極子のポテンシャルエネルギーは,式 (2.72) よりそれぞれ,$-\mu E$ と $+\mu E$ となる.それぞれの双極子の数を N_-,N_+ とし,全体の数を $N\,(=N_-+N_+)$ とすると

$$N_- = A\exp(+\mu E/k_{\mathrm{B}}T), \quad N_+ = A\exp(-\mu E/k_{\mathrm{B}}T)$$

$N = N_- + N_+$ より A を消去すると

$$\frac{N_-}{N} = \frac{\exp(\mu E/k_{\mathrm{B}}T)}{\exp(\mu E/k_{\mathrm{B}}T) + \exp(-\mu E/k_{\mathrm{B}}T)}$$

$$\frac{N_+}{N} = \frac{\exp(-\mu E/k_{\mathrm{B}}T)}{\exp(\mu E/k_{\mathrm{B}}T) + \exp(-\mu E/k_{\mathrm{B}}T)}$$

これより,電界方向の平均双極子モーメント $\langle\mu\rangle$ は

$$\langle\mu\rangle = \frac{N_- - N_+}{N}\mu = \frac{\exp(\mu E/k_{\mathrm{B}}T) - \exp(-\mu E/k_{\mathrm{B}}T)}{\exp(\mu E/k_{\mathrm{B}}T) + \exp(-\mu E/k_{\mathrm{B}}T)}\mu$$

$$= \mu\tanh(\mu E/k_{\mathrm{B}}T)$$

$$\mu E/k_{\mathrm{B}}T \ll 1 \quad \text{のとき} \quad \langle\mu\rangle = \frac{\mu^2 E}{k_{\mathrm{B}}T}$$

(2.7) $\kappa_0 = 10$ であるから次のように計算される.
 (i) 式 (2.102b) より κ'' が最大となるのは $\omega\tau = 1$ で,そのとき $\kappa'' = (\kappa_0 - \kappa_\infty)/2 = 4$ であるから,$\kappa_0 - \kappa_\infty = 8$,これより $\kappa_\infty = 2$.
 (ii) $\omega\tau = 1$,$\omega = 2\pi f = 2\pi \times 200 \times 10^6 = 1.26 \times 10^9\,\mathrm{s}^{-1}$ より $\tau = 1/\omega = 7.96 \times 10^{-10}\,\mathrm{s}$.
 (iii) 式 (2.101) より
$$\tau_{\mathrm{p}} = \frac{\kappa_\infty + 2}{\kappa_0 + 2}\tau = \frac{2+2}{10+2} \times 7.96 \times 10^{-10} = 2.65 \times 10^{-10}\,\mathrm{s}$$

(2.8) 単位体積あたり吸収するエネルギーは式 (2.111) より $w = (1/2)\epsilon_0\kappa''\omega E_0^2$ である.$\epsilon_0 = 8.854 \times 10^{-12}\,\mathrm{F/m}$,$\kappa'' = 0.001$,$\omega = 2\pi \times 2 \times \times 10^9\,\mathrm{s}^{-1}$,$E_0 = 10^3 \times 10^2\,\mathrm{V/m}$ を代入すると $w = 5.56 \times 10^5\,\mathrm{W/m^3}$.$100\,\mathrm{cm^3} = 10^{-4}\,\mathrm{m^3}$ であるから $5.56 \times 10^5 \times 10^{-4} = 55.6\,\mathrm{W}$.

(2.9) (1) 自発分極を有する,(2) 分極の電界依存性でヒステリシスを示す,(3) 誘電率の温度依存性がキュリー・ワイスの法則に従うことなどを述べる.

(2.10)

(i) 式 (2.131) と式 (2.132) より，$P = dT = dcS_{xx} = dcA\cos(kx - \omega t)$

(ii) $\mathrm{div}(\epsilon \boldsymbol{E} + \boldsymbol{P}) = 0$ より $(\partial/\partial x)(\epsilon E + P) = 0$ つまり

$$\epsilon \frac{\partial}{\partial x} E = -\frac{\partial}{\partial x} P = dcAk\sin(kx - \omega t)$$

$$E = -\frac{dc}{\epsilon} A\cos(kx - \omega t) \ \left(= -\frac{dc}{\epsilon} S_{xx}\right)$$

または式 (2.134a) の括弧の式を用いて $\mathrm{div}\boldsymbol{D} = \mathrm{div}(\epsilon \boldsymbol{E} + e\boldsymbol{S}) = 0$ より

$$E = -\frac{e}{\epsilon} S = -\frac{e}{\epsilon} A\cos(kx - \omega t)$$

となり，音波と同位相で伝わる電界の波を誘起する．

(3.1)

(i) 式 (3.18) において $N/V = 2 \times 10^{28}\,\mathrm{m}^{-3}$ とおき

$$\mathcal{E}_{\mathrm{F}} = \frac{\hbar^2 (3\pi^2)^{2/3} (N/V)^{2/3}}{2m}$$

$$= \frac{(1.05 \times 10^{-34}\,\mathrm{Js})^2 \times (3\pi^2)^{2/3} \times (2 \times 10^{28}\,\mathrm{m}^{-3})^{2/3}}{2 \times 9.1 \times 10^{-31}\,\mathrm{kg}}$$

$$= 4.27 \times 10^{-19}\,\mathrm{J} = 2.67\,\mathrm{eV}$$

(ii) $T_{\mathrm{F}} = \dfrac{\mathcal{E}_{\mathrm{F}}(0)}{k_{\mathrm{B}}} = \dfrac{4.27 \times 10^{-19}\,\mathrm{J}}{1.38 \times 10^{-23}\,\mathrm{J/K}} = 3.09 \times 10^4\,\mathrm{K}$

(iii) $\dfrac{1}{2} m v_{\mathrm{F}}^2 = \mathcal{E}_{\mathrm{F}}(0)$ より

$$v_{\mathrm{F}} = \sqrt{\frac{2\mathcal{E}_{\mathrm{F}}(0)}{m}} = \sqrt{\frac{2 \times 4.27 \times 10^{-19}\,\mathrm{J}}{9.1 \times 10^{-31}\,\mathrm{kg}}} = 9.69 \times 10^5\,\mathrm{m/s}$$

(3.2) $m \neq n$ のとき

$$\frac{1}{a}\int_0^a f_m(x) f_n^*(x)\mathrm{d}x = \frac{1}{a}\int_0^a \mathrm{e}^{2\pi\mathrm{i}(m-n)x/a}\mathrm{d}x = \frac{1}{a}\left[\frac{\mathrm{e}^{2\pi\mathrm{i}(m-n)x/a}}{2\pi\mathrm{i}(m-n)}\right]_0^a$$

$$= \frac{1}{a}\frac{\mathrm{e}^{2\pi\mathrm{i}(m-n)} - 1}{2\pi\mathrm{i}(m-n)} = 0 \quad (\mathrm{e}^{2\pi\mathrm{i}m'} = 1 : m' = 整数)$$

$m = n$ のとき

$$\frac{1}{a}\int_0^a f_m(x) f_n^*(x)\mathrm{d}x = \frac{1}{a}\int_0^a \mathrm{e}^{2\pi\mathrm{i}(0)x/a}\mathrm{d}x = \frac{1}{a}\int_0^a \mathrm{d}x = 1$$

以上の結果より

$$\frac{1}{a}\int_0^a f_m(x) f_n^*(x)\mathrm{d}x = \delta_{mn}$$

(3.3)
$$\boldsymbol{a}^* = \frac{\boldsymbol{b} \times \boldsymbol{c}}{\Omega} = \left(\frac{a}{2}\right)^2 \frac{(\boldsymbol{e}_y + \boldsymbol{e}_z) \times (\boldsymbol{e}_z + \boldsymbol{e}_x)}{\Omega}$$
$$= \left(\frac{a}{2}\right)^2 \frac{(\boldsymbol{e}_x - \boldsymbol{e}_z + \boldsymbol{e}_y)}{a^3/4} = \frac{1}{a}(\boldsymbol{e}_x + \boldsymbol{e}_y - \boldsymbol{e}_z)$$
$$\boldsymbol{b}^* = \frac{1}{a}(-\boldsymbol{e}_x + \boldsymbol{e}_y + \boldsymbol{e}_z)$$
$$\boldsymbol{c}^* = \frac{1}{a}(\boldsymbol{e}_x - \boldsymbol{e}_y + \boldsymbol{e}_z)$$

これより逆格子ベクトルは次のようになる.
$$\boldsymbol{G} = 2\pi(n_1\boldsymbol{a}^* + n_2\boldsymbol{b}^* + n_3\boldsymbol{c}^*), \quad (n_1, n_2, n_3 : \text{整数})$$

(3.4) 問題 (3.3) の結果を用いて $\boldsymbol{G}$ の小さいものをあげると,
$$\boldsymbol{G}(0) = \frac{2\pi}{a}[0,0,0], \quad \boldsymbol{G}(3) = \frac{2\pi}{a}[\pm 1, \pm 1, \pm 1],$$
$$\boldsymbol{G}(4) = \frac{2\pi}{a}[\pm 2, 0, 0], \quad \boldsymbol{G}(8) = \frac{2\pi}{a}[\pm 2, \pm 2, 0]$$
となる. 上の式で $[\pm 2, 0, 0]$ は $(\pm 2, 0, 0)$, $(0, \pm 2, 0)$, $(0, 0, \pm 2)$ をまとめて表す.

(3.5) 図 3.11 と 3.4 節の説明を参照.

(3.6) ドゥ・ブローイーの関係 $\mathcal{E} = \hbar\omega$, $p = mv = \hbar k$ を用いると, $\hbar\omega = (\hbar k)^2/2m$ となる. これより位相速度は $v_\mathrm{p} = \omega/k = \hbar k/2m = p/2m = v/2$. 群速度は $v_\mathrm{g} = \partial\omega/\partial k = \hbar k/m = p/m = v$ となる.

(3.7) 式 (3.109) より $\mu = \sigma/ne$
$$\mu = \frac{6.67 \times 10^7 \,\mathrm{S/m}}{5.8 \times 10^{28} \,\mathrm{m}^{-3} \times 1.6 \times 10^{-19} \,\mathrm{C}} = 7.2 \times 10^{-3} \,\mathrm{m}^2/\mathrm{V \cdot s}$$
式 (3.105) より $\tau = \mu m/e$
$$\tau = \frac{7.2 \times 10^{-3} \,\mathrm{m}^2/\mathrm{V \cdot s} \times 9.1 \times 10^{-31} \,\mathrm{kg}}{1.6 \times 10^{-19} \,\mathrm{C}} = 4.1 \times 10^{-14} \,\mathrm{s}$$
ドリフト速度 v_d は $v_\mathrm{d} = \mu E$ より
$$v_\mathrm{d} = 7.2 \times 10^{-3} \,\mathrm{m}^2/\mathrm{V \cdot s} \times 1 \times 10^2 \,\mathrm{V/m} = 0.72 \,\mathrm{m/s}$$
フェルミ速度は表 3.2 より $v_\mathrm{F} = 1.4 \times 10^6 \,\mathrm{m/s}$ であるから
$$\frac{v_\mathrm{d}}{v_\mathrm{F}} = \frac{0.72 \,\mathrm{m/s}}{1.4 \times 10^6 \,\mathrm{m/s}} = 5.1 \times 10^{-7}$$

(3.8) 衝突相手の散乱断面積を σ_t とし, その散乱体の密度を N_s とすると, 電子が単位面積を通して単位距離進む間に衝突する割合は $P = N_\mathrm{s}\sigma_\mathrm{t}$ である (図 A.1). 電子は

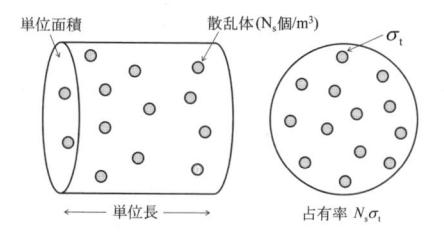

図 A.1 散乱断面積 $\sigma_{\rm t}$ の散乱体が単位体積に $N_{\rm s}$ 個存在する場合,この面を通して運動する電子が単位距離進む間に散乱を受ける確率が $1/l = N_{\rm s}\sigma_{\rm t}$ となる

平均自由行程 l 進むと散乱されるので,$lP = 1$ より,$1/l = P = N_{\rm s}\sigma_{\rm t}$. これより式 (3.113) が導かれる.

(3.9) ヴィーデマン・フランツの法則 (式 (3.131)) により $K/\sigma T = L(= 2.45 \times 10^{-8}\,{\rm W\cdot\Omega/K^2})$ であるから,室温 ($T = 300\,{\rm K}$) における熱伝導率 $K = L\sigma T$ は,

銀:$K = 2.45 \times 10^{-8} \times 6.67 \times 10^7 \times 300 = 4.9 \times 10^2\,{\rm W/m\cdot K}$

カンタル:$K = 2.45 \times 10^{-8} \times 7.1 \times 10^5 \times 300 = 5.2\,{\rm W/m\cdot K}$

(3.10) BCS 理論によれば超伝導ギャップ $2\Delta_0$ は式 (3.148) つまり $2\Delta_0 = 3.52 k_{\rm B}T_{\rm c}$ で与えられるので $k_{\rm B} = 0.862 \times 10^{-4}\,{\rm eV/K}$ を用いて次のようになる.

Al:$3.58 \times 10^{-4}\,{\rm eV}$, Nb:$27.9 \times 10^{-4}\,{\rm eV}$, In:$10.3 \times 10^{-4}\,{\rm eV}$,
Hg:$12.6 \times 10^{-4}\,{\rm eV}$, Pb:$21.8 \times 10^{-4}\,{\rm eV}$

これらの値を実測値表 (3.7) と比較せよ.

(4.1) 式 (4.6) において,$m_{\rm e} = 0.25 \times 9.1 \times 10^{-19}\,{\rm kg}$, $k_{\rm B} = 1.38 \times 10^{-23}\,{\rm J/K}$, $h = 6.63 \times 10^{-34}\,{\rm J\cdot s}$, $T = 300\,{\rm K}$ を代入すると,$N_{\rm c} = 3.12 \times 10^{24}\,{\rm m^{-3}}$.

(4.2) 式 (4.8) において $m_{\rm e} = m_{\rm h} = 9.1 \times 10^{-31}\,{\rm kg}$, $k_{\rm B} = 1.38 \times 10^{-23}\,{\rm J/K}$, $h = 6.63 \times 10^{-34}\,{\rm J\cdot s}$, $T = 300\,{\rm K}$ を代入すると

$\mathcal{E}_{\rm G} = 0.5\,{\rm eV}$ のとき $n_{\rm i} = 1.59 \times 10^{21}\,{\rm m^{-3}}$

$\mathcal{E}_{\rm G} = 1.0\,{\rm eV}$ のとき $n_{\rm i} = 1.01 \times 10^{17}\,{\rm m^{-3}}$

(4.3) (i) 図 4.4 より n 型,(ii) 式 (4.31b) より $R_{\rm H} = tV_{\rm H}/I_x B_z = 2.5 \times 10^{-3}\,{\rm m^3/C}$, (iii) $n = 1/(R_{\rm H}e) = 2.5 \times 10^{21}\,{\rm m^{-3}}$.

(4.4) (i) 抵抗を R とすると $R = \rho x/(y \cdot z)$ であるから $R = 32\,\Omega$ を代入し

$\rho = 6.4 \times 10^{-3}\,\Omega\cdot\mathrm{m}$, (ii) $\sigma = 1/\rho = 1.56 \times 10^2\,\mathrm{S/m}$, (iii) $\mu_\mathrm{H} = R_\mathrm{H}\sigma = 0.39\,\mathrm{m}^2/\mathrm{V}\cdot\mathrm{s}$

(4.5) 式 (4.46) より $D_\mathrm{e} = 1.01 \times 10^{-2}\,\mathrm{m}^2\cdot\mathrm{s}^{-1}$. 式 (4.56) より $L_\mathrm{e} = \sqrt{D_\mathrm{e}\tau_\mathrm{e}} = 3.2 \times 10^{-4}\,\mathrm{m}$.

(4.6) $p_\mathrm{p} = N_\mathrm{A}$, $n_\mathrm{n} = N_\mathrm{D}$ である. 式 (4.7) のところで述べた質量作用の法則を用い $n_\mathrm{p}p_\mathrm{p} = n_\mathrm{i}^2 = 2.53 \times 10^{42}$ となる. 式 (4.57) より, 拡散電位 eV_D は

$$eV_\mathrm{D} = k_\mathrm{B}T\log(n_\mathrm{n}/n_\mathrm{p}) = k_\mathrm{B}T\log(N_\mathrm{D}N_\mathrm{A}/n_\mathrm{i}^2) = 5.69 \times 10^{-21}\,\mathrm{J} = 0.036\,\mathrm{eV}$$

より $V_\mathrm{D} = 0.036\,\mathrm{V}$. 遷移領域の幅 d は式 (4.64) に $V_\mathrm{D} = 0.036\,\mathrm{V}$, $\kappa = 12$, $\epsilon_0 = 8.85 \times 10^{-12}\,\mathrm{F/m}$, $e = 1.6 \times 10^{-19}\,\mathrm{C}$ を代入し, $d = 2.3 \times 10^{-7}\,\mathrm{m} = 0.23\,\mu\mathrm{m}$.

(4.7) $n = p = n_\mathrm{i}$ より $\sigma = ne\mu_\mathrm{e} + pe\mu_\mathrm{h} = n_\mathrm{i}e(\mu_\mathrm{e} + \mu_\mathrm{h})$ となるから, $\sigma = 1/\rho$ を用いて, $n_\mathrm{i} = [\rho e(\mu_\mathrm{e} + \mu_\mathrm{h})]^{-1} = 2.16 \times 10^{19}\,\mathrm{m}^{-3}$

(4.8) 図 1.10(a) では 18 個の原子が示されているが体積 a^3 あたりの原子数は 8 個となるので, 単位体積あたりの原子数は $8/a^3$ となる.

$$\mathrm{Ge}:\frac{8}{(0.565 \times 10^{-9}\,\mathrm{m})^3} = 4.44 \times 10^{28}\,\mathrm{m}^{-3}$$

$$\mathrm{Si}:\frac{8}{(0.543 \times 10^{-9}\,\mathrm{m})^3} = 5.00 \times 10^{28}\,\mathrm{m}^{-3}$$

(4.9)

(i) 式 (4.65) で $N_\mathrm{A} \to N_\mathrm{D}$, $V_\mathrm{D} \to V_\mathrm{D} - V$ として $V = -6\,\mathrm{V}$ を代入

$$d = \left[\frac{2\kappa\epsilon_0(V_\mathrm{D} - V)}{eN_\mathrm{D}}\right]^{1/2} = 2.88 \times 10^{-6}\,\mathrm{m} = 2.88\,\mu\mathrm{m}$$

(ii) 式 (4.78b) で $N_\mathrm{A} \to N_\mathrm{D}$, $V = +6\,\mathrm{V}$, $S = 10^{-5}\,\mathrm{m}^2$ を代入して

$$C = S\sqrt{\frac{\kappa\epsilon_0 eN_\mathrm{D}}{2(V_\mathrm{D} + V)}} = 3.69 \times 10^{-10}\,\mathrm{F} = 369\,\mathrm{pF}$$

(4.10) 弱磁界と強磁界のホール係数を $R_\mathrm{H}(0)$, $R_\mathrm{H}(\infty)$ とすると

$$R_\mathrm{H}(0) = \frac{p - b^2 n}{e(nb + p)^2},\quad R_\mathrm{H}(\infty) = \frac{1}{e(p - n)}$$

となる. ここに $b = \mu_\mathrm{e}/\mu_\mathrm{h}$ である. (浜口智尋:半導体物理 (朝倉書店)7.1 節, C. Hamaguchi: "Basic Semiconductor Physics," 2nd Edition (Springer 2010) Chapter 7 を参照).

(5.1) 式 (5.20a) と式 (5.20b) において, トルクの x 成分は正, トルクの y 成分は負となっており両者は空間と時間に関して 90° 位相がずれている. したがって, 磁気双極

子モーメントは z 軸のまわりに ω_L で円をえがくように振れる．このため，歳差運動とよばれる．

(5.2) $B = (1 + \chi_\mathrm{m})\mu_0 H$ において $\chi_\mathrm{m} = -0.5 \times 10^{-5}$, $\mu_0 = 4\pi \times 10^{-7}\,\mathrm{H/m}$, $H = 10^6\,\mathrm{A/m}$ を代入して，$B = 1.26\,\mathrm{Wb/m^2}$．また $M = \chi_\mathrm{m} H = -5\,\mathrm{A/m}$．

(5.3) 前問と同様にして，$B = 1.26\,\mathrm{Wb/m^2}$, $M = 1.4 \times 10^3\,\mathrm{A/m}$．

(5.4) 常磁性のキュリーの法則，式 (5.29) を用いて 77 K における $\chi_\mathrm{m}(77)$ を求めると

$$\chi_\mathrm{m}(T) = \frac{C}{T} \quad \text{より} \quad \frac{\chi_\mathrm{m}(77)}{\chi_\mathrm{m}(300)} = \frac{300}{77} = 3.90, \quad \chi_\mathrm{m}(77) = 5.5 \times 10^{-3}$$

これより $M = \chi_\mathrm{m} H = 5.5 \times 10^3\,\mathrm{A/m}$．

(5.5) 式 (5.33) より $\tanh(\mu B/k_\mathrm{B}T) = \tanh(\mu_\mathrm{B}\mu_0 H/k_\mathrm{B}T)$ となるから，$\mu_0 = 4\pi \times 10^{-7}\,\mathrm{H/m}$, $\mu_\mathrm{B} = 9.27 \times 10^{-24}\,\mathrm{J/T}$, $H = 10^6\,\mathrm{A/m}$, $k_\mathrm{B} = 1.38 \times 10^{-23}\,\mathrm{J/K}$ を用いて

$$T = 300\,\mathrm{K}\ \text{で}\ \tanh(2.81 \times 10^{-3}) = 2.8 \times 10^{-3}\ [\text{ボーア磁子}]$$

$$T = 4.2\,\mathrm{K}\ \text{で}\ \tanh(0.201) = 0.198\ [\text{ボーア磁子}]$$

(5.6) $\chi_\mathrm{m} = C/T$ において，$\chi_\mathrm{m} = 1.5 \times 10^{-3}$, $T = 300\,\mathrm{K}$ を代入すると $C = 0.45\,\mathrm{K}$．

(5.7) 式 (5.41) のパウリのスピン磁化率より

$$\chi_\mathrm{P} = \frac{3\mu_0 N \mu_\mathrm{B}^2}{2 k_\mathrm{B} T_\mathrm{F}}$$

において，$\mu_0 = 4\pi \times 10^{-7}\,\mathrm{H/m}$, $N = 8.5 \times 10^{28}\,\mathrm{m^{-3}}$, $\mu_\mathrm{B} = 9.27 \times 10^{-24}\,\mathrm{J/T}$, $k_\mathrm{B} = 1.38 \times 10^{-23}\,\mathrm{J/K}$, $T_\mathrm{F} = 8.2 \times 10^4\,\mathrm{K}$ を代入して $\chi_\mathrm{P} = 1.2 \times 10^{-5}$．

(5.8) ランダウの反磁性磁化率 χ_d は，パウリのスピン磁化率 χ_P と符号が逆で大きさが 3 分の 1 である．したがって，パウリの常磁性が勝り，

$$\chi_\mathrm{m} = \chi_\mathrm{P} + \chi_\mathrm{d} = \frac{N \mu_0 \mu_\mathrm{B}^2}{3 k_\mathrm{B} T_\mathrm{F}}$$

となる．

(5.9) 金属の伝導電子以外に閉殻構造の金属イオンによる反磁性 χ_ion があり，これは式 (5.26) を用いて計算されるものである．全体としての磁化率 χ_m は次のようになる．

$$\chi_\mathrm{m} = \chi_\mathrm{P} + \chi_\mathrm{d} + \chi_\mathrm{ion}$$

χ_ion の計算結果は表 5.1 に与えられている．

(5.10) 体心立方格子の単位胞には 2 個の原子が存在するから,原子密度 N は $N = 2/a^3$ より

$$N = \frac{2}{(0.286 \times 10^{-9}\,\mathrm{m})^3} = 8.55 \times 10^{28}\,\mathrm{m^{-3}}$$

飽和したときの 1 原子あたりの平均の磁化は,

$$\frac{M_\mathrm{s}}{N} = \frac{1.75 \times 10^6\,\mathrm{A/m}}{8.55 \times 10^{28}\,\mathrm{m^{-3}}} = 2.05\,\mathrm{A \cdot m^2}$$

この値をボーア磁子単位で測ると,

$$\frac{2.05 \times 10^{-23}\,\mathrm{A \cdot m^2}}{9.27 \times 10^{-24}\,\mathrm{A \cdot m^2}} = 2.2\,[\text{ボーア磁子}]$$

となる.

参 考 文 献

A. O. E. Animalu: Intermediate Quantum Theory of Crystalline Solids, Prentice–Hall(1977).

L. V. Azároff and J. J. Brophy: Electronic Processes in Materials, McGraw–Hill(1963).

A. J. Dekker: Solid State Physics, Prentice–Hall(1957). [橋口隆吉, 神山雅英訳:固体物理 ——理工学者のための, コロナ社 (1958).]

A. J. Dekker: Electrical Engineering Materials, Prentice–Hall(1959). [酒井善雄, 山中俊一訳：電気物性論入門, 丸善 (1961).]

R. J. Elliott and A. F. Gibson: An Introduction to Solid State Physics and Its Applications, Macmillan(1974).

浜口智尋：固体物性 (上), (下), 丸善 (1975–1976).

浜口智尋：半導体物理, 朝倉書店 (2001).

C. Hamaguchi: Basic Semiconductor Physics, Springer(2010).

川村 肇：固体物理学, 共立出版 (初版 1968, 復刊 2011).

C. Kittel: Introduction to Solid State Physics, John Wiley & Sons, 8th ed. (2005). [宇野良清, 津屋 昇, 新関駒二郎, 森田 章, 山下次郎訳：第 8 版 キッテル固体物理学入門 (上), (下), 丸善 (2005).]

黒沢達美：物性論 ——固体を中心とした, 裳華房 (初版 1970, 改訂版 2002).

中嶋貞雄：超伝導入門, 培風館 (1971).

索　引

欧数字

BCS 理論　106

f–和の法則　41

MOS 構造　146

n^+–p 接合　139
n 型半導体　118

p^+–n 接合　139
p 型半導体　118

SQUID　112

あ 行

アインシュタインの関係式　128
アインシュタインの係数　162
アクセプタ　118
圧電性　65

異常吸収　56
移動度　93

ヴィーデマン・フランツの法則　100
ウルツ鉱型構造　19

永久電流　101
エサキダイオード　141
エネルギー帯構造　80

エミッタ効率　145
エレクトロルミネッセンス　161
円弧則　53

応力　65
オームの法則　95
音響分枝　25

か 行

殻　9
拡散　128
拡散距離　131
拡散係数　128
拡散電位　133
拡散電流　128
間接遷移　114
緩和現象　51
緩和時間　51, 94

規格化　4
軌道角運動量の凍結　179
擬フェルミ準位　164
擬ポテンシャル　85
逆格子　76
逆格子ベクトル　76
逆有効質量テンソル　90
キャリア　114
吸収　161
吸収係数　159
キュリー・ワイスの法則　58, 182
強反転領域　152, 153
強誘電キュリー温度　57
強誘電相　56

強誘電体　31, 56
局所電界　33
禁止帯　80
禁止領域　80

空格子点　15
空乏層　133
空乏領域　152
クーパー対　106
クラウジウス・モソッチの式　37
群速度　89

結晶運動量　89
原子価結合　14
減衰定数　165

光学分枝　26
交換可能　5
交換子　5
交換磁界　181
格子間原子　15
格子振動　64
固有値　5
コール・コールの円弧則　53
混合状態　103

さ　行

サイクロトロン共鳴　156
最密六方格子　20

磁化率　169
式
　クラウジウス・モソッチの──　37
　ランジュバン・デバイの──　48
　ランデの──　172
　リディン・ザクス・テラーの──　44
しきい値電圧　154
磁気量子数　7
自然放出　162
磁束侵入長　105
磁束の量子化　110
質量作用の法則　117
自発分極　56
弱反転領域　152

周期的境界条件　71
自由電子帯　82
主量子数　7
シュレーディンガーの波動方程式　3
シュレーディンガーの方程式　4
常磁性　169
消衰係数　159
少数キャリアの寿命　130
少数キャリアの注入　135
状態密度　74
常伝導　100
常誘電相　57
常誘電体　31
ジョセフソン効果　111
真性半導体　114

スピン磁化率　180
スピン波　185
スピン量子数　10

正孔　91
正磁性　169
絶縁体　87
せん亜鉛鉱型構造　18
遷移温度　57
遷移元素　12
遷移領域　133
全角運動量　171

双極子理論　62
相転移　57
増幅係数　165
損失角　56
ゾンマーフェルトのモデル　69

た　行

第一種超伝導体　102
帯磁率　169
第二種超伝導体　103
ダイヤモンド型構造　18
多結晶　15
縦緩和時間　194
単結晶　15

索 引

担体　114

蓄積層　147
超伝導　100
超伝導ギャップ　107
超伝導電流　100
超伝導量子干渉素子　112
直接ギャップ半導体　114

デバイの分散式　53
出払い領域　122
転位　16
電位障壁　133
電荷蓄積領域　151, 152
電気機械結合係数　66
電気分極　31
点欠陥　15
電流利得因子　145
電歪　65

等極性結合　14
導体　86
到達効率　145
ドゥ・ブローイーの関係　2
特性温度　58
ドナー　118
ドーピング　118
トラップ　130
ドリフト運動　93
ドリフト速度　93
トンネルダイオード　141

な 行

二重性　2

熱伝導率　98
ネール温度　188

は 行

配向分極　45
ハイゼンベルクの不確定性原理　5
ハイゼンベルクのモデル　182
パウリのスピン磁化率　180

パウリの排他律　10
反強誘電性　61
半金属　88
反磁性　169, 172
反磁性体　188
反電界　34
反転層　148
反転分布　163
半導体　88
半導体レーザ　161
バンドテイリング　166

非晶質　15
ヒステリシスループ　57
ひずみ　66
比透磁率　170
表面ポテンシャル　149

ファン・デル・ワールス力　15
フェリ磁性体　185
フェルミ温度　73
フェルミ速度　73
フェルミ粒子　27
不確定性原理　5
負の温度　163
フラクソイド　110
ブラッグの条件　23
フラットバンド　149
フラットバンド条件　152
ブラベー格子　17
プランクの黒体輻射の法則　29
プランクの定数　1
ブロッホ関数　75
ブロッホの定理　75
ブロッホの方程式　194
分域　57
分極崩壊　63
分極率　36
分光学的分裂因子　172
フントの規則　175

平均自由行程　95
ヘテロ接合　132

213

ボーア磁子　171
ボーア半径　6
方位量子数　7
法則
　ヴィーデマン・フランツの——　100
　オームの——　95
　キュリー・ワイスの——　58, 182
　質量作用の——　117
　プランクの黒体輻射の——　29
　マッティーセンの——　97
飽和領域　122
補償　122
ボース・アインシュタインの分布関数　27
ボース粒子　27
ほとんど自由な電子による近似　76
ホモ接合　132
ホール移動度　125
ホール効果　123

ま　行

マイスナー効果　102
マクスウェルの速度分布関数　27
マグノン　185
マッティーセンの法則　97
マーデルング定数　13

ミラー指数　21

無格子帯　82

や　行

有効質量　90
有効状態密度　117
有効ボーア磁子数　178
誘電体　31
誘電分散　40
誘導放出　162

横緩和時間　194

ら　行

ラーマ周波数　173
ランジュバン関数　48
ランジュバン・デバイの式　48
ランダウの反磁性　180
ランデの式　172

リディン・ザクス・テラーの式　44
履歴曲線　57
臨界磁界　100

励起子　160

ローレンツ数　100
ロンドン方程式　105

わ　行

ワイスの分子場　181

著者略歴

浜口 智尋(はまぐち ちひろ)

1937年 三重県に生まれる
1966年 大阪大学大学院工学研究科博士課程修了
現　在 大阪大学名誉教授
　　　　 米国物理学会，英国物理学会，IEEEおよび応用物理学会フェロー
　　　　 工学博士

森 伸也(もり のぶや)

1963年 岐阜県に生まれる
1991年 大阪大学大学院工学研究科博士後期課程修了
現　在 大阪大学大学院工学研究科准教授
　　　　 工学博士

電　子　物　性
―電子デバイスの基礎―

定価はカバーに表示

2014年3月15日　初版第1刷
2025年9月5日　　　第7刷

著　者　浜　口　智　尋
　　　　森　　伸　也
発行者　朝　倉　誠　造
発行所　株式会社 朝　倉　書　店
　　　　東京都新宿区新小川町6-29
　　　　郵便番号　162-8707
　　　　電　話　03(3260)0141
　　　　FAX　03(3260)0180
　　　　https://www.asakura.co.jp

〈検印省略〉

© 2014〈無断複写・転載を禁ず〉

Printed in Korea

ISBN 978-4-254-22160-2　C 3055

JCOPY 〈出版者著作権管理機構 委託出版物〉

本書の無断複写は著作権法上での例外を除き禁じられています．複写される場合は，そのつど事前に，出版者著作権管理機構(電話 03-5244-5088, FAX 03-5244-5089, e-mail: info@jcopy.or.jp)の許諾を得てください．

前阪大 浜口智尋著
半 導 体 物 理
22145-9 C3055　　　　B 5 判　384頁　本体5900円

半導体物性やデバイスを学ぶための最新最適な解説。〔内容〕電子のエネルギー帯構造／サイクロトロン共鳴とエネルギー帯／ワニエ関数と有効質量近似／光学的性質／電子-格子相互作用と電子輸送／磁気輸送現象／量子構造／付録

前阪大 浜口智尋・阪大 谷口研二著
半導体デバイスの基礎
22155-8 C3055　　　　A 5 判　224頁　本体3600円

集積回路の微細化，次世代メモリ素子等，半導体の状況変化に対応させてていねいに解説。〔内容〕半導体物理への入門／電気伝導／pn接合型デバイス／界面の物理と電界効果トランジスタ／光電効果デバイス／量子井戸デバイスなど／付録

前東北大 八百隆文・理化研 藤井克司・産総研 神門賢二訳
発 光 ダ イ オ ー ド
22156-5 C3055　　　　B 5 判　372頁　本体6500円

豊富な図と演習により物理的・技術的な側面を網羅した世界的名著の全訳版〔内容〕発光再結合／電気的特性／光学的特性／接合温度とキャリア温度／電流流れの設計／反射構造／紫外発光素子／共振導波路発光ダイオード／白色光源／光通信／他

前日本工大 菅原和士著
太陽電池の基礎と応用
―主流である結晶シリコン系を題材として―
22050-6 C3054　　　　A 5 判　212頁　本体3500円

現在，市場で主流の結晶シリコン系太陽電池の構造から作製法，評価までの基礎理論を学生から技術者向けに重点的に解説。〔内容〕太陽電池用半導体基礎物性／発電原理／素材の作製／基板の仕様と洗浄／反射防止膜の物性と形成法評価技術／他

ペンギン電子工学辞典編集委員会訳
ペンギン 電 子 工 学 辞 典
22154-1 C3555　　　　B 5 判　544頁　本体14000円

電子工学に関わる固体物理などの基礎理論から応用に至る重要な5000項目について解説したもの。用語の重要性に応じて数行のものからページを跨がって解説したものまでを五十音順配列。なお，ナノテクノロジー，現代通信技術，音響技術，コンピュータ技術に関する用語も多く含む。また，解説に当たっては，400に及ぶ図表を用い，より明解に理解しやすいよう配慮されている。巻末には，回路図に用いる記号の一覧，基本的な定数表，重要な事項の年表など，充実した付録も収載

前東工大 森泉豊栄・東工大 岩本光正・東工大 小田俊理・日大 山本 寛・拓殖大 川名明夫編
電子物性・材料の事典
22150-3 C3555　　　　A 5 判　696頁　本体23000円

現代の情報化社会を支える電子機器は物性の基礎の上に材料やデバイスが発展している。本書は機械系・バイオ系にも視点を広げながら"材料の説明だけでなく，その機能をいかに引き出すか"という観点で記述する総合事典。〔内容〕基礎物性（電子輸送・光物性・磁性・熱物性・物質の性質）／評価・作製技術／電子デバイス／光デバイス／磁性・スピンデバイス／超伝導デバイス／有機・分子デバイス／バイオ・ケミカルデバイス／熱電デバイス／電気機械デバイス／電気化学デバイス

前電通大 木村忠正・前東北大 八百隆文・首都大 奥村次徳・前電通大 豊田太郎編
電子材料ハンドブック
22151-0 C3055　　　　B 5 判　1012頁　本体39000円

材料全般にわたる知識を網羅するとともに，各領域における材料の基本から新しい材料への発展を明らかにし，基礎・応用の研究を行う学生から研究者・技術者にとって十分役立つよう詳説。また，専門外の技術者・開発者にとっても有用な情報源となることも意図する。〔内容〕材料基礎／金属材料／半導体材料／誘電体材料／磁性材料・スピンエレクトロニクス材料／超伝導材料／光機能材料／セラミックス材料／有機材料／カーボン系材料／材料プロセス／材料評価／種々の基本データ

上記価格（税別）は 2025 年 8 月現在